Microchip 公司大学计划用书

32 位单片机原理及应用

——基于 PIC32MX1XX/2XX 系列便携式实验开发板

刘和平
谢　辉　胡　刚　周　鹏　编著

北京航空航天大学出版社

内容简介

本书介绍微芯公司推出的32位PIC32MX系列中PIC32MX1XX/2XX的原理及工程应用；介绍高效的C语言编程、训练初学者的系统调试能力；利用便携式实验开发板进行自主交互学习，利用网络的“学习云”中得到大量的用户程序例程、应用信息和单片机基础以及控制算法。本书将探索改革单片机课程的教学-实践的教学模式，创建基于“便携式实验室”和“云技术”的互联网学习系统的4D开放(人、时间、空间、互联网开放)交互式学习方式，实现广义的全开放实验室。

本书可作为单片机开发人员在岗自学的实用参考书，也可作为专科生、本科生和研究生教学的教材和课外学习参考书。

图书在版编目(CIP)数据

32位单片机原理及应用 ：基于PIC32MX1XX/2XX系列便携式实验开发板 / 刘和平等编著. -- 北京 ：北京航空航天大学出版社，2014.1

ISBN 978-7-5124-1415-0

Ⅰ. ①3… Ⅱ. ①刘… Ⅲ. ①单片微型计算机 Ⅳ. ①TP368.1

中国版本图书馆CIP数据核字(2014)第004555号

版权所有，侵权必究。

32位单片机原理及应用——基于PIC32MX1XX/2XX系列的便携式实验开发板

刘和平
谢 辉 胡 刚 周 鹏 编著

责任编辑 卫晓娜

*

北京航空航天大学出版社出版发行

北京市海淀区学院路37号(邮编100191) http://www.buaapress.com.cn

发行部电话：(010)82317024 传真：(010)82328026

读者信箱：emsbook@gmail.com 邮购电话：(010)82316936

涿州市新华印刷有限公司印装 各地书店经销

*

开本：710×1 000 1/16 印张：19.25 字数：410千字

2014年1月第1版 2014年1月第1次印刷 印数：4 000册

ISBN 978-7-5124-1415-0 定价：45.00元(含光盘1张)

若本书有倒页、脱页、缺页等印装质量问题，请与本社发行部联系调换。联系电话：(010)82317024

前　言

单片机技术发展非常迅速，从 30 多年前的 51 系列开始已经不知发展了多少代了，显然，采用 51 系列的教学体系已经不能满足技术发展和工程技术的需要。目前，32 位单片机的价格已经与 8 位单片机接近，其中许多新技术的采用使得性能又得到了极大的提高。因此，32 位单片机将占据大部分单片机市场，逐步淘汰 8 位、16 位单片机是必然趋势。32 位单片机由于其低廉的价格和高性能必将作为主流芯片得到大力推广和广泛应用。

单片机作为一种智能化的载体和应用工具，掌握单片机的开发应用是从事相关工作者的必备条件。学习 32 位单片机原理及应用重点是各种寄存器的理解和设置，掌握了使用 C 语言设置寄存器就基本具备了应用 32 位单片机的能力。对这些寄存器的设置，即各种功能模块和外设模块的初始化有许多的样例程序可以参考或使用集成开发环境自动生成。因此，单片机的应用技术越来越简单，越来越好用，教学方法更新和模式也与过去的单片机的教学方式完全不同，更多的精力将放在各种应用系统的控制算法和系统调试。

本书介绍微芯公司推出的 32 位 PIC32MX 系列中 PIC32MX1XX/2XX 的原理及工程应用，包括 PIC32 系列的内核功能、总线、协处理器、中断、外设等硬件结构基础；介绍高效的 C 语言编程、训练初学者的系统调试能力；利用便携式实验开发板进行自主交互学习，提升初学者从互联网上获取知识的途径和交互能力，从而在网络的"学习云"中将得到大量的用户程序例程、应用信息和单片机基础以及控制算法。本书将探索改革单片机课程的教学-实践的教学模式，创建基于"便携式实验室"和"学习云"的互联网学习系统的 4D 开放（人、时间、空间、互联网开放）交互式学习方式，实现广义的全开放实验室。

本书在介绍单片机原理的基础上给出了相关应用例子的电路原理图和源程序清单，其他更多的资料均放在"学习云"上，包括应用实例和工程范例、大量的软件积木块（软件子例程）和硬件积木块（硬件单元电路），以方便初学者学习和搭建实现各种创意，达到低成本学习的目的。本书上的应用示例均在便携式实验开发板调试通过。本书的目的和重点在于让初学者更快捷、更方便、更有效、低成本地掌握单片机开发过程和提高工程开发能力，因此，本书力求通俗易懂、简单实用、精炼简短。

“32 位单片机原理及应用”是一门理论与工程实际紧密联系的课程，具有很强的工程性、实践性、应用性和综合性，本书可作为单片机开发人员在岗自学的实用参考书，也可作为专科生、本科生和研究生教学的选用教材和课外学习参考书。

本书的成书过程中得到了重庆大学电气工程学院的余传祥、邓力、郑群英、刘翔宇、江渝老师的大力帮助和支持，在此对老师们表示衷心的感谢。成书过程中还得到了重庆大学一美国微芯公司单片机实验室研究生肖英、薛鹏飞、周驰、杨依路、李金龙、汤梦阳、周金飞等同学的帮助，他们为本书做了大量的文字工作，在此一并表示感谢。重庆百转电动汽车电控系统有限责任公司的董海成、符光策、曾凡晴、谢为贵等几位工程师为本书的出版提供制作了便携式实验开发板产品、外设模块样例程序、出厂测试程序等，保证了便携式实验开发板的质量和批量生产能力，在此再一次表示十分的感谢。

在这里也要感谢美国微芯公司大学计划项目所提供的大力支持，因为他们提供了授权和在线调试器的软件代码以及大量的样片。

本书的成书过程中还得到了重庆市教委的大力支持，作为重庆市教委立项的两个重点教学改革项目的主要研究部分之一，使本书得到资金的支持和各个学校的认可，在此表示衷心的感谢。

限于作者的水平，书中难免存在不当之处，恳请读者批评指正。

刘和平
邮箱：engineer@cqu. edu. cn
2014 年 1 月于重庆大学电气工程学院

目　　录

第1章

概　述

32位单片机设计用于满足客户对于基于MCU应用的更多特性和性能的要求，具有音频和图形、USB接口等功能，具有高达128 KB闪存和32 KB SRAM，采用基于MIPS技术的M4K内核的复杂片上系统。PIC32MX系列的所有CPU中都包含了高性能32位低功耗RISC CPU内核，可以使用32位、16位模式，乃至混合模式进行编程；采用了增强型MIPS32 Release2指令集架构，使用通用开发工具。

MCU架构可以分为：MCU内核（CPU）、系统存储器、系统集成、外设等功能模块。MCU的主要特性如下：

- 最高可达到1.5 DMIPS/MHz的性能；
- 可编程预取高速缓存存储器，以增强闪存中的执行效率；
- 16位指令模式（MIPS16e），用于紧凑型代码，可使程序代码压缩多达40%；
- 带有63个优先级的中断向量控制器；
- 可编程的用户模式和内核工作模式；
- 可在单周期内对外设寄存器执行位操作；
- 乘法/除法单元，最高指令速率为每个时钟一条32×16乘法指令；
- 高速ICD端口，具有基于硬件的非侵入式数据监视和用户数据流功能；
- EJTAG调试端口，支持广泛的第三方调试、编程和测试工具；
- 指令控制的功耗管理模式；
- 5级流水线指令执行；
- 内部代码保护，以帮助保护知识产权。

1.1　MCU架构

MCU包含了高性能中断控制器、DMA控制器、USB控制器、在线调试器、用于对外设进行高速数据访问的高性能总线矩阵以及保存数据、程序的片上数据RAM存储器。对于闪存，采用了独立的预取高速缓存和预取缓冲区，无需闪存访问延时，提供相当于0个等待状态的访问性能。

芯片中有两条内部总线，用于连接所有外设。主外设总线通过外设桥将大部分外设单元与总线矩阵BMX进行连接。此外，还有连接中断控制器、DMA控制器、在线调试器和USB外设的高速外设桥。

MCU上有两条独立的总线。一条总线负责为CPU取指令，另一条总线是装载和存储指令的数据路径。指令总线（或I侧总线）和数据总线（或D侧总线）连接到总线矩阵。总线矩阵是一个开关矩阵，支持在系统中同时进行多个访问。通过总线矩阵，不访问同一目标设备的多个不同总线主设备可以同时进行访问。多个不同主设备访问同一目标设备时，总线矩阵可以通过仲裁算法将这些访问串行。

由于CPU到总线矩阵有两条不同的数据路径，所以对于系统来说，CPU实际上是两个不同的总线主设备。从闪存中运行代码时，对SRAM和内部外设的装载和存储操作将与对闪存的取指令操作并行进行。除了CPU之外，MCU中还有3个其他总线主设备——DMA控制器、在线调试器单元和USB控制器。

工作条件

- 2.3～3.6 V、－40～＋105 ℃、DC至40 MHz。

内核:40 MHz MIPS32 M4K

- MIPS16e模式可使代码压缩最多40%；
- 性能为1.56 DMIPS/MHz (Dhrystonc 2.1)；
- 高效代码(C语言和汇编语言)架构；
- 单周期(MAC) 32×16和双周期32×32乘法。

时钟管理

- 精度为0.9%的内部振荡器；
- 可编程PLL和振荡器时钟源；
- 故障保护时钟监视器(Fail-Safe Clock Monitor ,FSCM)；
- 独立的看门狗定时器；
- 快速唤醒和启动。

功耗管理

- 低功耗管理模式(休眠和空闲)；
- 集成上电复位和欠压复位；
- 0.5 mA/MHz动态电流(典型值)；
- 20 A IPD电流(典型值)。

音频接口特性

- 数据通信:I2S、LJ、RJ和DSP模式；
- 控制接口:SPI和I2C；
- 主时钟：
  - 可生成小数时钟频率；
  - 可与USB时钟同步；
  - 可在运行时调整。

高级模拟特性

- ADC 模块：
  - 10 位，转换速度为 1.1 Msps，具有一个采样保持放大器；
  - 28 引脚器件上最多有 10 个模拟输入，44 引脚器件上最多有 13 个模拟输入；
- 灵活独立的 ADC 触发源；
- 充电时间测量单元(Charge Time Measurement Unit，CTMU)：
  - 支持 mTouch 电容触摸传感；
  - 提供高分辨率(1 ns)的时间测量；
  - 片上温度测量功能；
- 比较器：
  - 多达 3 个模拟比较器模块；
  - 具有 32 个电压点的可编程参考电压。

定时器/输出比较/输入捕捉

- 5 个通用定时器：
  - 5 个 16 位和最多两个 32 位定时器/计数器；
- 5 个输出比较(Output Compare，OC)模块；
- 5 个输入捕捉(Input Capture，IC)模块；
- 支持功能重映射的外设引脚选择(Peripheral Pin Select，PPS)；
- 实时时钟和日历(Real-Time Clock and Calendar，RTCC)模块。

通信接口

- 符合 USB 2.0 规范的全速 OTG 控制器；
- 两个 UART 模块(10 Mbps)；
  - 支持 LIN 2.0 协议和 IrDA；
- 两个 4 线 SPI 模块(20 Mbps)；
- 两个支持 SMBus 的 I2C 模块(最高 1 Mbaud)；
- 支持功能重映射的外设引脚选择(PPS)；
- 并行主端口(Parallel Master Port，PMP)。

直接存储器访问(DMA)

- 4 通道具有自动数据大小检测功能的硬件 DMA；
- 两个专用于 USB 的附加通道；
- 可编程循环冗余校验(Cyclic Redundancy Check，CRC)。

输入/输出

- 所有 I/O 引脚上的拉/灌电流均为 15 mA；
- 引脚可承受 5 V 电压；
- 可选择的漏极开路、上拉和下拉功能；

● 所有 I/O 引脚均可外部中断。

规格和 B 类支持

● 计划通过 AEC-Q100 REVG 标准(2 级,−40～105 ℃);

● IEC 60730 B 类安全库。

调试器开发支持

● 在线编程;

● 4 线 MIPS 增强型 JTAG 接口;

● 不受限编程和 6 个复杂数据断点;

● 支持 IEEE 标准 1149.2 (JTAG)边界扫描。

图 1-1 给出了 PIC32MX1XX/2XX 系列的引脚图。系统集成包含了一组模块和功能,它们将 MCU 内核和外设模块紧密结合为单个工作单元。

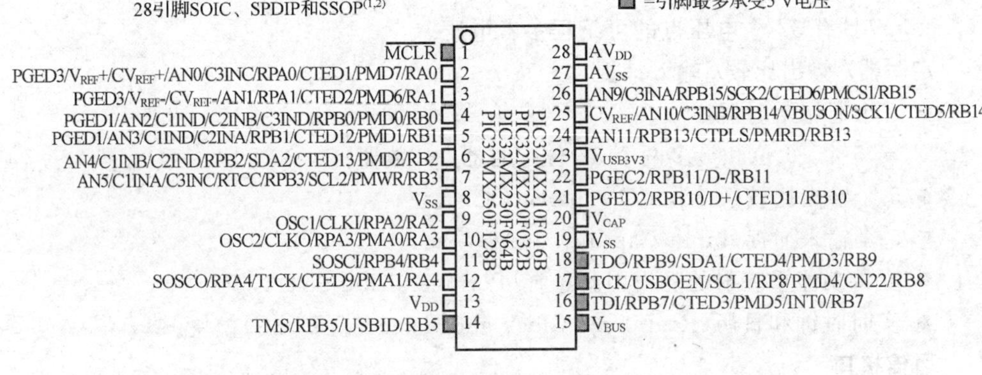

图 1-1 PIC32MX1XX/2XX 系列的引脚图之一

1.2 指令流水线

PIC32MX 系列内核中使用指令流水线实现了快速的单周期指令执行,流水线包含 5 级:指令级 I、执行级 E、存储级 M、对齐级 A 和回写级 W。由于器件内部架构的不同,单片机的流水线结构也不相同,其他架构的单片机有采用 2 级或 4 级以及更多级的流水线结构。

I 级——取指令级,在 I 级期间:

● 从指令 SRAM 取指令。

● MIPS16e 指令转换为类似于 MIPS32 的指令。

E 级——执行级,在 E 级期间:

● 从寄存器中取操作数。

● M 级和 A 级的操作数旁路传递到此级。

● 对于寄存器-寄存器指令，算术逻辑单元(Arithmetic Logic Unit，ALU)开始执行算术或逻辑运算。

● 对于装载和存储指令，算术逻辑单元 ALU 会计算数据虚拟地址，MMU 执行虚拟地址到物理地址的固定转换。

● 算术逻辑单元 ALU 确定跳转条件是否为真，并计算跳转指令的虚拟跳转目标地址。

● 指令逻辑选择指令地址，并且 MMU 执行虚拟地址到物理地址的固定转换。

● 所有乘法/除法运算都在此级开始。

M 级——从存储器取数据级，在 M 级期间：

● 算术或逻辑 ALU 运算完成。

● 对于装载和存储指令，将执行数据 SRAM 访问。

● 阵列中的 16×16 或 32×16 乘法运算完成，并在 M 级停留一个时钟，以在 M 级中完成进位传送加法。

● 32×32 乘法运算会在 M 级停留两个时钟，以在 M 级中完成阵列第二个周期和进位传送加法。

● 乘法和除法计算在乘法/除法单元 MDU 中进行。如果计算在整数处理单元 IU 将指令推移到 M 级之前完成，那么乘法/除法单元 MDU 将结果保存在临时寄存器中，直到整数处理单元 IU 将指令推移到 A 级。

A 级——对齐级，在 A 级期间：

● 独立的对齐器将装载数据与其字边界对齐。

● 乘法运算产生可供回写的结果。实际的寄存器回写在 W 级执行。

● 从此级开始，装载数据或来自乘法/除法单元 MDU 的结果可旁路传递到 E 级。

W 级——回写级，在 W 级期间：

● 对于寄存器-寄存器指令或装载指令，结果回写到寄存器中。

M4K 内核实现了“旁路”机制，该机制将运算结果直接送到需要它的指令处，而无需先将结果写入寄存器，然后再进行回读。PIC32MX1XX/2XX 系列的内核和外设模块框图如图 1-2 所示。

影子寄存器集：PIC32MX 系列的 CPU 实现了通用寄存器 GPR 的一个副本，供高优先级中断使用。这个额外的寄存器存储区称为影子寄存器集。当发生高优先级中断时，CPU 可以无需用户程序干预而自动切换到影子寄存器集。这可以降低中断处理程序中的开销，并降低实际响应延时。

影子寄存器集由位于系统 CP0(协处理器 0)中的寄存器和位于 CPU 内核之外的中断控制器硬件控制。

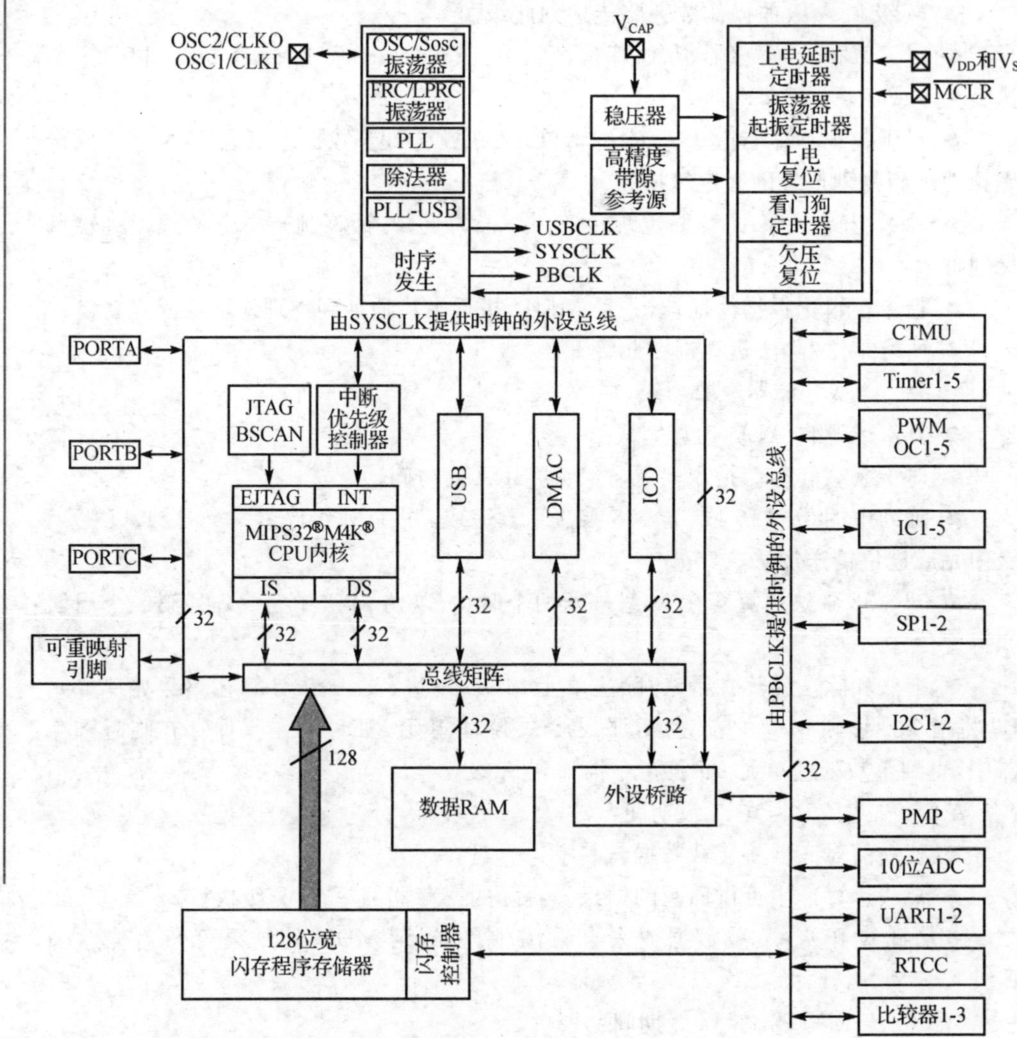

图1-2 PIC32MX1XX/2XX系列的内核和外设模块框图

流水线互锁处理：当某个流水线级中的指令由于数据相依性或类似外部条件而无法前移时，流畅的流水线流程会中断。流水线中断完全在硬件中进行处理，这些相依性称为互锁。在每个周期，都会为所有执行中的指令检查互锁条件。互锁条件的一个示例就是一条指令依赖于前一条指令的结果。通常，MIPS CPU 支持两种类型的硬件互锁：

- 停顿 Stal：通过暂停整个流水线实现停顿。正在每个流水线级中执行的所有指令都会受到停顿的影响。
- 滑移 Slip：滑移使流水线中的一部分前移，而流水线的其他部分保持静态。

在CPU内核中，所有互锁都以滑移形式进行处理。为了最大程度减少滑移，使用称作寄存器旁路的方法来从其他流水线级抓取结果。

寄存器旁路：CPU实现了一种称作寄存器旁路的机制，从而减少执行期间的流水线滑移。当某条指令处于流水线E级时，只有在操作数可用的情况下，该指令才能继续。如果指令的某个源操作数需要执行流水线中的另一条指令计算获得，通过寄存器旁路可以产生一条快捷路径，直接从流水线获取源操作数。处于E级的指令可以从在流水线M级或A级中执行的另一条指令处获取源操作数。寄存器旁路的性能优点是，即使存在寄存器相依性，算术逻辑单元ALU运算的指令吞吐率也可以上升为每个时钟一条指令。

1.3　CPU架构

MCU内核CPU包含：32位RISC MIPS32 M4K内核、单周期算术逻辑单元ALU、装载/存储执行单元、5级流水线、32位地址总线和32位数据总线、两组各32个32位通用寄存器、FMT(固定映射转换存储器管理)、FMDU(快速乘法/除法单元)、MIPS32兼容指令集、支持MIPS16e程序代码压缩指令集，如图1-3所示。

CPU在程序控制下执行操作：取出指令、对每条指令译码、取出源操作数、执行每条指令并将指令执行的结果写到正确的目标地址中。指令位于程序闪存存储器或数据RAM存储器中。

CPU基于装载/存储架构，大多数操作都是对一组内部寄存器执行。它使用特定的装载和存储指令在这些内部寄存器和外界之间传送数据。

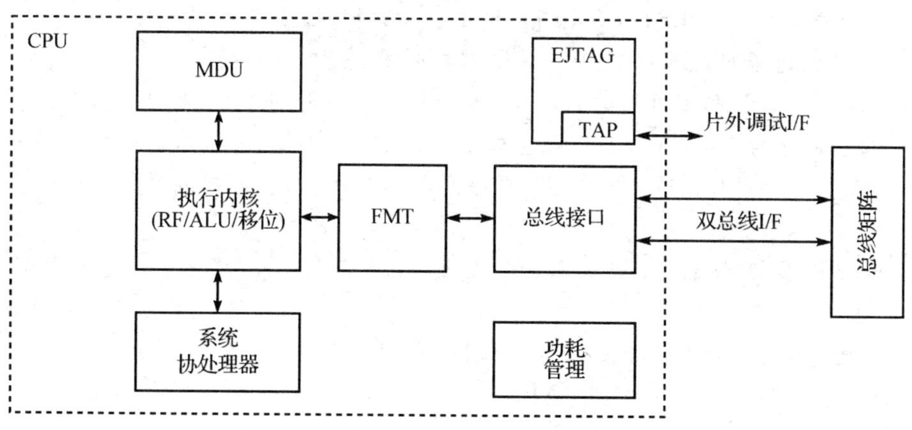

图1-3　MIPS32 M4K CPU内核框图

CPU包含可并行工作的多个逻辑模块，从而有效的提供高性能计算能力。有以下模块和特性：

- 执行单元。

- 乘法/除法单元 MDU。
- 系统控制 CP0：
  - CPU 与协处理器寄存器之间的数据传送；
  - 存储器与协处理器寄存器之间的直接数据传送。
- 5 级流水线。
- 32 位地址和数据总线。
- MIPS32 增强型架构：
  - 类似于 DSP 的乘加和乘减指令 MADD、MADDU、MSUB 和 MSUBU；
  - 目标乘法指令 MUL；
  - 0/1 检测指令 CLZ 和 CLO；
  - 等待指令 WAIT；
  - 条件传送指令 MOVZ 和 MOVN；
  - 向量式中断；
  - 可编程异常向量基地址；
  - 中断使能；
  - 通用寄存器 GPR 影子寄存器集，可最大程度地减少中断处理程序的延时；
  - 字段操作指令。
- MIPS16e 应用特定扩展，可提高代码密度：
  - 对 32 位指令进行 16 位编码，可提高程序代码密度；
  - 与 PC 相关的特殊指令，用于有效装载地址和常数；
  - SAVE 和 RESTORE 宏指令，用于设置和划分子程序内的堆栈帧；
  - 改进了对处理 8 位和 16 位数据类型的支持。

当内核工作于 MIPS16e 模式时，取指令操作只需返回 16 位数据。但为了提高效率，每当地址为字对齐时，内核都会取 32 位的指令数据。因而，对于顺序执行的 MIPS16e 代码，每隔一条指令才会发生一次取指令操作，这可提高性能和降低系统功耗。

- 存储器管理单元，带有简单固定映射转换（Fixed Mapping Translation，FMT）功能。
- 数据类型转换指令 ZEB、SEB、ZEH 和 SEH；
- 紧凑型跳转指令 JRC 和 JALRC；
- 堆栈帧建立和拆除“宏”指令 SAVE 和 RESTORE；
- 双内部总线接口：
  - 独立的 32 位地址总线和数据总线；
  - 可中止任务以缩短中断延时。
- 性能优化的乘法/除法单元：

 - 最高指令速率为每个时钟一条 32×16 乘法指令；
 - 最高指令速率为每隔一个时钟一条 32×32 乘法指令；
 - 提早除法控制——将除法周期缩短 11～34 个时钟。
- 功耗管理和控制：
 - 最低频率：0 MHz；
 - 低功耗模式(由 WAIT 指令触发)；
 - 使用大量本地门控时钟。
- 增强型 JTAG(EJTAG)调试和指令跟踪：
 - 支持单步执行；
 - 虚拟指令和数据地址/值；
 - SDBBP 指令设置用户程序断点。

系统控制 CP0 及作用：CP 是一些备用执行单元，独立于 CP0 寄存器。简单来说，MIPS 架构最多提供 4 个协处理器单元，编号为 0～3。ISA 的每一级都定义了一些协处理器。CP0 总是用于系统控制，CP1 和 CP3 用于浮点单元。CP2 保留用于特殊的用途。

协处理器分为两种不同的寄存器集：协处理器通用寄存器、协处理器控制寄存器。每个寄存器集最多包含 32 个寄存器。协处理器计算指令可以使用任一寄存器集中的寄存器。所有 MIPS CPU 的系统控制 CP0 提供了 CPU 控制、存储器管理和异常处理功能。

系统存储器：系统存储器提供了片上非易失性闪存和易失性 SRAM 存储器，支持用于实时操作系统的用户程序地址段和受保护内核地址段分区。闪存可用于程序存储器或数据存储器，在程序运行期间，可通过闪存在用户程序控制下对程序存储器进行电擦除或编程，闪存具有页擦除和字或行编程的功能，可以通过预取模块使用片上预取缓冲功能，直接从程序闪存中全速执行程序。

执行单元：执行单元执行 MIPS 指令集大部分指令的处理。执行单元采用流水线的执行方式，为大部分指令提供了单周期吞吐率。流水线执行将复杂的操作拆分为称作“级”的小片段。这些级在多个时钟中执行。

执行单元使用单周期算术逻辑单元 ALU(逻辑、移位、加和减)运算和独立乘法/除法单元实现装载/存储架构。内核包含 32 个用于整数运算和地址计算的 32 位通用寄存器(General Purpose Register，GPR)。还添加了一个额外的影子寄存器集(包含 32 个寄存器)以减少中断/异常处理期间的上下文切换开销。该寄存器包含两个读端口和一个写端口，处于旁路位置以减少流水线中的操作延时。CPU 执行单元包含以下特性：

- 32 位加法器，用于计算数据地址。
- 地址单元，用于计算下一条指令的地址。
- 逻辑单元，用于进行跳转判断和跳转目标地址计算。

● 装载对齐器。

● 旁路开关用于避免执行指令流时，当产生数据的指令后紧跟着使用其数据结果的指令时，出现停顿。

● 超前的0/1检测单元，用于实现CLZ和CLO指令。

● 算术逻辑单元ALU，用于执行位宽的逻辑运算。

● 移位器和存储对齐器。

乘法/除法单元MDU：乘法/除法单元MDU包含32×16乘法器、结果累加寄存器HI和LO、一个除法状态机以及必需的多路开关和控制逻辑。高性能流水线乘法/除法单元MDU支持在每个时钟周期执行一次16×16或32×16乘法运算；可以每隔一个时钟周期执行一次32×32乘法运算。采用适当的互锁机制来暂停执行背靠背32×32乘法运算。除法运算通过简单的每时钟周期1位迭代算法实现，最坏情况下需要35个时钟周期才能完成。提早算法会检测被除数的符号扩展，如果它的实际大小为24、16或8位，则除法器将会跳过32次迭代中的7、15或23次迭代。在除法器仍然工作时尝试发出后续的乘法/除法指令会导致整数处理单元IU流水线停顿，直到除法运算完成为止。高性能流水线可与整数处理单元IU流水线并行操作，在整数处理单元IU流水线停止时它不会停止。因此，可通过系统停止或其他整数处理单元指令来部分屏蔽乘法/除法单元MDU运算。

MIPS架构要求将乘法或除法运算的结果存放到HI和LO寄存器中，可使用“从HI中移出”MFHI指令和“从LO中移出”MFLO指令将这些值传送到通用寄存器中。

除了以HI/LO为目标的运算之外，MIPS32架构还定义了一个乘法指令MUL，该指令将结果的低32位存入寄存器中，而不是HI/LO寄存器对中的值。可避免直接使用MFLO指令（使用LO寄存器时需要）并支持乘法目标寄存器来提高乘法密集型运算的吞吐量。

乘加MADD/MADDU和乘减MSUB/MSUBU这两条指令用于执行乘加和乘减运算。MADD指令可以将两个数字相乘，然后将相乘的结果与HI和LO寄存器的当前内容相加。同样，MSUB指令先将两个操作数相乘，然后将HI和LO寄存器中的当前内容减去相乘的结果。MADD/MADDU和MSUB/MSUBU运算常用于数字信号处理器（Digital Signal Processor，DSP）算法。

PIC32MX包含了一个可供用户程序使用的内核定时器。该定时器由两个协处理器寄存器实现——计数寄存器CP0_COUNT和比较寄存器CP0_COMPARE。比较寄存器用于产生定时器中断，当比较寄存器与计数寄存器匹配时，产生中断。

内核会确保指令按照程序顺序执行。程序中的每条指令都可以看到前一条指令的结果，但也存在一些背离的情况。这些背离情况称为冒险（hazard）。在一些特别的用户程序中，存在两种不同的冒险：执行冒险，在执行一条指令时产生执行冒险，另一条指令在执行时看到；指令冒险，在执行一条指令时产生指令冒险，另一条指令在取指令时看到。

CPU 总线:CPU 内核有两条不同总线,用于帮助实现优于单总线系统的系统性能。通过并行操作实现性能改善。装载和存储操作在执行取指令操作时同时发生。这两条总线称为 I 侧总线(用于 CPU 输送指令)和 D 侧总线(用于数据传送)。

CPU 在流水线 I 级期间取指令。取指令请求发送到 I 侧总线,并由总线矩阵进行处理。根据地址、总线矩阵 BMX 将执行以下操作之一:

- 将取指令请求转发到预取高速缓存单元。
- 将取指令请求转发到数据 RAM 存储器 DRM 单元。
- 产生异常。

无论取指令地址为何,取指令操作总是使用 I 侧总线。总线矩阵 BMX 根据地址和总线矩阵寄存器中的值来确定要为每个取指令请求执行的操作。

D 侧总线处理由 CPU 执行的所有装载和存储操作。在执行装载或存储指令时,该请求将通过 D 侧总线传给总线矩阵 BMX。该操作在流水线 M 级期间发生,并传给以下几个目标设备之一:数据 RAM、预取高速缓存/闪存、快速外设总线(中断控制器、DMA、调试单元、USB 和 GPIO 端口)、通用外设总线(UART、SPI、闪存控制器、EPMP/EPSP、TRCC 定时器、输入捕捉、PWM/输出比较、ADC、双比较、I2C、时钟 SIB 和复位 SIB)。

内部系统总线:CPU 内部总线将外设与总线矩阵相连接。总线矩阵会利用芯片中的几条数据路径来帮助消除性能瓶颈。

总线矩阵使用的路径中有一部分是专用路径,而其他路径则由若干个模块共用。

数据 RAM 和闪存读取路径是专用路径,实现很短的访问延时,对于存储器资源的访问不会被外设总线活动延时。高带宽外设放置在高速总线上。它们包括中断控制器、调试单元、DMA 引擎和 USB 主机/外设单元。不需要高带宽的外设位于独立的外设总线上,以节省功耗。

置 1/清零/取反操作:为了对外设执行单周期的位操作,可以根据 4 个不同的外设地址,使用不同方式访问外设单元中的寄存器。每个寄存器都有 4 个不同的地址。虽然这 4 个不同地址显现为不同寄存器,它们实际上只是同一物理寄存器的 4 种不同寻址方法而已。

基址寄存器地址用于正常的读/写访问,外设读取必须通过每个外设寄存器的基址进行。对基址执行写操作时,将向外设寄存器中写入完整的值,即所有的位都会写入。

提供特殊的只写功能的其他 3 个地址:置 1 位访问,清零位访问和取反位访问,对置 1/清零/取反地址进行读取的返回值不确定。对任意外设寄存器的置 1 地址执行写操作时,只对目标寄存器中的对应位置 1。对任意外设寄存器的清零地址执行写操作时,只对目标寄存器中的对应位清零,注意写入 1 清零。对任意外设寄存器的取反地址执行写操作时,只对目标寄存器中的对应位取反,注意写入 1 取反。例如,假设在向取反寄存器地址中写入 0x000000ff 之前，某个寄存器包含 0xaaaa5555。写入取反寄存器之后，外设寄存器的值将包含 0xaaaa55aa。

不同于大多数其他 PIC 单片机，CPU 不使用状态标志寄存器 STATUS。许多 CPU 中都使用条件标志，帮助在程序执行期间执行判定操作。标志位是否置为 1 取决于比较操作或一些算术运算的结果。然后，这些单片机上的条件跳转指令会根据一组条件代码的值作出判定。

但是 PIC32MX 系列的 CPU 改为使用一些指令，这些指令执行比较操作，然后将标志位或值存储到通用寄存器中。然后，使用该通用寄存器作为操作数来执行条件跳转。

CPU 实现了高效灵活的中断和异常处理机制。中断和异常的相似之处在于，当前指令流会临时改变，以执行特殊的过程来处理中断或异常。两者的区别在于，中断通常是正常操作产生的结果，而异常则是错误条件(例如总线异常错误)产生的结果。

1.4 编程语言

CPU 设计为与 C 语言配合使用。它支持多种数据类型，并使用高级语言所需的简单而灵活的寻址模式。它有 32 个通用寄存器，以及两个用于乘法和除法的特殊寄存器。

对于 CPU 上的机器语言指令，有 3 种不同的格式：立即数(I 类)CPU 指令、跳转(J 类)CPU 指令、寄存器(R 类)CPU 指令。立即数格式指令具有一个立即操作数、一个源操作数和一个目标操作数。跳转指令具有一个 26 位相对指令偏移字段，用于计算跳转目标。

大多数操作都在寄存器中执行。寄存器类型的 CPU 指令有 3 个操作数；即两个源操作数和一个目标操作数。具有 3 个操作数和很大的寄存器集可以让汇编语言编程器和编译器高效地使用 CPU 资源。中间结果可以保留在寄存器中，不需要常常从存储器来回传送数据，从而可以得到速度更快和长度更短的程序。

CPU 指令格式：CPU 指令是单个 32 位对齐的字。

CPU 寄存器：32 个 32 位通用寄存器 GPR，2 个特殊用途寄存器，用于保存整数乘法、除法和乘法累加运算的结果，1 个特殊用途程序计数器 PC，它只受一些特定指令间接影响——它在架构中是一个不可见的寄存器。

CPU 通用寄存器：CPU 通用寄存器中的两个寄存器具有指定的功能：

● r0：r0 强制设置值为 0，可以用作结果将被丢弃的任何指令的目标寄存器。在需要值 0 时，r0 也可以用作源寄存器。

● r31：r31 是 JAL、BLTZAL、BLTZALL、BGEZAL 和 BGEZALL 使用的目标寄存器，无需在指令字中明确指定。其他情况下，r31 用作一般寄存器。

寄存器约定：虽然 PIC32MX 系列的架构中大部分寄存器都指定为通用寄存器，

但为了高级语言正确执行用户程序操作,建议按表1-1方式使用寄存器。

表1-1 寄存器约定

CPU寄存器	符号寄存器	用法
r0	zero	总是为0[1]
r1	at	汇编器临时量
r2～r3	v0～v1	函数返回值
r4～r7	a0～a3	函数参数
r8～r15	t0～t7	临时量——调用程序不需要保留内容
r16～r23	s0～s7	保存的临时量——调用程序必须保留内容
r24～r25	t8～t9	临时量——调用程序不需要保留内容
r26～r27	k0～k1	内核临时量——用于中断和异常处理
r28	gp	全局指针——用于快速访问常用数据
r29	sp	堆栈指针——用户程序堆栈
r30	s8或fp	保存的临时量——调用程序必须保留内容,或者帧指针——指向堆栈中过程帧的指针
r31	ra	返回地址[1]

注1:硬件强制实现,不仅仅是约定。

CPU特殊用途寄存器:CPU包含3个特殊用途寄存器:

- 程序计数器寄存器PC。
- 乘法和除法寄存器高位字HI。
- 乘法和除法寄存器低位字LO:
  - 在乘法运算期间,HI和LO寄存器存储整数乘法的乘积;
  - 在乘加或乘减运算期间,HI和LO寄存器存储整数乘加或乘减的结果;
  - 在除法运算期间,HI和LO寄存器存储整数除法的商(在LO中)和余数(在HI中);
  - 在乘法累加运算期间,HI和LO寄存器存储运算的累加结果。

如何实现堆栈/MIPS调用约定:CPU没有硬件堆栈,依赖用户程序来提供此功能。由于硬件本身不会执行堆栈操作,因此系统中必须有相关约定,让系统中的所有用户程序使用相同的机制。例如,堆栈可以向低地址方向延伸,也可以向高地址方向延伸。如果一段用户程序代码假定堆栈向低地址方向延伸,并调用了假定堆栈向高地址方向延伸的程序,则堆栈会损坏。Microchip C编译器假定堆栈向低地址方向延伸。

CPU中有两种工作模式和一种特殊的执行模式:即用户模式、内核模式和调试DEBUG模式。CPU开始时以内核模式执行,如果需要可以停留在内核模式下操作。两种工作模式之间的一个主要区别是使能用户程序访问的存储器地址。外设在用户模式下无法访问。

内核模式：为了访问许多硬件资源，CPU 必须工作于内核模式。在内核模式下，用户程序可以访问 CPU 的整个地址空间，以及访问特权指令。

当 Debug 寄存器中的 DM 位为 0，并且 STATUS 寄存器的值为：UM 为 0 、ERL 为 1 、EXL 为 1，即检测到非调试异常时，CPU 将进入内核模式。

在异常处理程序末尾，通常会执行异常返回 ERET 指令。ERET 指令会跳转到异常 PC、清零 ERL，并且如果 ERL 为 0 则清零 EXL。如果 UM 为 1，则在 ERL 和 EXL 重新清零，并从异常返回之后，CPU 会恢复为用户模式。

用户模式：在用户模式下执行时，用户程序仅限于使用 CPU 资源的一个子集。用户模式是一种可选模式，系统设计人员可以利用该模式来划分特权用户程序和非特权用户程序。在许多情况下，都希望将用户程序级别的代码保持在用户模式下运行，在此模式下可控制所发生的错误，禁止错误影响内核模式代码。用户程序通过受控接口访问内核模式功能。要工作于用户模式，STATUS 寄存器的值为：UM 为 1、EXL 为 0 、ERL 为 0。

调试模式：调试模式是 CPU 的一种特殊模式，通常仅供调试器和系统监视器使用。当 Debug 寄存器中的 DM 位为 1 时，CPU 处于调试模式。进入调试模式后，可以访问所有内核模式资源，以及用于调试用户程序的所有特殊硬件资源。退出调试模式的方法通常是在调试处理程序中执行 DERET 指令。

1.5　CP0 寄存器

在 MIPS 架构中，PIC32MX 系列使用特殊寄存器接口在用户程序和 CPU 之间传送状态和控制信息。该接口称为 CP0。CP0 处理虚拟地址到物理地址的转换、异常控制、CPU 的诊断功能、工作模式（内核模式、用户模式和调试模式）以及使能或禁止中断。CP0 还包含标识和管理异常的逻辑。产生异常的根源有许多，包括数据中的对齐错误、外部事件或编程错误等等。用户程序可以使用协处理器指令（例如 MFC0 和 MTC0）访问 CP0 。

HWREna 寄存器：决定哪些硬件寄存器可通过 RDHWR 指令访问的位屏蔽位。

BadVAddr 寄存器：是一个只读寄存器，它捕捉最近导致地址错误异常的虚拟地址。可导致地址错误的事件有：在未对齐地址处执行装载、存储或取指令操作，以及在用户模式下尝试访问内核模式的地址。BadVAddr 不会捕捉总线异常错误的地址信息，因为这不是寻址错误。

COUNT 寄存器：用作定时器，无论指令是否执行、撤消，或是在流水线中有任何前移，它都以恒定速率递增。如果 CAUSE 寄存器中的 DC 位为 0，则计数器每隔一个时钟递增一次。COUNT 可用于实现某种功能或用于进行诊断，包括在复位时使

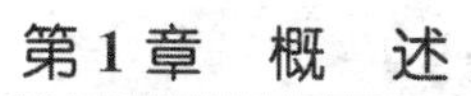

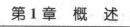

用或用于同步 CPU。通过写 Debug 寄存器中的 CountDM 位,可以控制在 CPU 处于调试模式时 COUNT 是否继续递增。

COMPARE 寄存器:与 COUNT 寄存器一起用于实现定时器和定时器中断功能。COMPARE 寄存器保存一个稳定值,不会自行更改。当 COUNT 寄存器的值等于 COMPARE 寄存器的值时,CPU 会向系统中断控制器发出中断信号。该信号将一直保持有效,直到写入 COMPARE 寄存器为止。

STATUS 寄存器:是一个读/写寄存器,包含 CPU 的工作模式、中断使能和诊断状态。该寄存器的一些字段组合产生 CPU 的工作模式。当满足 IE 为 1 、EXL 为 0 、ERL 为 0 、DM 为 0 条件,则 IPL 位的设置将使能中断。如果 Debug 寄存器中的 DM 位为 1,则 CPU 处于调试模式;否则,CPU 处于内核模式或用户模式。当 UM = 1、EXL = 0 、ERL = 0 确定为用户模式;当 UM = 0 、EXL = 1、ERL = 1 确定为内核模式。

SRSCtl 寄存器:控制 CPU 中的 GPR 影子寄存器集的操作。

SRSMAP 寄存器:包含 8 个 4 位字段,这些字段用于将向量编号映射到在提供中断服务时使用的影子寄存器集编号。该寄存器的值不用于非中断异常或非中断向量($Cause_{IV}$为 0 或 $IntCtl_{VS}$为 0)。这些情况下,影子寄存器集编号来自 SRSCtlESS。如果 $SRSCtl_{HSS}$为 0,则用户程序读或写该寄存器的结果是不可预测的。如果写入该寄存器任何字段的值大于 $SRSCtl_{HSS}$的值,则 CPU 的操作是不确定的。

SRSMAP 寄存器包含对应向量编号 7~0 的影子寄存器集编号。对于同一影子寄存器集编号可以设立多个中断向量,产生从向量到单个影子寄存器集编号的多对一映射。

CAUSE 寄存器:主要描述最近的异常原因。此外,一些字段还用于控制用户程序的中断请求,以及向哪个向量分配中断。除 IP1~0、DC、IV 和 WP 字段外,CAUSE 寄存器中的所有其他字段都是只读的。IP7~2 为请求的中断优先级(Requested Interrupt Priority Level,RIPL)。

异常程序计数器 EPC 寄存器:异常程序计数器(Exception Program Counter,EPC)是一个读/写寄存器,包含处理完异常之后继续进行处理的地址。EPC 寄存器的所有位均为有效位,均可写。

对于同步异常,EPC 包含以下值之一:

- 直接导致异常指令的虚拟地址。
- 紧接在 BRANCH 或 JUMP 指令之前的虚拟地址(如果导致异常的指令处于跳转延时时隙中,并且 CAUSE 寄存器中的跳转延时位置为 1)。

发生新异常时,如果 STATUS 寄存器中的 EXL 位置为 1,则 CPU 不会写 EPC 寄存器;但是,仍然可以通过 MTC0 指令写该寄存器。

由于 PIC32 系列实现了 MIPS16eASE,所以通过 MFC0 读 EPC 寄存器会在目标 GPR 中返回异常 PC 的高 31 位与 ISAMode 字段的低位相结合的值。类似地,通过 MTC0 写 EPC 寄存器时会获取 GPR 的值,并将该值分配到异常 PC 和 ISAMode 字段中,即 GPR 的高 31 位写入异常 PC 的高 31 位,异常 PC 的低位会清零。ISAMode 字段的高位会清零,低位则装入 GPR 的低位。

CPU 标识 PRID 寄存器:CPU 标识(Processor Identification,PRID)寄存器是一个 32 位只读寄存器,包含 CPU 的制造商、制造商选项、CPU 标识和版本的标识信息。

EBASE 寄存器:是一个读/写寄存器,EBASE 寄存器使得用户程序可以识别多 CPU 系统中的特定 CPU,使能每个 CPU 的异常向量可以不同,特别是在由异构 CPU 组成的系统中。

CONFIG 寄存器:指定各种配置和功能信息。CONFIG 寄存器中的大部分字段由硬件在复位异常过程中初始化,或者为常量。

CONFIG1 寄存器:是 CONFIG 寄存器的辅助寄存器,保存关于内核所具备功能的附加信息。CONFIG1 寄存器中的所有字段都是只读的。

CONFIG2 寄存器:是 CONFIG 寄存器的辅助寄存器,保留用于保存附加的功能信息。CONFIG2 分配用于显示 2/3 级高速缓存的配置。这些字段复位时为 0,因为 PIC32MX 系列的内核不支持 L2/L3 高速缓存。CONFIG2 寄存器中的所有字段都是只读的。

CONFIG3 寄存器:用于保存关于附加功能的信息。CONFIG3 寄存器中的所有字段都是只读的。

用户程序使用的虚拟地址在发送给 CPU 总线之前,会通过存储器管理单元(Memory Management Unit,MMU)转换为物理地址。对于该转换,CPU 使用固定映射方式。

高速缓存功能:CPU 使用取指令、装载或存储操作的虚拟地址来确定是否访问高速缓存。kseg0 或 useg/kuseg 中的存储器访问可以进行高速缓存,而 kseg1 中的访问不能进行高速缓存。CPU 使用 CONFIG 寄存器中的 CCA 位来确定存储器段的高速缓存功能。如果相关的 CCA 为 0112,则说明存储器访问可高速缓存。

小尾数字节顺序:在以字节分辨率对存储器进行寻址的 CPU 上,对于多字节数据项存在一种约定,指定高字节到低字节的顺序。大尾数字节顺序规定最低地址包含最高有效字节。小尾数顺序规定最低地址包含多字节数据的最低有效字节。CPU 支持小尾数字节顺序。

1.6 CPU 指令

每条指令的长度为 32 位,CPU 指令分为:装载和存储指令、计算指令、跳转指令。

CPU 装载和存储指令:MIPS CPU 使用装载/存储架构;所有操作均对保存在

CPU 寄存器中的操作数执行，主存储器仅通过装载和存储指令进行访问。有几种不同类型的装载和存储指令，分别针对不同用途而设计：

- 传送各种大小的字段（例如，LB 和 SW）。
- 将传送的数据交换为有符号或无符号整数（例如，LHU）。
- 访问未对齐字段（例如，LWR 和 SWL）。
- 存储器更新（读－修改－写：例如，LL/SC）。

CPU 装载和存储指令可以传送数据大小：字节、半字、字。装载指令支持不同大小的有符号和无符号整数，它们可以对装载到寄存器中的数据进行符号扩展或零扩展。未对齐字和双字可以通过使用一对特殊指令在两条指令中进行装载或存储。对于装载，一条 LWL 指令与一条 LWR 指令配对。装载指令从对齐字处读取左字节或右字节，并将它们合并为对应于目标寄存器的正确字节。

配对指令可以用于对字或双字高速缓存的存储单元执行读－修改－写操作。

使能协处理器是一种特殊操作，通过系统控制 CP0 提供这种操作。如果协处理器未使能，则无法执行对该协处理器的装载和存储操作，尝试执行的装载或存储操作会导致协处理器异常。

计算指令：

MIPS32 提供了 32 位整数运算。对于以二进制补码表示的整数，将执行二进制补码算法。有符号形式的补码运算为：加法、减法、乘法、除法。标为“无符号”的加法和减法运算实际上是不带溢出检测的取模运算。

此外，还有无符号形式的乘法和除法运算，以及全部的移位和逻辑运算。逻辑运算对于寄存器宽度不敏感。

移位指令：ISA 定义了两种类型的移位指令：

- 从指令字中的 5 位字段获取固定移位量的指令（例如，SLL 和 SRL）
- 从通用寄存器的低位获取移位量的指令（例如，SRAV 和 SRLV）

乘法和除法指令：乘法指令执行 32 位 x32 位乘法，产生 64 位或 32 位结果。除法指令将 64 位值除以 32 位值，产生 32 位结果。除一条指令外，其他所有指令均将它们的结果传到 HI 和 LO 特殊寄存器中。MUL 指令会将结果的低半部分直接传到 GPR。

- 乘法会产生宽度为输入操作数两倍的全宽度乘积；低半部分装入 LO，高半部分装入 HI。
- 乘加和乘减产生宽度为输入操作数两倍的全宽度乘积，并将 HI 和 LO 的相连值加上或减去乘积。加法结果的低半部分装入 LO，高半部分装入 HI。
- 除法会产生一个商（装入 LO）和一个余数（装入 HI）。

结果通过在 HI/LO 和通用寄存器之间传送数据的指令进行访问。

跳转和跳转指令：

ISA 定义的跳转和跳转指令的类型：架构中定义了以下跳转和跳转指令：

● PC 相对条件跳转。

● PC 区域无条件跳转。

● 绝对无条件跳转。

● 在通用寄存器中记录返回链接地址的一组过程调用。

跳转延时和跳转延时时隙:所有跳转都有一条指令的架构性延时。紧接在跳转指令之后的指令处于跳转延时时隙中。如果跳转或跳转指令位于跳转延时时隙中,则两种指令的操作都是不确定的。

根据约定,如果发生异常或中断,导致无法完成跳转延时时隙中的指令,则会通过重新执行跳转指令来继续指令流。为了使能这一点,跳转必须可重新启动;过程调用不能使用存储返回链接的寄存器(通常为 GPR31)来确定跳转目标地址。

跳转和可能跳转:存在两种形式的条件跳转;它们的区别在于未发生跳转而向下执行时,对于延时时隙中指令的处理方式。

● 跳转指令会执行延时时隙中的指令。

● 如果未发生跳转,可能跳转指令不会执行延时时隙中的指令(称作废弃延时时隙中的指令)。

虽然包含了可能跳转指令,但强烈建议避免在用户程序中使用可能跳转指令,因为 MIPS 架构的未来版本中将会删除它们。

指令同步化 SYNC 和 SYNCI:在正常操作中,架构并未规定对于执行 CPU 之外的观察者,其存储器装载和存储访问的顺序是如何的(例如,在多 CPU 系统中)。

SYNC 指令可用于在执行指令流中建立一个同步点,该同步点可以决定一些装载和存储操作的相对顺序,在 SYNC 之前执行的装载和存储操作完成之后,SYNC 之后的装载和存储操作才能开始。SYNCI 指令可以将 CPU 高速缓存与先前写操作或对于指令流的其他修改进行同步。

异常指令:异常指令会将控制跳转给内核中的用户程序异常处理程序。存在两种类型的异常:条件和无条件异常。它们由以下指令产生:系统调用、陷阱和断点。陷阱指令,它会根据比较结果产生条件异常系统调用和断点指令,它们会产生无条件异常。

条件传送指令:MIPS32 中包含了一些可以根据第三个通用寄存器值而条件性地将一个 CPU 通用寄存器的内容传送到另一个通用寄存器的指令。

NOP 指令:NOP 指令的编码实际上为一条全零指令。MIPS CPU 将处理为不执行任何操作。此外,在任意 CPU 上,SSNOP 指令都占用一个指令周期。

协处理器指令:

协处理器装载和存储指令:对于 CP0,未定义任何显式的装载和存储指令;仅对于 CP0,必须使用协处理器的传送指令来读/写 CP0 寄存器。

发生复位事件之后,用户程序需要初始化器件的以下部分。

通用寄存器:CPU 寄存器在上电时处于未知状态;r0 除外,它总是为 0。为了让硬件正确工作，并不需要初始化其他寄存器。用户程序可能只需要初始化几个寄存器：sp 堆栈指针、gp 全局指针、fp 帧指针。

CP0 状态：在退出引导代码之前，还需要初始化一些 CP0 状态。有一些异常会被 ERL 为 1 或 EXL 为 1 阻止，但复位时并不会清除这些异常。在退出引导代码时，可以将它们清除，以避免捕捉到虚假的异常。

MCLR 复位：硬件复位不会完全初始化内核。只有 CPU 状态中的一个最小子集会清零。在非映射和非高速缓存代码空间中运行时，这已足以启动内核。用户程序可以在此后初始化所有其他 CPU 状态。上电复位会将器件置为一种已知状态。软复位可以将 MCLR 引脚置为有效来强制产生。实现该特性是为了与其他 MIPS CPU 保持兼容。在实际中，除 StatusSR 的设置外，两种复位的处理方式是相同的。

CP0 状态：许多硬件初始化都在 CP0 中进行。

WDT 复位：在(Watch dog Timer，WDT)事件之后，CPU 寄存器的状态取决于 WDT 事件之前 CPU 的工作模式。如果器件先前不是处于休眠模式，WDT 事件会将寄存器强制设为复位值。

第2章

振荡器

PIC32MX 系列有多个内部时钟，这些时钟由内部或外部时钟产生。其中一些时钟有锁相环 PLL、可编程输出分频器或输入分频器，可对输入频率进行比例调节，使之满足应用要求。时钟可以由用户程序在线更改。硬件会锁定振荡器控制寄存器，必须先进行一系列写操作解锁之后用户程序才能执行时钟切换。

每个时钟都有一些单独的可配置选项，例如 PLL(Phase-LockedLoop)、输入分频器或输出分频器，根据具体的器件，最多会有 4 个内部时钟，可以选择以下时钟之一作为系统时钟：

- OSC1 和 OSC2 引脚上的主振荡器(Primary Oscillator，POSC)；
- SOSCI 和 SOSCO 引脚上的辅助振荡器 SOSC；
- 内部快速 RC 振荡器 FRC；
- 内部低功耗 RC 振荡器 LPRC。

振荡器有以下模块和特性：

- 共有 4 个外部和内部振荡器可选作时钟；
- 片上锁相环 PLL，通过用户程序可选的输入分频器、倍频器和输出分频器来提升选定内部和外部振荡器的工作频率范围；
- 特定振荡器有片上用户程序可选的后分频器；
- 可由用户程序控制在各种时钟之间切换；
- 故障保护时钟监视器 FSCM 检测时钟故障和使能安全恢复或关闭应用；
- 供 USB 外设专用的片上锁相环 PLL。

振荡器模块包含特殊功能寄存器：振荡器控制寄存器 OSCCON，内部快速 RC 振荡器的调节寄存器 OSCTUN，器件配置字寄存器 DEVCFG1 和 DEVCFG2，用于振荡器模块相关的其他配置设置。

2.1 振荡器工作原理

PIC32MX 系列中有 3 个主要时钟：

- 系统时钟 SYSCLK，由 CPU 和一些外设使用；
- 外设总线时钟 PBCLK，由大多数外设使用；

● USB时钟USBCLK，由USB外设使用。

系统时钟SYSCLK：SYSCLK主要由CPU和一些选定的高速外设（例如DMA、中断控制器和预取高速缓存）使用。SYSCLK由4种时钟之一产生。除了用户程序指定值，不会对时钟进行任何比例的调节。由器件配置选择SYSCLK时钟，可以在程序运行期间在线更改系统时钟SYSCLK。由于可以在程序运行期间切换时钟，工程应用中可以通过降低时钟速度来降低功耗。

主振荡器POSC：主振荡器POSC有6种工作模式，高速（HS）、外部谐振器（XT）或外部时钟（EC）模式可以与PLL模块进行组合，构成高速PLL（HSPLL）、外部谐振器PLL（XTPLL）或外部时钟PLL（ECPLL）。POSC与OSC1和OSC2引脚连接。POSC可以配置为使用外部时钟输入，或者外部晶振或谐振器输入。

XT、XTPLL、HS和HSPLL模式是常用的外部晶振或谐振器的控制器振荡器模式。XT和HS模式在功能上非常类似，主要区别在于振荡器电路内部反相器的增益。XT模式是中等功耗、中等频率模式，有中等反相器增益。HS模式的功耗较高，可提供最高的振荡器频率，并有最高的反相器增益。

在XT和HS振荡器模式下，OSC2引脚用于提供晶振/谐振器反馈。XTPLL和HSPLL模式有锁相环PLL，锁相环带有用户程序可选的输入分频器、倍频器和输出分频器，可提供一系列广泛的输出频率。当使能PLL时，振荡器电路消耗的电流较大。

可以由外部时钟产生系统时钟的外部时钟模式（EC和ECPLL），外部时钟模式将OSC1引脚配置为可通过CMOS驱动器驱动的高阻抗输入。用户程序可以使用外部时钟来直接驱动系统时钟，也可以使用带有预分频器和后分频器的ECPLL模块来更改输入时钟频率。外部时钟模式还会禁止内部反馈缓冲器，使OSC2引脚可用于其他输入/输出功能。当使用PLL模式时，必须适当地选择输入分频比，使施加于PLL的频率处于4～5 MHz之间。

系统时钟锁相环PLL：系统时钟锁相环PLL提供了用户程序可配置的输入分频器、倍频器和输出分频器，它们可以与XT、HS和ECPOSC模式以及内部FRC振荡器模式配合使用，使用基于单个时钟而产生一系列时钟频率。DEVCFG2器件配置寄存器包含输入分频比、倍频比和输出分频比控制的初始值。OSCCON寄存器包含倍频比和输出分频比。作为器件复位的一部分，器件配置寄存器DEVCFG2的值会复制到OSCCON寄存器中。这使用户程序可以在对器件编程时，预先设置输入分频比来为PLL提供适当的输入频率，以及设置初始PLL倍频比。在运行时，可以在线更改倍频比和输出分频比对时钟频率进行比例调节，使之适合于应用。而PLL输入分频比不能在运行时更改，这是防止施加于PLL的输入频率超出规定范围。

图2-1所示为振荡器系统的框图。主振荡器POSC配置时需要执行以下步骤：

(1)选择POSC作为默认振荡器，设置DEVCFG1的FNOSC＜2∶0＞为010（不带PLL）或011（带PLL）。

(2)选择所需的模式：HS、XT 或 EC，设置配置寄存器 DEVCFG1 的 POSCMOD＜1：0＞字段。

(3)使用 PLL 需要计算输入分频比、倍频比和输出分频比值，设置如下：

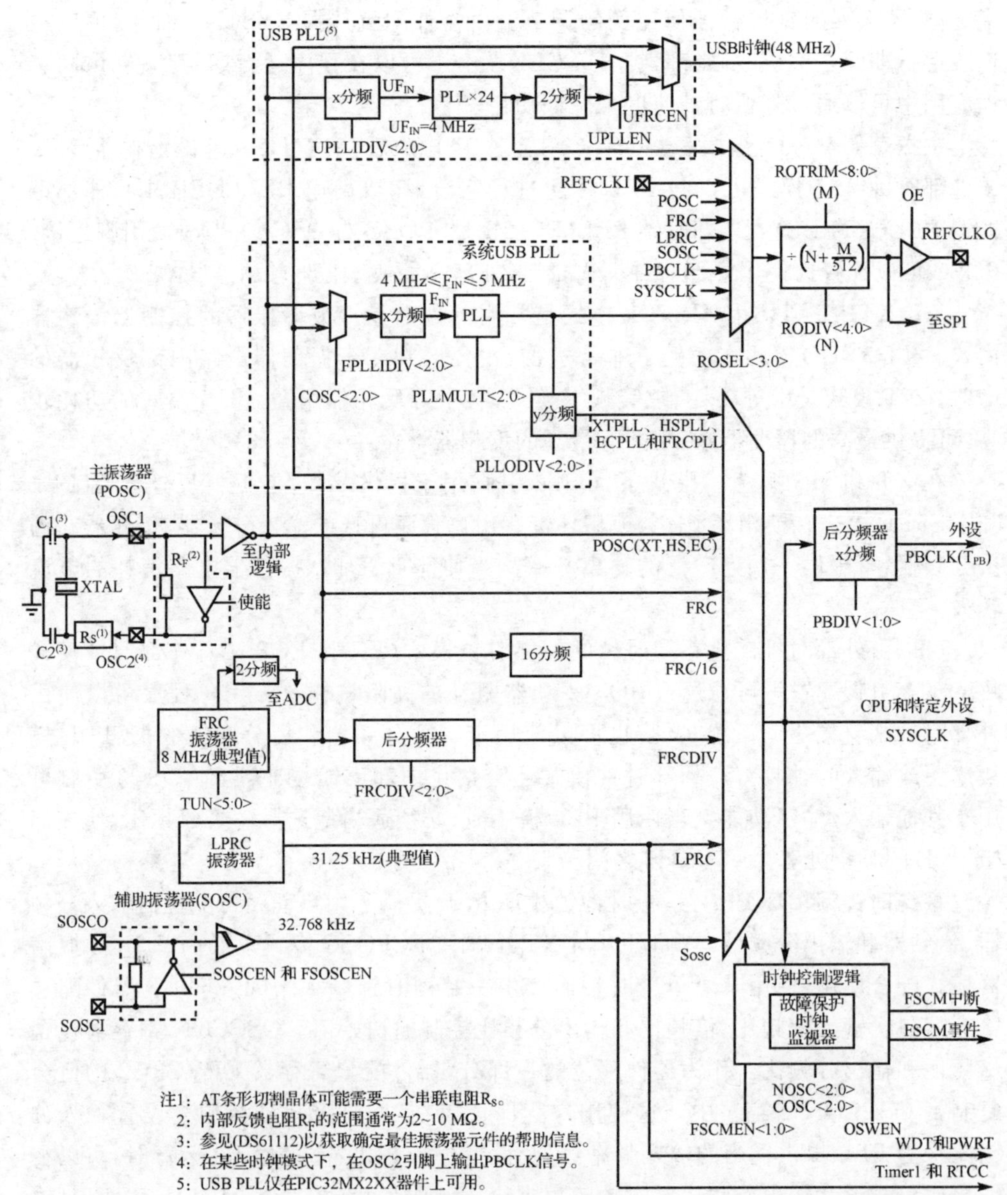

图 2-1　振荡器框图

● 使用 DEVCFG2 的 FPLLIDIV＜2：0＞选择 PLL 输入分频器的配置位，使输入频率位于 4～5 MHz。为了可靠工作，PLL 模块的输出一定不能超出器件的最大时钟频率。

● 使用 DEVCFG2 中的 FPLLMULT<2:0>选择所需的 PLL 倍频比。

● 在运行时，使用 PLLODIV 位 OSCCON<29:27>选择所需的 PLL 输出分频比，以提供所需的时钟频率。默认值由 DEVCFG1 设置。

锁相环 PLL 输入分频比、倍频比和输出分频比的组合可提供输入频率为 0.006～24 倍的组合倍频比。由于 PLL 需要一定的时间才能提供稳定的输出，所以提供了 SLOCK 状态位 OSCCON<5>。当 PLL 的时钟输入改变时，该位驱动为低电平。在 PLL 实现锁定或 PLL 起振定时器延时结束之后，该位会置为 1。该位将在定时器延时结束时置为 1，即使 PLL 尚未实现锁定。

振荡器起振定时器 OST：为了确保晶振（或陶瓷谐振器）已经起振并且工作稳定，提供了一个振荡器起振定时器（Oscillator Start-up Timer，OST）。OST 是一个简单的 10 位计数器，在将振荡器时钟释放给系统的其他部分之前计数 1 024 个 TOSC周期。该周期称为 TOST。振荡器信号的振幅必须达到振荡器引脚的 VIL 和 VIH 门限值之后，OST 才可以开始对周期进行计数。每次振荡器必须重新起振（上电复位、欠压复位或从休眠模式唤醒）时，都需要等待时长为 TOST 的时间间隔。当 POSC 配置为 EC 或 ECPLL 模式时，可以禁止振荡器起振定时器。

USBPLL 锁定状态：ULOCK 位 OSCCON<6>是只读状态位，用于指示 USBPLL的锁定状态。在 PLL 实现锁定的典型延时之后，该位自动置为 1。如果 PLL 未在起振期间达到稳定，则 ULOCK 位可能不会反映实际的 PLL 锁定状态，该位也不会检测程序运行期间 PLL 失锁的情况。ULOCK 位在 POR 时清零，当选择任何不使用 PLL 的时钟时，它保持清零。

主振荡器从休眠模式起振：要确保从休眠模式中可靠地唤醒，必须小心地设计主振荡器电路。这是因为两个负载电容都已不完全充电至某个静态电量值，在唤醒时的相位差最小。因而，达到稳定振荡需要更长的时间。另外，低电压、高温和较低频率时钟模式也会限制环路增益，进而影响起振。

延长起振时间因素有：低频设计（采用低增益时钟模式）、无噪声环境（例如电池驱动的器件）、在屏蔽箱中工作（在嘈杂的 RF 区域之外）、低电压、高温、从休眠 SLEEP 模式唤醒。

辅助振荡器 SOSC：辅助振荡器 SOSC 特别为低功耗而设计。SOSC 为与 SOSCI 和 SOSCO 引脚连接的外部 32.768 kHz 晶振。它可以为实时时钟（Real-Time Clock，RTC）应用驱动 Timer1 或实时时钟和日历（Real-Time Clockand Calendar，RTCC）模块。

使能 SOSC：通过 FSOSCEN 配置位 DEVCFG1<5>进行硬件使能 SOSC。用户程序将 SOSCEN 位 OSCCON<1>置为 1 使能振荡器；SOSCO 和 SOSCI 引脚由振荡器控制，不能用作端口 I/O 或其他功能。SOSC 需要经过一个预热周期之后才能用作时钟。当使能振荡器时，预热计数器会递增至 1 024。在计数器延时结束时，

SOSCRDY 位 OSCCON<22>会置为 1。

SOSC 连续操作：当 SOSCEN 位置为 1 时，SOSC 总是使能的。如果保持振荡器一直运行，则可以快速切换系统时钟到 32.768 kHz 低功耗工作。如果主振荡器是晶振类型时钟或使用 PLL，则恢复为使用较快速的主振荡器时，将仍然需要振荡器起振时间。对于需要使用 Timer1 的实时时钟应用，振荡器需要一直保持运行。

内部快速 RC 振荡器 FRC：FRC 振荡器是快速(标称值 8 MHz)用户程序可微调的内部 RC 振荡器，带有用户程序可选的输入分频器、PLL 倍频器和输出分频器。

FRC 后分频器模式 FRCDIV：如果用户程序希望使用内部快速振荡器作为时钟，并不是只能使用标称频率 8 MHz 的 FRC 输出。FRCDIV<2：0>模式实现了可选的输出分频器，用户程序可以选择 7 种不同的较低时钟频率输出，或者直接选择 8 MHz 输出。输出分频比使用 FRCDIV<2：0>位和 OSCCON<26：24>进行配置。假定标称频率输出为 8 MHz，则可供选择的较低频率输出范围为 4 MHz(2 分频)～31 kHz(256 分频)。所提供的频率范围使用户程序可以随时在用户程序中通过更改 FRCDIV<2：0>位来节省功耗。每当 COSC<2：0>位和 OSCCON<14：12>为 111 时，就选择了 FRCDIV<2：0>后分频器模式。

带 PLL 的 FRC 振荡器模式(FRCPLL)：FRC 的输出还可以与用户程序可选的 PLL 倍频器和输出分频器进行组合，产生各种频率的 SYSCLK 时钟。当 COSC<2：0>位为 001 时选择 FRCPLL 模式。在该模式下，PLL 输入分频比强制设为“2”，从而为 PLL 提供 4 MHz 的输入。所需的 PLL 倍频比和输出分频比值可进行选择，以提供所需的器件频率。

振荡器调节寄存器 OSCTUN：FRC 振荡器调节寄存器 OSCTUN 使用户程序可以对 FRC 振荡器在±12%的范围内进行微调。每个位的递增或递减都会将 FRC 振荡器的出厂校准频率改变一个固定的量。

内部低功耗 RC 振荡器 LPRC：LPRC 振荡器独立于 FRC 振荡器，标称振荡频率为 31.25 kHz。LPRC 振荡器是上电延时定时器(Power-upTimer，PWRT)、看门狗定时器 WDT、故障保护时钟监视器 FSCM 和锁相环 PLL 参考电路的时钟。在那些有严格的功耗要求但不要求时序精度的应用中，也可将其用作低频时钟。

使能 LPRC 振荡器：由于 LPRC 振荡器用作 PWRT 时钟，因此只要片上稳压器使能，它就会在 POR 时使能。在 PWRT 延时结束后，如果以下任一条件为真，LPRC 振荡器就会保持工作：

- 故障保护时钟监视器使能；
- WDT 使能；
- LPRC 振荡器被选为系统时钟 COSC<2：0>为 100。

如果以上条件全不为真，则 LPRC 将在 PWRT 延时结束后关闭。

外设总线时钟 PBCLK 产生：PBCLK 由系统时钟 SYSCLK 按照 PBDIV<1：0>位和 OSCCON<20：19>进行分频而得到。PBCLK 分频比 PBDIV<1：0>字

段支持1：1、1：2、1：4和1：8的后分频比。当PBDIV分频比置为1时，SYSCLK和PBCLK的频率相等。PBCLK频率永远不会大于CPU时钟频率。选择或更改PBDIV值时，应考虑更改PBCLK频率对于各种外设的影响。

当PBCLK分频比不为1时，对PBCLK外设寄存器执行背靠背操作会导致CPU停顿一定周期。发生这种停顿是为了防止在前一个操作完成之前发生另一个操作。该停顿时间由CPU和PBCLK的比率，以及两条总线之间的同步时间决定。

更改PBCLK频率对于SYSCLK外设操作没有任何影响。外设总线频率可以通过向OSCCON寄存器的PBDIV<1：0>字段写入新值进行在线更改。器件使用一个状态机来控制PBCLK频率的更改。该状态机最多需要60个CPU时钟来执行切换和准备好接收新的PBDIV<1：0>值。如果在状态机完成操作之前向PBDIV<1：0>位写入新值，则会忽略新值，PBDIV<1：0>位仍然是先前值。

USB时钟USBCLK可以由8 MHz内部FRC振荡器、48MHzPOSC或96MHzPOSCPLL产生。为了正常工作，USB模块需要精确的48 MHz时钟。使用96 MHz的锁相环PLL时，需要在内部进行分频以获得48 MHz时钟。FRC时钟用于检测USB活动，并使USB模块退出暂停模式。在USB模块退出暂停模式之后，它必须使用48 MHz时钟来执行USB事务。内部FRC振荡器不用于USB模块的正常操作。

USB时钟锁相环UPLL提供了用户程序可配置的输入分频器，它可以与XT、HS和EC主振荡器模式配合使用，以基于时钟产生一系列时钟频率。实际时钟必须能够提供USB规范所需的稳定时钟。UPLL使能和输入分频比位包含在DEVCFG2寄存器中。UPLL的输入限制为4 MHz。必须选择适当的输入分频比来确保UPLL输入为4 MHz。

要配置UPLL，需要执行以下步骤：

(1)将DEVCFG2寄存器中的FUPLLEN位置为1来使能USBPLL。

(2)根据时钟，计算UPLL输入分频比值，使PLL输入为4 MHz。

(3)当对器件进行编程时，设置DEVCFG2寄存器中的USBPLL输入分频比FUPLLIDIV位。

PLL锁定状态位指示PLL的锁定状态。在PLL实现锁定的典型延时之后，该位自动置为1。如果PLL未在起振期间正常达到稳定，则SLOCK可能不会反映实际的PLL锁定状态，该位也不会检测程序运行期间PLL失锁的情况。SLOCK位在POR和时钟切换操作时清零。当选择任何不使用PLL的时钟时，它保持清零。

USBPLL锁定状态：ULOCK位是只读状态位，用于指示USBPLL的锁定状态。在PLL实现锁定的典型延时(也称为TULOCK)之后，该位自动置为1。如果PLL未在起振期间达到稳定，则ULOCK可能不会反映实际的PLL锁定状态，该位也不会检测程序运行期间PLL失锁的情况。在POR时ULOCK位清零。当选择任何不使用PLL的时钟时，它保持清零。

USB使用内部FRC振荡器：内部8 MHz的FRC振荡器可用作时钟来检测USB暂停模式期间的任何USB活动，并使模块退出暂停模式。要使能对USB使用FRC，在将USB模块置为暂停模式之前，必须先将UFRCEN位OSCCON＜2＞置为1。

双速启动：双速启动模式可用于降低使用所有外部晶振POSC模式（包括PLL）时的器件启动延时。双速启动使用FRC时钟作为SYSCLK，直到主振荡器POSC稳定为止。在用户程序选定的振荡器稳定之后，时钟将切换为POSC。这让CPU可以开始以较低速度运行代码，同时振荡器正在稳定。当POSC满足启动条件时，将会发生切换为POSC的自动时钟切换。通过器件配置位FCKSM＜1：0＞位和DEVCFG1＜15：14＞使能该模式。双速启动在POR之后或从休眠模式退出时起作用。

用户程序可以通过读取OSCCON寄存器中的COSC＜2:0＞位来确定当前使用的振荡器。

不论SYSCLK频率如何，看门狗定时器WDT将继续以相同速率计数。在双速启动期间处理WDT要小心，需要考虑SYSCLK的变化。

故障保护时钟监视器FSCM操作：故障保护时钟监视器FSCM用于让器件可以在当前振荡器发生故障时继续工作。它用于主振荡器POSC，在检测到POSC故障时会自动切换为FRC振荡器让器件可以继续工作，并重新尝试使用POSC或执行对应于时钟故障的处理代码。

DEVCFG1寄存器中的FCKSM＜1：0＞位控制FSCM模式，任意POSC模式都可用于FSCM。在使能FSCM情况下检测到时钟故障时，FSCM中断使能FSCMIE位IEC1＜14＞置为1，时钟将从POSC切换为FRC。此时会产生振荡器故障中断，将CF位OSCCON＜3＞置为1。该中断由用户程序设置优先级FSCMIP＜2：0＞位IPC8＜12：10＞和子优先级FSCMIS＜1：0＞位IPC8＜9：8＞。时钟将保持为FRC，直到器件发生复位或执行时钟切换为止。如果FSCM中断使能失败，将不会阻止实际的时钟切换。

在切换到FRC振荡器时，FSCM模块执行以下操作：

（1）将000装入COSC＜2：0＞位。

（2）将CF位OSCCON＜3＞置为1，以指示发生时钟故障。

（3）将OSWEN位OSCCON＜0＞清零，以取消所有待执行的时钟切换。

要使能FSCM，应执行以下步骤：

（1）将DEVCFG1寄存器中FCKSM＜1：0＞位配置为01（使能时钟切换，禁止FSCM）或00（使能时钟切换和FSCM）。

（2）设置DEVCFG1寄存器中的FNOSC＜2：0＞字段选择所需的模式：HS、XT或EC。

（3）配置寄存器DEVCFG1中的FNOSC＜2：0＞为010（不带PLL）或011（带

PLL),选择 POSC 作为默认振荡器。

如果需要在发生 FSCM 事件时产生中断,则在启动代码中应执行以下步骤:

(1)清零 FSCM 中断位 IFS1<14>。

(2)设置中断优先级 FSCMIP<2:0>位和子优先级 FSCMIS<1:0>位。

(3)将 FSCM 中断使能位 FSCMIE 置为 1。

不论 SYSCLK 频率如何,看门狗定时器 WDT 将继续以相同速率计数。在故障保护时钟监视器事件之后处理 WDT 需要小心,需要考虑 SYSCLK 的变化。

FSCM 延时:在发生 POR、BOR 或从休眠模式唤醒事件时,在 FSCM 开始监视系统时钟之前,可能会插入一个标称时长的延时 TFSCM。FSCM 延时的目的是确保在未使用上电延时定时器 PWRT 时,为振荡器或 PLL 提供时间以达到稳定。将在复位信号 SYSRST 释放之后产生 FSCM 延时。每当 FSCM 使能,并且 HS、HSPLL、XT、XTPLL 或辅助振荡器模式选作为系统时钟时,都会有一个 TFSCM 时间间隔。

FSCM 和慢速振荡器起振:如果所选择的振荡器从 POR、BOR 或休眠模式退出时的起振速度很慢,则 FSCM 延时可能会在振荡器起振之前结束。在这种情况下,FSCM 将产生时钟故障陷阱。发生这种情况时,COSC<2:0>位会装入 FRC 振荡器的选择值。实际上会关闭正在尝试起振的原始振荡器。用户程序可以使用中断服务程序(Interrupt Service Routine,ISR)或通过查询时钟故障中断标志位 FSCMIF 来检测时钟故障。

FSCM 和 WDT:FSCM 和 WDT 都使用 LPRC 振荡器作为其时基。在发生时钟故障时,WDT 不受影响并继续运行。

时钟切换操作:在用户程序控制下可以随时在 4 种时钟(POSC、SOSC、FRC 和 LPRC)之间自由切换,几乎没有什么限制。为了限制这种灵活性可能带来的负面影响,PIC32MX 系列在切换过程中采用了保护锁定。

主振荡器模式有 3 种不同的子模式(XT、HS 和 EC),它们由 DEVCFG1 寄存器的 POSCMOD 配置位决定。虽然用户程序可以从其他模式切换为主振荡器模式并从主振荡器模式切换为其他模式,但它不能在不重新编程器件的情况下在不同的主振荡器子模式之间切换。

使能时钟切换 FCKSM1 配置位 DEVCFG1<15>必须编程为 0。如果 FCKSM1 配置位未编程,则禁止时钟切换功能和故障保护时钟监视器功能,这是默认设置。

当禁止时钟切换时,NOSC 位 OSCCON<10:8>不控制时钟选择。但是,COSC<2:0>位将反映由 FNOSC 配置位选择的时钟。当禁止时钟切换时,OSWEN 位 OSCCON<0>无效,始终为 0。

振荡器切换需要以下过程:

(1)根据需要读 COSC<2:0>位,以确定当前的振荡器。

(2)执行解锁序列，以使能写入 OSCCON 寄存器。解锁序列有严格的时序要求，并且应在禁止中断和 DMA 的情况下执行。

(3)向 NOSC＜2：0＞位 OSCCON＜10：8＞写入新振荡器的对应值。

(4)将 OSWEN 位 OSCCON＜0＞置为 1 以启动振荡器切换。

(5)执行锁定序列来锁定 OSCCON。锁定序列必须独立于所有其他操作执行。

一旦基本过程完成，系统时钟硬件将自动进行如下响应：

(1)时钟切换硬件将 NOSC 位的新值与 COSC＜2：0＞状态位进行比较。如果它们相同，则时钟切换是多余操作。在这种情况下，OSWEN 位自动清零，时钟切换中止。

(2)如果新振荡器现在不在运行，则硬件会将其启动。如果必须要启动晶振，则硬件将等待到振荡器起振定时器 OST 延时结束。如果新的振荡器使用 PLL，则硬件将等待直到检测到 PLL 锁定(SLOCK 为 1)。

(3)硬件清零 OSWEN 位，以指示时钟切换成功。此外，NOSC 位的值被传送到 COSC＜2：0＞状态位。

(4)如果没有任何模块使用原时钟，则会关闭。

在整个时钟切换过程中，CPU 将继续执行代码。对时序敏感的代码不应在此时执行。

时钟切换的建议代码序列如下：

(1)在执行系统解锁序列之前禁止中断和 DMA。

(2)执行解锁序列方法是在两条背靠背汇编或 C 语言指令中将钥匙值 0xAA996655 和 0x556699AA 写入 SYSKEY 寄存器。

(3)将新的振荡器值写入 NOSC 位。

(4)将 OSCCON 寄存器中的 OSWEN 位置为 1，以启动时钟切换。

(5)向 SYSKEY 寄存器写入非钥匙值(例如 0x33333333)来执行锁定。继续执行对时钟不敏感的代码。

(6)检查 OSWEN 位是否为 0。如果为 0，则说明切换成功。一直循环，直到该位为 0 为止。

(7)重新使能中断和使能 DMA。

除了初始背靠背写入钥匙值来执行解锁序列之外，所有其他步骤都没有时序要求。解锁序列会将通过锁定功能保护的所有寄存器解锁。建议将系统处于解锁状态的时间尽可能缩短。

时钟切换的注意事项：在用户程序中加入时钟切换功能时，用户程序在设计代码时应注意以下问题。

● SYSLOCK 解锁序列对时序的要求极高。两个钥匙值必须背靠背写入，期间不能有任何外设寄存器访问操作。通过禁止所有中断和 DMA 传送来防止意外的外设寄存器访问。

- 系统不会自动重新锁定。在时钟切换之后，尽快执行重新锁定序列。
- 解锁序列会解锁其他寄存器，例如那些与实时时钟控制有关的寄存器。
- 如果器件时钟是晶振，则时钟切换时间将由振荡器起振时间决定。
- 如果新时钟未启动，或者不存在，则 OSWEN 位保持为 1。
- 时钟切换为不同频率会影响外设时钟。外设可能需要重新配置，以便以时钟切换之前速率继续工作。
- 如果新时钟使用 PLL，则只有在实现锁相环 PLL 锁定之后才会发生时钟切换。
- 如果使用了 WDT，则必须小心确保可以在新的时钟速率下及时地处理它。

当使能故障保护时钟监视器时，用户程序不应尝试切换到频率低于 100 kHz 的时钟。在这些情况下进行时钟切换可能会产生错误的振荡器故障事件，并导致其切换到内部快速 RC(FRC)振荡器。

禁止在 PLL 时钟之间直接切换，因为会影响 PLL 运行，用户程序不应更改 PLL 倍频比值或后分频比值。要执行以上任一时钟切换功能，应当通过两个步骤来执行时钟切换。时钟应首先切换为非 PLL(例如 FRC)；然后再切换为所需时钟，此要求仅适用于基于 PLL 的时钟。

中止时钟切换：在时钟切换尚未完成时，可以通过清零 OSWEN 位 OSCCON<0>来复位时钟切换逻辑。这将放弃时钟切换过程，停止并复位 OST，以及停止锁相环 PLL。时钟切换过程可以随时中止。当前已在执行中的时钟切换也可以通过执行第二次时钟切换而中止。

在时钟切换期间进入休眠模式：如果器件在时钟切换操作期间进入休眠模式，不会中止时钟切换操作。如果时钟切换未在器件进入休眠模式之前完成，器件将在它退出休眠模式时执行切换。然后，器件将正常执行 WAIT 指令。

实时时钟振荡器：为了精确计时，实时时钟和日历 RTCC 需要精确的时基。SOSC 可以用作 RTCC 的时基。

SOSC 控制：SOSC 也可以供 RTCC 之外的其他模块使用，通过用户程序和硬件的组合控制 SOSC。将 SOSCEN 位置为 1 使能 SOSC。在 CPU 模块不使用 SOSC 时，清零 SOSCEN 位禁止它。当 SOSC 用作 SYSCLK，则不能清零 SOSCEN 位禁止它。当 SOSCEN 位使能 SOSC，在器件处于休眠模式时，它会继续工作。为了防止时钟意外更改，锁定了 OSCCON 寄存器，在用户程序使能或禁止 SOSC 之前，必须先对该寄存器进行解锁。有许多系统和外设寄存器通过 SYSREG 锁定来避免意外写操作。执行锁定或解锁会影响通过 SYSREG 保护的所有寄存器，包括 OSCCON 寄存器。

由于外部晶振需要一定的起振时间，用户程序应先等待 SOSC 振荡器输出稳定，然后再使能 RTCC。在使能 SOSC 和使能 RTCC 之间，通常需要 32 ms 的延时。

Timer1 外部振荡器：Timer1 模块可以使用 SOSC 时钟。当需要 CPU 时钟在

SOSC 和其他时钟之间切换时，需要使用 Timer1，则必须将 SOSCEN 位置为 1，未将该位置为 1 会导致在 CPU 切换为其他时钟时禁止 SOSC。

由于外部晶振需要一定的起振时间，用户程序应先等待 SOCSC 振荡器输出稳定，然后再尝试使用 Timer1 进行精确测量。在使能 SOSC 和使用 Timer1 之间，这通常需要 10 ms 的延时。所需的实际时间取决于所使用的晶振和应用环境。

2.2　中　断

振荡器模块产生的唯一中断是 FSCM 事件中断。当使能 FSCM 模式，并且配置了相关的中断时，FSCM 事件将会产生中断。该中断有优先级和子优先级，两者都必须进行配置。

中断操作：FSCM 有专用的中断标志位 FSCMIF 以及相关的中断使能位 FSCMIE。这些位决定中断和使能各个中断。FSCM 的优先级可以独立于其他中断进行设置。

当 FSCM 检测到 POSC 时钟故障时，中断标志位 FSCMIF 会置为 1。中断标志位 FSCMIF 是否置为 1 与相关中断使能位 FSCMIE 的状态无关与中断优先级无关。可以查询中断标志位 FSCMIF 以判断是否出现此中断。

中断使能位 FSCMIE 用于控制中断产生。如果中断使能位 FSCMIE 置为 1，则每次发生 FSCM 事件时会中断 CPU。中断服务程序在程序完成之前清零相关的中断标志位。

FSCM 中断的优先级可以通过 FSCMIP＜2：0＞位 IPC8＜20：18＞独立设置。该优先级定义了中断将分配到的优先级组。优先级组值的范围为 7(最高优先级)～0(不产生中断)。较高优先级组中的中断会抢占正在处理、优先级较低的中断。

子优先级位用于设置中断在优先级组中的优先级。子优先级 FSCMIS＜1：0＞位 IPC8＜8：9＞值的范围为 3(最高优先级)～0(最低优先级)。处于相同优先级组，但有更高子优先级值的中断会抢占子优先级较低正在进行的中断。

优先级组和子优先级位让多个中断可以共用相同的优先级和子优先级。如果在该配置下同时发生若干个中断，则中断在优先级/子优先级组对中的自然顺序将决定所产生的中断。自然优先级基于中断的向量编号，向量编号越小，中断的自然优先级就越高。在当前中断的中断标志位清零之后，所有不按照自然顺序执行的中断会基于优先级、子优先级和自然顺序产生相关的中断。

产生使能的中断之后，CPU 将跳转到为该中断分配的向量处。该中断的向量编号与自然顺序编号相同。由于一些中断共用单个向量，IRQ 编号并不总是与向量编号相同。然后，CPU 将在向量地址处开始执行代码。该向量地址处的用户程序应执行所需的操作，如重新装入占空比和清零中断标志位，然后退出。

非外部振荡器模式下的 OSC1 和 OSC2 引脚功能：当 OSC1 和 OSC2 上的 POSC

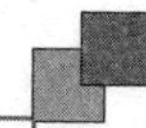

未配置为时钟时，OSC1 引脚自动重新配置为数字 I/O。在该配置中，以及 POSC 配置为 EC 模式 POSCMOD<1：0>为 00 时，也可以通过编程 OSCIOFCN 配置位将 OSC2 引脚配置为数字 I/O。当 OSCIOFCN 位为 1(未编程)时，OSC2 上会产生 PBCLK，用于进行测试或同步。当 OSCIOFCN 位为 0(已编程)时，OSC2 引脚成为通用 I/O 引脚。在这两种配置中，OSC1 和 OSC2 之间的反馈器件被关闭，以节省电流。

非外部振荡器模式下的 SOSCI 和 SOSCO 引脚功能：当 SOSCI 和 SOSCO 引脚上的辅助振荡器 SOSC 未配置为时钟时，引脚自动重新配置为数字 I/O。由于 POSC 和 SOSC 使用引脚与其他外设模块共用。当振荡器不使用这些引脚时，它们可用作通用 I/O 引脚，或由共用引脚的外设使用。

2.3　节能模式下的振荡器操作

休眠模式下的振荡器操作：在休眠模式下，除非有外设使用时钟，否则禁止时钟。

休眠模式下的 POSC：POSC 在休眠模式下总是禁止。在退出休眠模式时会应用起振延时。

休眠模式下的辅助振荡器 SOSC：除非 SOSCEN 位置为 1，或者在休眠模式下工作的某个使能模块使用 SOSC，否则禁止它。在退出休眠模式时，如果辅助振荡器 SOSC 未运行，则会使用起振延时。

休眠模式下的 FRC：在休眠模式下，禁止 FRC 振荡器。

休眠模式下的 LPRC：在休眠模式下，如果禁止看门狗定时器 WDT，则禁止 LPRC 振荡器。

空闲模式下的振荡器操作：在空闲 IDLE 模式下，不会禁止时钟。在退出空闲模式时，不会使用起振延时。

调试模式下的振荡器操作：在器件处于调试模式时，振荡器模块继续工作。该模块没有 FRZ 模式。

各种复位的影响：在发生所有形式的器件复位时，OSCCON 会置为默认值，COSC<2：0>、PLLIDIV<2：0>、PLLMULT<2：0>和 UPLLIDIV<2：0>值会强制设为在 DEVCFG1 和 DEVCFG2 寄存器中定义的值。会转换为 DEVCFG1 寄存器中定义的振荡器。此时会应用振荡器起振延时。

思考题

问 1：在上电后使用示波器检查 OSC2 引脚时，未检测到时钟。这是什么原因？

答 1：可能有几种原因：

● 进入休眠模式时未提供唤醒(例如 WDT、MCLR 或中断)。确保代码没有在未设置唤醒的情况下将器件置为休眠模式。如果可能，尝试在 MCLR 上使用低电平脉冲唤醒器件。上电时 MCLR 保持低电平还将使晶振有更长时间起振，但程序计数器会等到 MCLR 引脚为高电平时才会递增计数。

● 选择了错误的时钟模式来产生所需的频率。对于空白器件，默认的振荡器为 FRC。大多数部件在初始时使用的是在默认模式下选择的时钟，默认模式不使用晶振或谐振器起振。验证是否已正确编程了时钟模式。

● 未执行正确的上电序列。如果 CMOS 器件在上电之前通过 I/O 引脚供电，则可能会发生错误的事件（锁死或起振不正常等）。欠压条件、起振时电源线有噪声和 VDD 上升速度太慢等情况都会导致问题。尝试在器件上电时 I/O 上不连接任何部件，并使用确定可正常工作的快速升压电源。

● 连接到晶振的 C1 和 C2 电容未正确连接，或者电容值不正确。确保所有的连接都正确。这些元件使用器件数据手册中的特性值时，通常可以使振荡器运行；但是，这些值可能不是对应于设计的最佳值。

问 2：为什么器件的工作频率远高于晶振的谐振频率？

答 2：振荡器电路的增益过高。“确定振荡器元件的最佳值”来帮助选择 C2（可能需要使用更大的电容）、Rs（可能需要）和时钟模式（可能选择了错误的模式）。对于低频晶振（例如常见的 32.768 kHz 晶振）特别容易发生这种情况。

问 3：器件运行良好，但频率稍微偏低。如何进行调节？

答 3：改变 C1 的值可以对振荡器频率产生一些影响。如果使用了串联谐振晶振，则它的谐振频率将不同于相同输出频率的并联谐振晶振。确保使用的是并联谐振晶振。

问 4：用户程序开始时工作良好，但之后突然退出或变慢。这是什么原因？

答 4：除了应当进行一般的用户程序检查来确定变慢原因之外，还可以检查是否是振荡器的输出振幅不够高，不足以可靠地触发谐振器输入。此外，检查 C1 和 C2 的电容值，并确保器件配置位以确保正确置为所需的振荡器模式。

问 5：在将示波器探针连接到振荡器引脚时，并没有看到预期的结果。这是什么原因？

答 5：示波器探针也有一定的电容。将探针连接到振荡器电路会改变振荡器的特性。考虑使用低电容（有源）探针。

第 3 章

存储器构成

PIC32MX1XX/2XX 单片机提供 4GB 的统一虚拟存储地址空间。所有存储区(包括程序存储区、数据存储区、特殊功能寄存器 SFR 和配置寄存器)都位于此地址空间中各自的唯一地址范围内。程序存储区和数据存储区可以选择划分为用户程序存储区和内核存储区。此外，数据存储区也可以是可执行存储区，使能 PIC32MX1XX/2XX 从数据存储区执行程序。存储器主要特性包括：

- 32 位数据宽度；
- 独立的用户 KUSEG 模式地址空间和内核 KSEG0/KSEG1 模式地址空间；
- 灵活的闪存程序存储区分区；
- 数据 RAM 可灵活地分为数据空间和程序空间；
- 用于受保护程序代码的独立引导闪存；
- 强大的总线异常错误处理功能，阻止程序代码跑飞；
- 简单的存储器映射，使用固定映射转换 FMT 单元；
- 可高速缓存的地址区 KSEG0 和不可高速缓存的地址区 KSEG1。

用于数据和程序代码设置 RAM 和闪存分区的特殊功能寄存器(对应于用户模式和内核模式)。

特殊功能寄存器 SFR 有：

BMXCON：配置寄存器，用于配置 DMA 访问的程序闪存高速缓存功能、总线异常错误、数据 RAM 等待状态和仲裁模式。

BMXxxxBA：存储器分区基址寄存器，用于配置内核模式、用户模式的数据和程序空间在 RAM 中的相对基址。

BMXDRMSZ：数据 RAM 大小寄存器，该只读寄存器用于标识数据 RAM 的大小(以字节为单位)。

BMXPFMSZ：程序闪存大小寄存器，该只读寄存器用于标识程序闪存存储器的大小(以字节为单位)。

BMXBOOTSZ：引导闪存大小寄存器，该只读寄存器用于标识引导闪存存储器的大小(以字节为单位)。

3.1 存储器布局

PIC32MX 系列的 32 位单片机实现了两种地址机制：虚拟地址机制和物理地址机制。所有硬件资源(例如程序存储区、数据存储区和外设)都位于各自相关的物理地址范围内。虚拟地址专供 CPU 使用，CPU 通过虚拟地址取出和执行指令以及访问外设。物理地址供总线主外设使用，例如不通过 CPU 访问存储器的 DMA 和闪存控制器。图 3-1 给出了存储器映射图。

整个 4 GB 虚拟地址空间分为两个基本区域：用户程序空间和内核空间。来自用户模式地址段的低 2 GB 空间称为 USEG/KUSEG。用户模式的用户程序必须驻留在 USEG 段，并且在其中执行。USEG 段也可供所有内核模式的用户程序使用，所以也称为 KUSEG——指示它可同时用于用户模式和内核模式。在用户模式下工作时，必须配置总线矩阵，使部分闪存和数据存储器在 USEG/KUSEG 段中可用。

虚拟地址空间的高 2 GB 构成仅限内核模式使用的空间。内核空间分为 4 个各为 512 MB 的地址段：KSEG0、KSEG1、KSEG2 和 KSEG3。仅内核模式的用户程序可以访问内核存储空间。内核空间包括所有外设寄存器。因此，仅内核模式的用户程序可以监视和操作外设。只有 KSEG0 和 KSEG1 段指向真正的存储器资源。KSEG2 地址段可供 EJTAG 调试器使用。PIC32MX 仅使用 KSEG0 和 KSEG1 段。可通过 KSEG0 或 KSEG1 访问引导闪存存储器 BFM、程序闪存存储器 PFM、数据 RAM 存储器 DRM 和外设特殊功能寄存器 SFR。

固定映射转换(FMT)单元可以将存储器地址段转换为相关的物理地址区域。图 3-1 显示了内核在虚拟地址空间和物理地址空间之间实现的固定映射方案。虚拟存储器地址段也可以进行高速缓存，前提是器件上提供了高速缓存模块。KSEG1 地址段是不可高速缓存的，而 KSEG0 和 USEG/KUSEG 是可高速缓存的。

存储器地址段的映射取决于 CPU 错误级别(通过 CPU 状态寄存器中的 ERL 位设置)。错误级别由 CPU 在发生复位、软复位或不可屏蔽中断(Non－Maskable Interrupt，NMI)时设置(ERL 为 1)。在该模式下，CPU 运行于内核模式，USEG /KUSEG 视为非映射和非高速缓存区，图 3-1 中的映射不适用。该模式可与使用基于 TLB MMU 的其他 MIPS CPU 内核保持兼容。C 语言启动代码会将 ERL 位清零，从而当用户程序启动时，会看到虚拟存储器到物理存储器的正确映射，如图 3-1 所示。

地址段 KSEG0 和 KSEG1 总是转换为物理地址 0x0。通过这种转换安排，CPU 可以通过两个独立的虚拟地址访问相同的物理地址：一个是通过 KSEG0，另一个是通过 KSEG1。因此，用户程序可以选择以高速缓存或非高速缓存的方式执行同一段代码。只有通过 KSEG1 段才可访问片上外设(非高速缓存访问)。

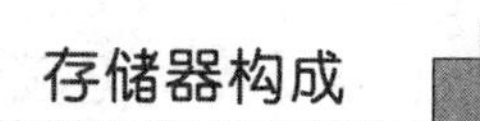

虚拟存储器映射

KSEG2/KSEG3
0xFFFFFFFF
0xC0000000

KSEG1
0xBFC00000　内部引导闪存
0xBF800000　内部外设
0xBD000000　内部程序闪存
0xAFFFFFFF　保留
0xA0000000　内部RAM

KSEG0
0x9FC00000　内部引导闪存
0x9D000000　内部程序闪存
0x9FFFFFFF　保留
0x80000000　内部RAM

USEG/KUSEG
0x7F000000　内部RAM (用户分区)
0x7D000000+ BMXPUPBA　程序闪存 (用户分区)
0x0FFFFFFF　保留
0x00000000

物理存储器映射

0xFFFFFFFF
内部RAM (用户分区)　0xBF000000 +BMXDUBA
内部闪存 (用户分区)　0xBD000000 +BMXPUBA
0x4FFFFFFF
保留
0x40000000
内部引导闪存
0x1FC00000
内部外设
0x1F800000
内部程序闪存
0x1D000000
0x0FFFFFFF
保留
BMXDUDBA
内部RAM
0x00000000

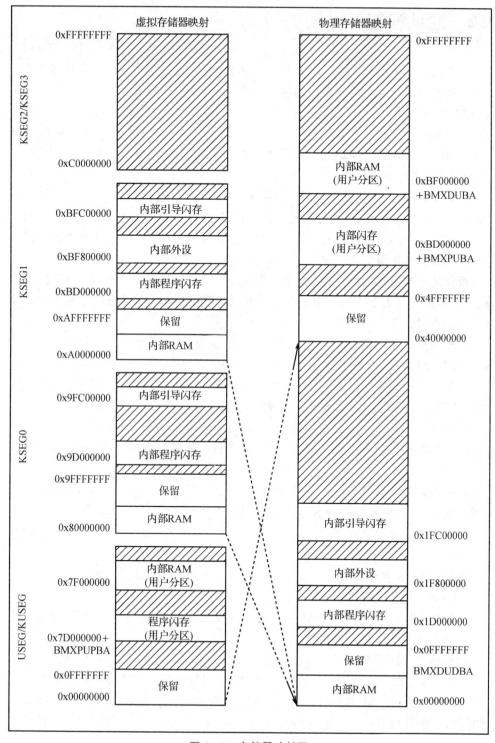

图 3－1　存储器映射图

3.2 地址映射

程序闪存存储器分为内核分区和用户程序分区。内核程序闪存空间从物理地址0x1D000000处开始，而用户程序闪存空间则从物理地址0xBD000000＋BMXPUDBA寄存器值处开始。类似地，内部RAM也分为内核分区和用户程序分区。内核RAM空间从物理地址0x00000000处开始，而用户程序RAM空间则从物理地址0xBF000000＋BMXDUDBA寄存器值处开始。默认情况下，全部闪存和RAM仅映射到内核模式的用户程序。

BMXxxxBA寄存器设置必须与目标用户程序的存储器模型匹配。如果链接的代码与寄存器值不匹配，则程序可能无法运行，并可能在启动时产生总线异常错误。

程序闪存存储器不能通过其地址映射进行写操作。对PFM地址范围的写操作会导致总线异常错误。

虚拟地址与物理地址的转换计算：要将内核地址（KSEG0或KSEG1）转换为物理地址，需要使用0x1FFFFFFF对虚拟地址执行“按位与”运算：物理地址＝虚拟地址&0x1FFFFFFF

要将物理地址转换为KSEG0虚拟地址，需要使用0x80000000对物理地址执行“按位或”运算：KSEG0虚拟地址＝物理地址|0x80000000

要将物理地址转换为KSEG1虚拟地址，需要使用0xA0000000对物理地址执行“按位或”运算：KSEG1虚拟地址＝物理地址|0xA0000000

要从KSEG0虚拟地址转换为KSEG1虚拟地址，需要使用0x20000000对KSEG0虚拟地址执行“按位或”运算：KSEG1虚拟地址＝KSEG0虚拟地址|0x20000000

程序闪存存储器分区：程序闪存存储器划分为用户模式和内核模式，如图3－1所示。在复位时，用户模式分区不存在（BMXPUPBA初始化为0）。整个程序闪存存储器映射到从虚拟地址KSEG1：0xBD000000或KSEG0：0x9D000000开始的内核模式程序空间。

要为用户程序设置分区，需初始化BMXPUPBA，方式是：BMXPUPBA ＝ BMXPFMSZ - USER_FLASH_PGM_SZ

USER_FLASH_PGM_SZ是用户程序的分区大小。BMXPFMSZ是包含程序闪存存储器总容量的矩阵寄存器。

内核模式分区总是从KSEG1：0xBD000000或KSEG0：0x9D000000处开始。

RAM存储器可以分为4个分区：内核数据、内核程序、用户数据、用户程序。

为了从数据RAM中执行代码，必须定义内核或用户程序分区。在上电复位POR时，整个数据RAM分配给内核数据分区。该分区总是从数据RAM基址处开始。

为了对 RAM 进行正确分区，必须设定以下所有寄存器：BMXDKPBA、BMXDUDBA 和 BMXDUPBA。可用 RAM 的大小由 BMXDRMSZ 寄存器指定。

内核数据 RAM 分区：内核数据 RAM 分区位于虚拟地址 KSEG0：0x80000000 和 KSEG1：0xA0000000 处。它总为可用，不能禁止。

如果 BMXDKPBA、BMXDUDBA 或 BMXDUPBA 寄存器中的任一寄存器为 0，那么整个 RAM 将分配给内核数据 RAM，即内核数据 RAM 分区的大小由 BMXDRMSZ 寄存器值指定。否则，内核数据 RAM 分区的大小由 BMXDKPBA 寄存器值指定。

内核数据 RAM 分区在复位时就存在，占用所有可用 RAM，因为 BMXDKPBA、BMXDUDBA 和 BMXDUPBA 寄存器在每次复位时总是默认为 0。

内核程序 RAM 分区：如果需要在内核模式下从数据 RAM 中执行代码，则需要内核程序 RAM 分区。该分区从 KSEG0：0x80000000＋BMXDKPBA（KSEG1：0xA0000000＋BMXDKPBA）处开始，其大小由 BMXDUDBA－BMXDKPBA 指定。

内核程序 RAM 分区在复位时不存在，因为 BMXDKPBA 和 BMXDUDBA 寄存器在复位时默认为 0。

用户程序数据 RAM 分区：对于用户模式的用户程序，需要处于 RAM 中的用户模式的数据分区。该分区从地址 0x7F000000＋BMXDUDBA 处开始，其大小由 BMXDUPBA－BMXDUDBA 指定。用户程序数据 RAM 分区在复位时不存在，因为 BMXDUDBA 和 BMXDUPBA 寄存器在复位时默认为 0。

用户程序 RAM 分区：如果需要在用户模式下从数据 RAM 中执行代码，则需要处于数据 RAM 中的用户程序分区。该分区从地址 0x7F000000＋BMXDUPBA 处开始，其大小由 BMXDRMSZ－BMXDUPBA 指定。用户程序 RAM 分区在复位时不存在，因为 BMXDUPBA 寄存器在复位时默认为 0。

3.3 总线矩阵

CPU 支持两种工作模式，即内核模式和用户模式。总线矩阵控制每种模式的存储器分配以及给定地址空间区域的访问类型，即程序或数据访问。

总线矩阵将主器件与从器件相连接。在主总线结构上，PIC32MX 系列最多可以有 5 个主器件和 3 个从器件，例如，闪存和 RAM 等。在 5 个可能的主器件中，CPU 指令总线 CPUIS、CPU 数据总线 CPUDS、在线调试 ICD 和 DMA 控制器是默认的一组主器件，总是存在的。PIC32MX 系列还包含了扩展接口，用以支持未来的扩展。

总线矩阵可以对映射到从器件的通用地址范围进行解码。从器件（例如，存储器或外设）可能提供附加的地址，具体取决于它的功能。

主器件仲裁模式：由于可能有多个主器件尝试访问同一从器件，所以必须使用仲裁方案来控制对于从器件的访问。仲裁模式为所有主器件分配优先级。进行从器件访问时，优先级较高的主器件总是优先于优先级较低的主器件。

仲裁模式0：CPU数据和指令访问的优先级高于DMA访问。该模式会使DMA"挨饿"，所以在不使用DMA时选择该模式。BMXARB寄存器字段BMXCON<2：0>编程为0时，将选择模式0工作。

仲裁模式1：仲裁模式1是类似于模式0的固定优先级方案；但是，CPUIS的优先级总是最低。模式1仲裁是默认模式。BMXARB寄存器字段BMXCON<2：0>编程为1时，将选择模式1工作。

仲裁模式2：模式2仲裁支持为所有主器件分配循环优先级。每个主器件不分配固定优先级，而是以循环方式分配最高优先级。在该模式下，除以下例外情况，将应用循环优先级：

(1)CPU数据总是优先于CPU指令。

(2)ICD优先级总是最高。

(3)当CPU处理异常(EXL为1)或错误(ERL为1)时，仲裁器会临时恢复为模式0。

如果存在待处理的CPU数据访问，则在循环优先级方案中不会选择优先级序列2。在这种情况下，当数据访问完成时，会立即选择序列2。

BMXARB寄存器字段BMXCON<2：0>编程为2时，将选择模式2工作。

总线异常错误：发生以下情况时，总线矩阵会产生总线异常错误：

- 尝试访问未实现的存储器；
- 尝试访问非法从器件；
- 尝试写入程序闪存存储器。

总线异常错误可以通过清零BMXCON寄存器中的BMXERRxxx位而临时禁止，但不建议这么做。处于调试模式时，对于来自CPUIS和CPUDS的访问，总线矩阵会禁止总线异常错误。

精确中断断点支持：PIC32MX系列通过在数据RAM访问中插入1个等待状态来支持精确中断断点。利用该方法，CPU可以恰好在断点地址指令之前停止执行。这对于被中断的存储指令非常有用。不使用等待状态时，仍然会在存储指令处发生中断，但是，数据RAM存储器DRM单元会更新为存储值。如果使能了等待状态，则数据RAM存储器DRM不会更新为存储值。

思考题

问1：在复位时，CPU运行于哪种模式?

答1：CPU以内核模式启动。整个RAM映射到KSEG0和KSEG1中的内核数据段。闪存映射到KSEG0和KSEG1中的内核程序段。此外，ERL为1，应将它复位为0(通常是在C启动程序代码中)。

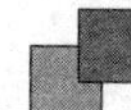

问 2:是否需要初始化总线矩阵 BMX 寄存器?

答 2:通常不需要。可以将总线矩阵 BMX 寄存器保留为默认值,这样内核模式用户程序可以使用最大的 RAM 和闪存。如果要从 RAM 中运行程序代码或设置用户模式分区,则需要配置总线矩阵 BMX 寄存器。

问 3:CPU 复位向量地址是什么?

答 3:CPU 复位地址为 0xBFC00000。

问 4:什么是总线异常错误?

答 4:当 CPU 尝试访问未实现地址时,会发生总线异常错误。此外,当 CPU 尝试从 RAM 中执行程序,但未定义 RAM 程序分区时,也会产生总线异常错误。

第4章 闪存程序存储器

器件闪存分为两个逻辑闪存分区：程序闪存存储器 PFM 和引导闪存存储器 BFM。引导闪存存储器的最后页包含调试页，供调试器调试时使用。

PIC32 器件的程序闪存阵列由一系列行构成。一行包含 128 个 32 位指令字或 512 B。一组 8 行组成一页；因此，它包含 8×512 B=4 096 B 或 1 024 个指令字。闪存页是在单次中可擦除的最小存储器单元。程序闪存阵列可以使用两种方式进行编程：行编程，每次 128 个指令字。字编程，每次 1 个指令字。

PIC32 器件包含用于执行用户程序的内部闪存。用户程序可使用 3 种方法对该存储器进行编程：运行时自编程；使用器件的串行数据连接执行编程，编程比运行时自编程 RTSP 快得多；使用器件的 EJTAG 端口执行编程。

闪存编程和擦除操作由以下非易失性存储器(Non Volatile Memory，NVM)的控制寄存器进行控制：

编程控制寄存器 NVMCON：为闪存编程/擦除操作的控制寄存器，该寄存器选择将执行擦除还是编程操作，并用于启动编程或擦除周期。

编程解锁寄存器 NVMKEY：为一个只写寄存器，用于防止闪存或 EEPROM 存储器的误写/误擦除操作。要启动编程或擦除序列，必须严格按如下顺序执行步骤：

(1)将 0xAA996655 写入 NVMKEY。

(2)将 0x556699AA 写入 NVMKEY。

执行该序列之后，仅使能外设总线上的下一个事务写 NVMCON 寄存器。在多数情况下，用户程序只需将 NVMCON 寄存器中的 WR 位置为 1，就可以启动编程或擦除周期。在解锁序列期间应禁止中断。

4.1 运行时自编程 RTSP 工作原理

运行时自编程 RTSP 使能用户程序在运行过程中在线修改闪存程序存储器的内容。这个功能非常有用，可以实现远程在线修改程序。

当从程序闪存存储器执行指令(取指令)时运行自编程 RTSP 操作，CPU 会暂停(等待)直到编程操作完成为止。这段时间内，CPU 不会执行任何指令，也不会响应任何中断。如果编程周期内发生了任何中断，中断将保持在等待处理状态，直到编程周期完成为止。

当从RAM存储器执行指令(取指令)时运行自编程RTSP操作,CPU在编程操作期间仍可继续执行指令并响应中断。任何计划在运行时自编程RTSP操作期间执行的可执行代码必须存放于RAM存储器中,包括相关中断向量和中断服务程序指令。对于闪存擦除和写操作,需要保证它的最低电压VDD要求,芯片供电不得低于此电压值。

4.2 锁定特性

器件中存在许多用于确保不会对程序闪存执行意外写操作的机制。除非用户程序要对程序闪存执行写操作,否则WREN位NVMCON<14>应为0。当WREN位为1时,闪存写控制WR位NVMCON<15>可写,并且闪存LVD电路会使能。

除了通过WREN位提供的写保护之外,还需要先执行解锁序列,然后WR位NVMCOM<15>才能置为1。如果WR位未在下一个外设总线事务(读操作或写操作)中置为1,则会锁定WR,必须重新启动解锁序列。

要解锁闪存操作,必须严格按照顺序执行下面的步骤(4)～步骤(9),如果未严格按照该序列执行,则WR不会置为1。

(1)暂停或禁止可访问外设总线和中断解锁序列的所有主器件,例如DMA和中断。

(2)将WREN位NVMCON<14>置为1,使能写入WR,并使用单条存储指令将NVMOP<3:0>位NVMCON<3:0>置为所需的操作。

(3)等待LVD启动。

(4)向CPU寄存器X中装入0xAA996655。

(5)向CPU寄存器Y中装入0x556699AA。

(6)向CPU寄存器Z中装入0x00008000。

(7)将CPU寄存器X存储到NVMKEY中。

(8)将CPU寄存器Y存储到NVMKEY中。

(9)将CPU寄存器Z存储到NVMCONSET中。

(10)等待WR位NVMCON<15>清零。

(11)清零WREN位NVMCON<14>。

(12)检查WRERR位NVMCON<13>和LVDERR位NVMCON<12>,以确保编程/擦除序列成功完成。

当WR位置为1时,编程/擦除序列启动,在该序列期间,CPU无法从闪存中执行。

字编程序列:在单次操作中可以编程的最小数据块为32位字。在启动编程序列之前,必须先将要编程的数据写入NVMDATA寄存器,并且必须将字的地址装入

NVMADDR 寄存器。然后,位于 NVMADDR 所指向单元中的指令字会被编程。编程序列包含以下步骤:

(1)将要编程的32位数据写入 NVMDATA 寄存器。

(2)在 NVMADDR 寄存器中装入要编程的地址。

(3)使用字编程命令运行解锁序列。

编程序列完成,WR 位 NVMCON<15>由硬件清零。

行编程序列:可编程的最大数据块为1行,等于512 B的数据。数据行必须先装入 SRAM 的缓冲区中。然后,NVMADDR 寄存器指向闪存控制器开始编程的数据行的起始地址。控制器会忽略行以下的地址位,总是从行起始位置处开始编程。行编程序列包含以下步骤:

(1)将要编程的整行数据写入系统 SRAM。源地址必须字对齐。

(2)用要编程的闪存行的起始地址设置 NVMADDR 寄存器。

(3)用来自步骤1的物理源地址设置 NVMSRCADDR 寄存器。

(4)用行编程命令运行解锁序列。

(5)编程序列完成,WR 位 NVMCON<15>由硬件清零。

页擦除序列:页擦除对 PFM 或 BFM 的单个页(等于4 096 B)执行擦除操作。要擦除的页使用 NVMADDR 寄存器进行选择。在页选择中,会忽略地址的低位。

只有相关的页写保护未使能时,才能擦除闪存页。

- 所有 BFM 页都会受引导写保护配置位影响。
- PFM 页会受程序闪存写保护配置位影响。

如果处于任务模式,禁止用户程序从擦除页中执行代码。页擦除序列包含以下步骤:

(1)用要擦除页的地址设置 NVMADDR 寄存器。

(2)用所需的擦除命令运行解锁序列。

(3)擦除序列完成,WR 位 NVMCON<15>由硬件清零。

程序闪存存储器擦除序列:可以擦除整个 PFM 区域。该模式会将引导闪存保持原样,旨在供可现场升级的器件使用。如果程序闪存中的所有页均无写保护,则可以擦除闪存。禁止用户程序从 PFM 地址范围中执行代码。

PFM 擦除序列包含以下步骤:

(1)使用程序闪存存储器擦除命令运行解锁序列。

(2)擦除序列完成,WR 位 NVMCON<15>由硬件清零。

4.3 节能和调试模式下的操作

当 PIC32 器件进入休眠模式时,禁止系统时钟。闪存控制器在休眠模式下不工作。如果在 NVM 操作正在进行时要进入休眠模式,那么只有 NVM 操作完成之后,器件才会进入休眠模式。

当编程操作正在进行时,空闲模式对于闪存控制器模块没有任何作用。会继续占用 CPU,直到编程操作完成为止。

闪存控制器未提供调试冻结功能,因此编程操作正在进行时,它对于闪存控制器模块没有任何作用,会继续占用 CPU,直到编程操作完成。中断正常的编程序列可能会导致器件锁死。该情形的唯一例外是 NVMKEY 解锁序列,该序列可在调试模式下暂停,让用户程序可以单步执行解锁序列。

复位的影响:器件复位时,只有 WREN 和 LVDSTAT 的 NVMCON 位会复位。所有其他 SFR 位只能通过 POR 复位。但是,NVMKEY 的状态则通过器件复位进行复位。发生上电 POR 复位时,所有闪存控制器寄存器会强制设为它们的复位状态。发生看门狗定时器复位时,所有闪存控制器寄存器不变。

4.4　中　断

闪存控制器可以产生反映在编程操作期间所发生事件的中断。闪存控制事件中断 FCEIF 标志位 IFS1＜24＞必须由用户程序清零。闪存控制器可以通过以下相关的闪存控制器中断使能 FCEIE 位 IE1＜24＞使能中断,必须配置中断优先级位和中断子优先级位 FCEIP 位 IPC11＜2:0＞和 FCEIS 位 IPC11＜1:0＞。

中断配置:闪存控制器模块有一个专用中断标志位 FCEIF 和一个相关的中断使能位 FCEIE。这两位决定中断和使能各个中断。闪存控制器模块的所有中断仅共用一个中断向量。FCEIF 位是否置为 1 与相关使能位的状态无关,用户程序可以查询 FCEIF 位。

FCEIE 位用于定义在相关 FCEIF 位置为 1 时,中断向量控制器 VIC 的行为。当相关的 FCEIE 位清零时,中断向量控制器 VIC 模块不会为事件产生 CPU 中断。如果 FCEIE 位置为 1,则中断向量控制器 VIC 模块会在相关的 FCEIF 位置为 1 时向 CPU 发出中断。处理中断的用户程序需要在服务程序完成之前清零相关的中断标志位。

闪存控制器模块的优先级可以使用 FCEIP＜2:0＞位独立设置。子优先级 FCEIS＜1:0＞值范围为 3 到 0。

产生使能的中断之后,CPU 会跳转到为该中断分配的向量处。CPU 会在向量地址处开始执行代码。该向量地址处的用户程序应执行特定于用户程序的操作、清零 FCEIF 中断标志位,然后退出。

第5章

预取高速缓存模块

预取高速缓存仅在部分器件上提供,可以提高大多数用户程序的运行性能。高速缓存和预取高速缓存模块实现了以下功能,这些功能提高了在可高速缓存的程序闪存存储器(Program Flash Memory,PFM)区域之外执行的用户程序的性能:

- 指令高速缓存:16 线高速缓存可以每个时钟提供一条指令,最长可循环 256 B。
- 数据高速缓存:预取高速缓存还可以为数据存储最多分配 4 条高速缓存线,提高闪存存储的常量数据的访问性能。
- 预测性指令预取对于线性代码,预取高速缓存模块可以在程序计数器之前预取指令,即使不进行高速缓存也可以实现每个时钟提供一条指令的速率,隐去闪存的访问时间。

其他预取高速缓存模块功能如下:

- 16 条完全相关的可锁定高速缓存线。
- 16 字节高速缓存线。
- 最多可为数据分配 4 条高速缓存线。
- 2 条带有地址屏蔽位的高速缓存线,用于保存重复的指令。
- 最近最少使用算法(Least-Recently-Used,LRU)替换策略。
- 可在线写所有高速缓存线。
- 16 字节并行存储器取操作。
- 预测性指令预取高速缓存。

预取高速缓存模块是用于增强性能的模块,一些 PIC32MX 系列器件的 CPU 中包含了该模块。以高时钟速率运行时,在 PFM 读取事务中必须插入一些等待状态,从而满足 PFM 访问时间的要求。通过预取指令并将指令存储在 CPU 可快速访问的临时保存区域中,可以对于内核隐匿这些等待状态。虽然到 CPU 的数据路径宽度为 32 位,但到程序存储器闪存数据路径的宽度为 128 位。不过由于 32 位路径以 4 倍频运行,所以该数据路径宽度可以为 CPU 提供与存储器相同的带宽。

预取高速缓存模块可以执行两种主要功能:在访问指令时对指令进行高速缓存,以及在需要指令之前从 PFM 预取指令。

高速缓存会在称为高速缓存线的临时保存空间中保存可高速缓存存储器的一个

子集。每条高速缓存线都有一个标记，描述它当前保存的内容以及所映射的地址。通常，高速缓存线只是保存存储器当前内容的一个副本，让 CPU 无需等待即可获取数据。

CPU 请求的数据可能在高速缓存中，也可能不在其中。如果 CPU 请求的可高速缓存数据不在高速缓存中，则会发生高速缓存未命中事件。这种情况下，将在正确地址处对 PFM 执行读操作，并将数据提供给高速缓存和 CPU。如果高速缓存中包含 CPU 请求的数据，则会发生高速缓存命中事件。高速缓存命中时，无需插入等待状态即可将数据提供给 CPU。

预取高速缓存模块的第二个主要功能是预取高速缓存指令。模块会计算下一条高速缓存线的地址，并对 PFM 执行读操作来获取下一条 16 字节高速缓存线的数据。预期执行线性代码时，该线会被放入 16 字节宽的预取高速缓存缓冲区中。

图 5－1 给出了预取高速缓存模块的框图。预取高速缓存模块装在总线矩阵模块和 PFM 模块之间。预取高速缓存将该地址与所有标为“有效”的标记同时进行比较。由于下面的阴影条目有该地址，并标为“有效”，因此发生高速缓存。然后，数据阵列中相关的数据字将在单个时钟中送到 CPU 中。

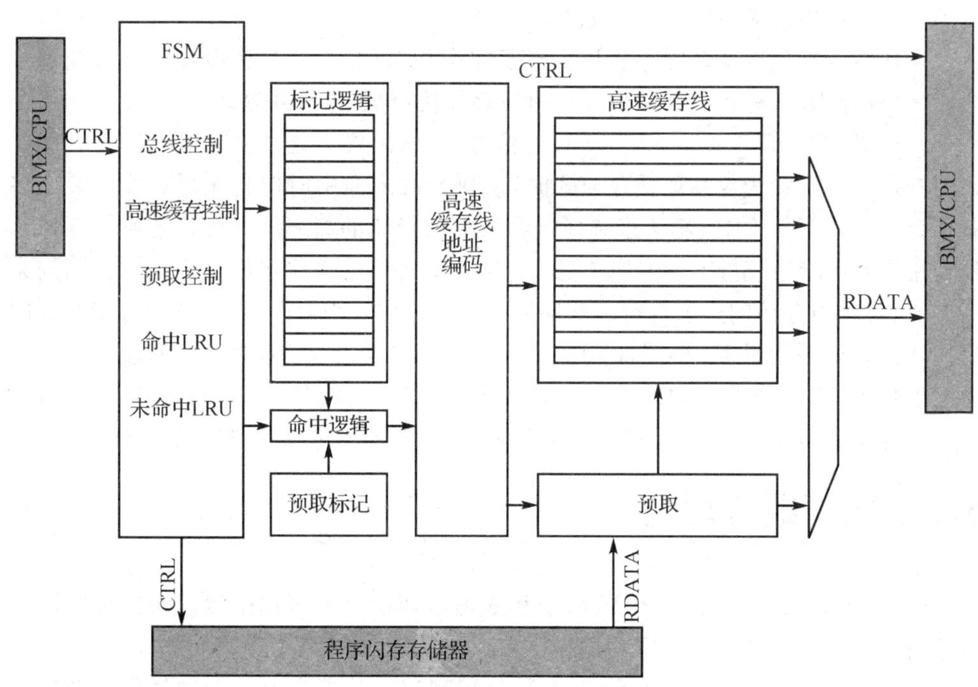

图 5－1　预取高速缓存框图

高速缓存构成：高速缓存包含两个阵列：标记和数据。数据阵列可以包含程序指令或程序数据。高速缓存会进行物理标记，并且地址基于物理地址而不是虚拟地址进行匹配。

标记阵列中的每条线包含以下信息：

- 屏蔽位——地址屏蔽位值。
- 标记——用于进行匹配的标记地址。
- 有效位。
- 锁定位。
- 类型——指令或数据类型指示位。

数据阵列中的每条线包含16字节的程序指令或程序数据，具体取决于类型指示位的值。并不是每条线的LMASK字段CHEMSK<15：5>和LTYPE位CHETAG<1>都是可编程的。LTAG字段CHETAG<23：4>仅实现了完全映射PFM大小所需的位数；例如，如果闪存大小为512 KB，则LTAG字段CHETAG<23：4>仅实现<18：4>。LMASK字段CHEMSK<15：5>仅对于线10和11是可写的，LTYPE位CHETAG<1>对于线0～11固定为“指令”设置。

建议在从不可高速缓存地址执行代码时修改高速缓存线，因为从可高速缓存地址执行代码时，高速缓存控制器并不会防止修改高速缓存。

为锁定和数据分配的高速缓存线会影响在未命中时的高速缓存选择。但是，它们不会影响使用次序或伪LRU值。

高速缓存和预取高速缓存模块实现了完全相关的16线高速缓存。每条线都包含128位(16 B)。高速缓存和预取高速缓存模块仅从PFM中请求16 B对齐的指令数据。如果CPU请求地址未与16 B边界对齐，则模块会通过丢弃地址位<3：0>来对齐地址。配置为仅高速缓存模式时，模块会在未命中时向高速缓存线中装入多条指令。它使用伪LRU算法来选择接收新一组指令的高速缓存线。高速缓存控制器使用来自PFMWS字段CHECON<2：0>的等待状态状态值来确定在检测到未命中时，对于闪存访问必须等待多长时间。在命中时，高速缓存会在0个等待状态内返回数据。如果代码100%线性，则在仅高速缓存模式下，只有对于高速缓存线中的第一条指令，CPU取指令时才会出现等待状态。对于32位线性代码，每隔4条指令会出现等待状态。对于16位线性代码，每执行8条指令才会出现等待状态。

5.1 高速缓存配置

CHECON寄存器控制PFM指令和数据高速缓存的可用配置。通过控制两个参数将高速缓存线分配给特定功能。

DCSZ字段CHECON<9：8>控制分配到程序数据高速缓存的线数。数据高速缓存功能仅用于不进行修改的只读数据，例如常量、参数和表数据等。

PREFEN字段CHECON<5：4>控制预测性预取，该功能让高速缓存控制器可以推测性地预取下一组16字节对齐指令。

高速缓存线锁定：高速缓存线中的每条线都可以进行锁定，以保持其内容。如果

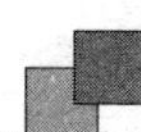

LVALID 位 CHETAG<3>为 1 且 LLOCK 位 CHETAG<2>为 1，则相关的线被锁定。如果 LVALID 位为 0 且 LLOCK 位为 1，则高速缓存控制器会发出预装载请求。锁定高速缓存线可能会降低一般程序流的性能。但是，如果由于一个或两个函数调用而消耗相当大比例的总体处理能力的话，则锁定它们的地址可以提高性能。

虽然可以锁定任意数量的高速缓存线，但是锁定 1 或 4 条线时，高速缓存的工作效率较高。如果锁定 4 条线，选择编号除以 4 之后商相同的那些高速缓存线。这样一来可以锁定整个 LRU 组，为 LRU 算法带来好处。例如，线 8、9、A 和 B 除以 4 之后的商均为 2。

地址屏蔽位：高速缓存线 10 和 11 使能对 CPU 地址和标记地址设置屏蔽位，强制使相关位匹配。LMASK 字段 CHEMSK<15：5>可设置用于为 CPU 中的中断向量间距字段提供补充。通过该功能，引导代码可以将某个向量的前 4 条指令锁定在高速缓存中。如果所有向量在前 4 个单元中都包含相同的指令，那么将 LMASK 字段 CHEMSK<15：5>置为与向量间距匹配，将 LTAG 字段 CHETAG<23：4>置为与向量基址匹配，可以使所有向量地址都命中高速缓存。高速缓存可以在 0 个等待状态内进行响应，并且如果使能了预取高速缓存，则会立即发出下一组 4 条指令的取指令请求。

LMASK 字段 CHEMSK<15：5>的使用仅限于对齐的地址范围。其大小支持的最大范围为 32 KB，最小间距为 32 B。两条线组合使用时，可以提供不同的范围和不同的间距。

如果设置的地址屏蔽位使多条线与某个地址匹配，则会产生不确定的结果。因此，强烈建议先设置屏蔽位，然后再进入可高速缓存代码。

预装载行为：用户程序代码可以指示高速缓存控制器对高速缓存线执行预装载操作，并将它锁定为来自闪存的指令或数据。预装载功能使用 CHEACC. CHEIDX 寄存器字段来选择高速缓存线，装载数据送到该高速缓存线中。将 CHEACC. CHEWEN 置为 1 时，可以使能对 CHETAG 寄存器的写操作。

清零 LVALID 位 CHETAG<3>和 LLOCK 位 CHETAG<2>为 1 时，会对高速缓存控制器产生预装载请求。如果可行，控制器会在写操作之后的周期中确认请求，停止所有未完成的闪存访问，并暂停对高速缓存或闪存的任何 CPU 装载操作。

当控制器完成或暂停先前事务时，它会启动闪存读操作，使用 LTAG 字段 CHETAG<23：4>中的地址来请求获取指令或数据。经过设定的等待状态数由 PFMWS 字段 CHECON<2：0>定义之后，控制器会使用从闪存读取的值更新数据阵列。在更新时，它会设置 LVALID 位 CHETAG<3>为 1。高速缓存线的 LRU 状态不受影响。

在控制器完成高速缓存更新之后，CPU 可以请求完成操作。如果该请求未命中高速缓存，则控制器会启动闪存读操作，这需要花费一个完整的闪存访问时间。

旁路行为：CPU 进行访问时，如果高速缓存的一致性属性指示所访问的地址属于不可高速缓存地址，则模块会旁路高速缓存。在旁路时，对于每条指令，模块都需要访问 PFM，需花费 PFMWS 字段 CHECON<2：0>所定义的闪存访问时间。

预测性预取高速缓存行为：如果对可高速缓存地址配置了预测性预取高速缓存，则模块会预测下一条高速缓存线地址，并将它返回到高速缓存的伪 LRU 线中。如果使能，预取高速缓存功能会根据第一次 CPU 取指令进行预测。第一条线放入高速缓存中后，模块会将地址递增为下一个 16 字节对齐地址，并开始闪存访问。如果运行的是线性代码(即，无任何跳转)，则在上一条高速缓存线中的所有指令执行时或在此之前，闪存会将下一组指令返回到预取高速缓存缓冲区中。

在进行预测闪存访问期间的任何时刻，如果新的 CPU 地址与预测地址不匹配，则闪存访问将更改为访问正确的地址。这种行为不会导致 CPU 访问时间长于不进行预测时的访问时间。

如果访问未命中高速缓存，但命中预取高速缓存缓冲区，则指令将与其地址标记一起被放入伪 LRU 线。伪 LRU 值会被标记为最近最常使用的线，其他线也进行相关更新。如果访问既未命中高速缓存，也未命中预取高速缓存缓冲区，则访问会传递到闪存，并且返回的指令会被放入伪 LRU 线。

如果对不可高速缓存地址配置了预测性预取高速缓存，则控制器将仅使用预取高速缓存缓冲区。命中或填充都不会更新 LRU 高速缓存线，所以高速缓存保持原样。线性代码对不可高速缓存地址使能预测性预取高速缓存时，CPU 可以在 0 个等待状态内完成取指令。

当闪存访问的等待状态数清零时，对不可高速缓存地址使用预测性预取没有任何好处。当 CPU 从缓冲区获取数据时，控制器最多会将预取指令在闪存输出上保持 3 个时钟。对于等待状态数为 0 的闪存访问，这会产生更多功耗，没有任何好处。

预测性数据预取不受支持。但是，在预测性取指令操作中途进行数据访问，会导致高速缓存控制器停止取指令操作的闪存访问，并开始从闪存装载数据。预测性预取高速缓存不会重新开始，而是等待另一次取指令。此时，它或者由于未命中而填充缓冲区，或者由于命中而开始预取高速缓存。

高速缓存替换策略：对于读取未命中而导致的高速缓存线填充，高速缓存控制器使用伪 LRU 替换策略。该策略使能替换 LRU 高速缓存线中末四分之一的任意高速缓存线。使能锁定和数据高速缓存会影响要替换的线，但不会影响伪 LRU 的实际值。

一致性支持：对闪存进行编程时，无法执行高速缓存操作。在编程序列期间，闪存控制器会停用高速缓存，也可以通过使全部或部分高速缓存线失效而清空预取高速缓存。因此，启动编程序列的用户程序不应位于可高速缓存地址。如果 CHECOH 位 CHECON<16>置为 1，则在闪存程序存储器写操作期间，每条高速缓存线会置为失效和解锁。所有高速缓存线的高速缓存标记和屏蔽位也会清零。如果 CHECOH 位未置为 1，则只有未被锁定的线会被强制置为失效。锁定的线保持不变。

复位的影响:所有高速缓存线均置为无效,所有高速缓存线均恢复为指令设置,所有高速缓存线均解锁,LRU 次序是顺序性的,线 0 作为最近最少使用的线,所有屏蔽位均清零,所有寄存器均恢复为复位状态。复位之后,模块按照 CHECON 寄存器中的值工作,高速缓存服从内核的高速缓存一致性属性。

5.2　节能模式下的操作

高速缓存功能也可以作为一种很有用的节能技术使用,即使在 0 等待状态的时钟频率运行时,访问闪存消耗的功耗会高于访问高速缓存。

休眠模式:当器件进入休眠模式时,禁止预取高速缓存,并进入低功耗状态,在该状态下预取高速缓存模块中不会产生时钟。

空闲模式:当器件进入空闲模式时,高速缓存和预取高速缓存时钟保持工作,但 CPU 会停止执行代码。所有未完成的预取高速缓存操作会先完成,然后模块通过自动时钟门控信号停止其时钟。

调试模式:调试模式不会改变预取高速缓存的行为。在调试模式执行期间使用用户程序断点时,必须小心确保高速缓存的连贯性。如果调试器将用户程序断点指令放入高速缓存中,则在将控制权返还给用户程序之前,应先锁定高速缓存线。当锁定的用户程序断点被移除时,应将该线解锁并置为无效,从而使得在执行时从 PFM 中重新装载原有指令。

第 6 章

直接存储器访问

直接存储器访问(Direct Memory Access,DMA)控制器是总线主模块,用于无需 CPU 干预情况下不同外设之间传送数据。DMA 传送的源和目标可以是任何存储器映射的模块。例如,存储器本身,或外设总线(Peripheral Bus,PBUS)设备之一:如 SPI、UART 和 I2C 等。

下面列出了 DMA 模块的部分主要特性:

- 根据器件不同型号,最多提供 8 个相同的通道,每个通道都有:
  - 自动递增源和目标地址寄存器;
  - 源指针和目标指针。
- 根据器件不同型号,最多支持 64 KB 的数据传送。
- 自动字长检测,有以下特性:
  - 传送精度,细到字节级别;
  - 无需在源和目标处对字节进行字对齐。
- 固定优先级通道仲裁。
- 灵活的 DMA 通道工作模式,包括:
  - 手动(用户程序)或自动(中断)DMA 请求;
  - 单数据块或自动重复数据块传送模式;
  - 通道至通道链。
- 灵活的 DMA 请求,有以下特性:
  - 可从任何外设中断选择 DMA 请求;
  - 每个通道可以选择任何中断作为其 DMA 请求源;
  - 可从任何外设中断选择 DMA 传送中止;
  - 数据模式匹配时,自动传送终止。
- 多个 DMA 通道状态中断,提供:
  - DMA 通道数据块传送完成;
  - 源空或半空;
  - 目标满或半满;
  - 外部事件导致 DMA 传送中止;
  - 产生无效 DMA 地址。

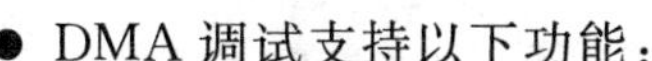

- DMA 调试支持以下功能：
  - DMA 通道最近访问的地址；
  - 最近传送数据的 DMA 通道。
- CRC 发生模块，有以下特性：
  - CRC 模块可分配给任何可用通道；
  - 在某些器件型号上，可以对从源读取的数据重新排序；
  - CRC 模块有很强的可配置能力。

DMA 控制器还提供了以下特性：

- 未对齐传送。
- 源和目标大小不同。
- 存储器至存储器传送。
- 存储器至外设传送。
- 通道自动使能。
- 事件启动/停止。
- 模式匹配检测。
- 通道链。
- CRC 计算。

DMA 控制器有以下术语：

事件：可以启动或中止 DMA 传送的任何系统事件统称为事件。

事务：单字传送（最多 4 字节），由读操作和写操作构成一个事务。

传送单元：在 DMA 通道启动传送时传送的字节数，之后通道会等待另一个事件。传送单元由一个或多个事务组成。

6.1　DMA 工作原理

DMA 通道可以在无需 CPU 干预的情况下将数据从源传送到目标。源和目标起始地址分别定义源和目标的起始地址。源和目标的大小均可独立配置，并且传送的字节数与源和目标大小无关。传送通过用户程序或通过中断请求启动。用户程序可以选择器件上的任意中断来启动 DMA 传送。在传送启动时，DMA 控制器将执行传送单元，并且通道保持使能，直到数据块传送完成为止。当禁止通道时，将禁止进一步的传送，直到通道重新使能为止。DMA 框图如图 6-1 所示。

DMA 通道使用独立的指针来跟踪源和目标当前的字单元。在源/目标指针处于源/目标大小一半位置时，或者在源/目标计数器达到源/目标结束位置时，可以产生中断。用户程序、模式匹配或中断事件可以中止 DMA 传送。在检测到地址错误时，传送也会停止。

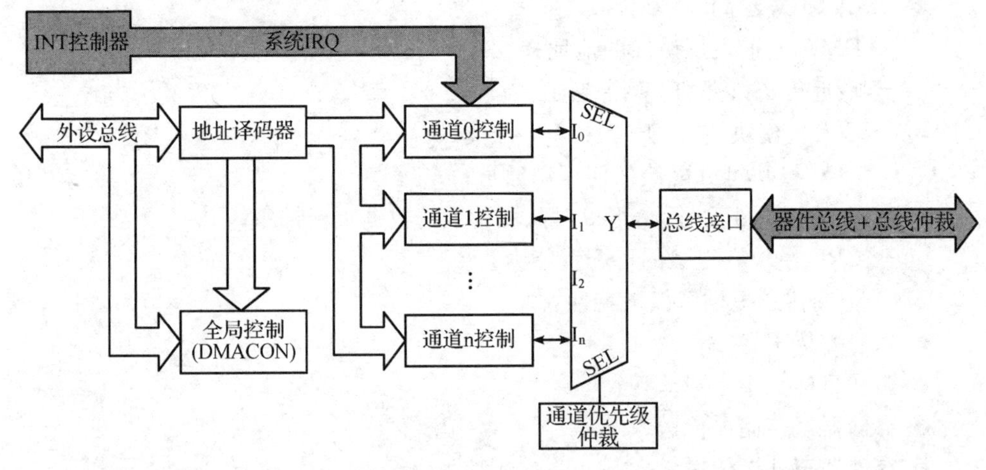

图 6-1　DMA 框图

DMA 模块提供以下工作模式：

- 基本传送模式。
- 模式匹配终止模式。
- 通道链模式。
- 通道自动使能模式。
- 特殊功能模块(Special Function Module,SFM)模式：LFSRCRC 和 IP 头校验和。

这些工作模式不是互斥的，可以同时工作。例如，DMA 控制器可以使用链接的通道执行 CRC 计算，并在发生模式匹配时终止传送。

基本传送模式工作原理：DMA 通道可以在无需 CPU 干预的情况下将数据从源寄存器传送到目标寄存器。通道源起始地址寄存器 DCHxSSA 用于源的物理起始地址。通道目标起始地址寄存器 DCHxDSA 用于目标的物理起始地址。源和目标可使用 DCHxSSIZ 和 DCHxDSIZ 寄存器独立配置。

数据块传送：定义为在通道使能时传送的字节数。数据块传送由一个或多个传送单元组成。

传送单元有两种启动方式：用户程序可以将通道 CFORCE 位 DCHxECON<7>置为 1 来启动传送；器件上发生与 CHSIRQ 中断匹配的中断事件，并且 SIRQEN 位 DCHxECON<4>为 1。用户程序可以选择器件上的任意中断来启动 DMA 传送。

启动 DMA 传送时，它将传送 DCHxCSIZ 个字节。通道将保持使能，直到 DMA 通道传送的字节数达到 DCHxSSIZ 和 DCHxDSIZ 中较大者对应的字节数，即数据块传送完成。当禁止通道时，将禁止进一步的传送，直到通道重新使能为止，即 CHEN 位置为 1。

每个通道会使用指针 DCHxSPTR 和 DCHxDPTR 来跟踪从源和目标传送的字数。当源或目标指针达到一半位置时，或者源或目标计数器达到结束位置时，将会产生中断。这些中断相关位分别为 CHSHIF 位 DCHxINT<6>、CHDHIF 位 DCHxINT<4>、CHSDIF 位 DCHxINT<7>或 CHDDIF 位 DCHxINT<5>。

DMA 传送请求可以通过以下事件复位：

- 写入 CABORT 位 DCHxECON<6>。
- 在通道自动使能模式 CHAEN 位 DCHxCON<4>未置为 1 的情况下，发生了模式匹配。
- 器件上发生与 CHAIRQ<7：0>字段 DCHxECON<23：16>中断匹配的中断事件。
- 检测到地址错误。
- 传送单元完成。
- 在通道自动使能模式 CHAEN 位未置为 1 的情况下，数据块传送完成。

在发生通道中断时，通道传送中断标志 CHTAIF 位 DCHxINT<1>置为 1。通过它，用户程序可以检测中止的 DMA 传送，并进行恢复。在传送被中止时，将会完成当前正在进行的任意事务。

源指针和目标指针会随传送进度而更新。这些指针是只读的。这些指针会在以下条件下复位：

- 如果更新通道源地址 DCHxSSA，则源指针 DCHxSPTR 将复位。
- 目标地址 DCHxDSA 发生类似更新时，目标指针 DCHxDPTR 将复位。
- 通过写入 CABORT 位中止通道传送。

中断和指针更新：在每个事务完成之后会更新源和目标指针，也会在此时设置或清除中断。如果在事务期间指针超过中点，中断会相关地进行更新。

指针会在发生以下事件时复位：

- 任何器件复位时。
- ON 位 DMACON<15>为 0 时，DMA 关闭。
- 无论 CHAEN 位的状态如何，数据块传送完成。
- 论 CHAEN 位的状态如何，模式匹配终止传送。
- 写入 CABORT 标志位。
- 源或目标起始地址更新。

模式匹配终止模式工作原理：通过模式匹配终止模式，用户程序可以在事务期间写入的数据字节与特定模式（由 DCHxDAT 寄存器定义）匹配时结束传送。对待模式匹配的方式与数据块传送完成相同，这种情况下 CHBCIF 位 DCHxINT<3>会置为 1，CHEN 位 DCHxCON<7>会清零。

该功能在需要使用可变数据大小的应用中很有用，并且可以方便 DMA 通道的设置。UART 是可以有效使用该功能的一个很好示例。

假设系统有一系列的消息，这些消息定期发送到外部主机，消息最大容量为86个字符，用户程序可以在通道上设置以下参数：

● DCHxSSIZ置为87 B：如果发生意外情况，CPU将在缓冲区溢出时产生中断，并执行相关操作。

● DCHxDSIZ置为1 B。

● 目标地址置为UARTTXREG。

● DCHxDAT置为0x00，这将在任何字节轨道中检测到NULL字符时停止传送。

● CHSIRQ＜7：0＞字段DCHxECON＜15：8＞置为UART"发送缓冲区为空"IRQ。

● SIRQEN位置为1，使能通道响应启动中断事件。

● 起始地址置为要传送消息的起始地址。

● CHEN位置为1，使能通道。

● 然后，用户程序将通过CFORCE位强制开始传送单元，UART将传送第一个字节。

● 每次UART发送一个字节时，传送缓冲区空中断将启动从源向UART传送下一个字节。

● 当DMA通道在任何字节中检测到NULL字符时，将完成事务，并将禁止通道。

模式匹配与源数据的字节轨道无关。如果源缓冲区中的任意字节与DCHx-DAT匹配，则会检测到模式匹配事件。事务将完成从源读取的数据并将写入目标。

通道链模式工作原理：通道链是对DMA通道操作的增强。通道（从通道）可以与邻接通道（主通道）进行链接。在主通道的数据块传送完成，即CHBCIF位置为1时，从通道会使能。此时，从通道上的任何事件都可以启动传送单元。如果通道有待处理事件，则传送单元会立即开始。

主通道将以正常方式设置其中断标志CHBCIF位，并且不会知道从通道的"链"状态。如果CHSDIE位、CHDDIE位、CHBCIE位DCHxINT＜23/21/19＞位中有一个位置为1，主通道仍然能够在DMA传送结束时产生中断。

在通道自然优先级中，通道0优先级最高，通道7优先级最低。在使能通道链CHCHN位DCHxCON＜5＞置为1的情况下，可以使能特定通道的较高或较低优先级通道（通过CHCHNS位DCHxCON＜8＞进行选择）。在某些器件中，通道0优先级最高，通道4优先级最低。

DMA模块有在禁止通道时使能事件的功能，该功能通过CHAED位DCHx-CON＜6＞使能。该位在通道链模式下特别有用，在该模式下，从通道需要在通道被主通道使能时立即准备好启动传送。

通道自动使能模式工作原理：通道自动使能可以用于使通道保持活动状态，即使数据块传送已完成或发生模式匹配。这使用户程序可以不必在每次数据块传送完成时重新使能通道。要使用该模式，用户程序需要配置通道：先将 CHAEN 位置为 1，然后再使能通道，即将 CHEN 位置为 1。通道将按正常模式工作，只是正常传送终止不会导致禁止通道。

正常数据块传送完成定义为：数据块传送完成；检测到模式匹配。如前面所述，通道指针会发生复位。该模式对于需要重复进行模式匹配的应用很有用。CHAEN 可以防止通道在使能之后自动禁止，通道仍然必须通过用户程序使能。

暂停传送：用户程序可以通过写入 SUSPEND 位 DMACON＜12＞来立即暂停 DMA 模块，即立即暂停 DMA 控制器，使之不再执行任何后续的总线事务。

根据器件不同型号，当将 SUSPEND 位置为 1 而暂停 DMA 模块时，用户程序应通过查询 BUSY 位 DMACON＜11＞来确定在当前事务完成之后模块完全暂停的时间。BUSY 位并非在所有器件上都可用。每个通道可以使用 CHEN 位暂停。如果 DMA 传送正在进行，并且 CHEN 位清零，则会完成通道上的当前事务，而后续事务则会暂停。

根据器件不同型号，当将 CHEN 位清零而暂停通道时，用户程序应通过查询 CHBUSY 位 DCHxCON＜15＞来确定在当前事务完成之后通道完全暂停的时间。清零使能 CHEN 位不会影响通道指针或事务计数器。在通道暂停时，用户程序可以选择将 CHAED 位置为 1 而继续接收事件。

复位通道：每次器件复位时，都会复位通道。在写入通道标志 CABORT 位时，通道也会复位。复位会清零通道标志位 CHEN，清除源和目标指针，复位事件检测器。当 CABORT 位置为 1 时，将会在通道复位之前完成当前正在进行的事务，但所有剩余的事务将中止。只有在禁止通道(CHEN 为 0)时，用户程序才能修改通道寄存器。修改源寄存器和目标寄存器会使相关的指针寄存器 DCHxSPTR 或 DCHx-DPTR 复位。只有在禁止通道时，才能更改通道大小。

通道优先级和选择：DMA 控制器的每个通道都有相关的自然优先级。通道 0 的自然优先级最高。每个通道有两个优先级位 CHPRI＜1：0＞字段 DCHxCON＜1：0＞。这两个位标识通道的优先级。当多个通道有待处理传送时，将按照以下方式选择下一个发送数据的通道：

- 优先级最高的通道将完成所有传送单元，然后再切换到优先级较低的通道。
- 如果多个通道的优先级相同，即 CHPRI 相同，则控制器将在有该优先级的所有通道之间轮换。对于有最高优先级的每个通道，控制器将使能正在进行传送单元的通道完成单个事务，当前传送单元，然后使能同一优先级的下一个通道完成单个事务。
- 如果在某个优先级较低的通道正在执行事务时，另一个优先级较高的通道请求进行传送，则控制器会完成当前传送，然后再切换到优先级较高的通道。

字节对齐：DMA 控制器的字节对齐功能让用户程序无需对源与目标地址进行

对齐。事务的读操作部分将读取给定字中可读取的最大字节数。例如，如果源指针与源大小之间的差距为 N>4 B，则源指针指向字节 0 时，将读取 4 B，在源指针指向字节 1 时将读取 3 B，如此类推。如果源中剩余的字节数为 N<4，则只会读取前 N 个字节。当所读取的内容包含了读取时更新的寄存器时，这非常重要。

在每次写操作之后，源指针和目标指针使用已写入的字节数进行更新。当中止传送时，在事务完成之前，源指针不一定会反映已发生的读操作。

通道传送行为：使能通道之后 CHEN 位置为 1，任何启动传送单元的事件都会传送 CHCSIZ(DCHxCSIZ)个数据字节。这需要一个或多个事务。在传送单元完成时，通道将恢复为非活动状态，并等待另一个通道启动事件，之后才会启动另一个传送单元。

当传送的字节数大于 CHSSIZ (DCHxSSIZ)或 CHDSIZ (DCHxDSIZ)对应的字节数时，数据 块传送完成，将暂停通道传送，并且禁止通道(即硬件将 CHEN 位置为 0，指针会复位)。

通道使能：每个通道都有使能位 CHEN，它可以用于使能通道或禁止出问题的通道。当该位置 1 时，DMA 控制器会处理通道传送请求。

当 CHEN 位 清零时，会保留通道状态(这使得可以在传送开始之后暂停通道)。在以下条件，硬件会将 CHEN 位清零：

● 仅当 CHAEN 位清零时，数据块传送完成，指向源或目标中较大者的指针与大小匹配。

● 仅当 CHAEN 位 清零时，在模式匹配模式下发生模式匹配 。

● 发生中止中断。

● 用户程序写入 CABORT 标志位。

通道 IRQ 检测：DMA 控制器会维护它自己的一些标志位，用于检测系统中的启动和中止 IRQ，并且这些标志位完全独立于 INT 控制器和 IES/IFS 标志位。在执行传送之前，不一定要使能相关的 IRQ，在 DMA 传送结束时，也不一定要清除它。

触发启动或中止 IRQ 系统事件时，DMA 控制器内部逻辑电路可以自动检测它们，无需用户程序干预。

指定通道传送可以通过以下事件启动：

● 写入 CFORCE 位。

● 在 SIRQEN 位使能的情况下，发生与 CHSIRQ<7：0>字段值匹配中断。

如果通道使能，即 CHEN 位为 1，或者“禁止时使能事件”位为 1 ，即 CHAED 位为 1，则会记录通道事件。

通道事件传送终止：在以下任意情况，会终止通道传送：

● 按照“通道中止”中所述中止传送。

● 传送单元完成 ，传送了 CHCSIZ(DCHxCSIZ)个字节。

● DMA 传送了 CHSSIZ 或 CHDSIZ 较大者对应的字节数（数据块传送完

成)，通道在硬件中禁止，只有用户程序重新使能通道时，通道才会响应通道事件。

- 发生模式匹配。
- 使能中止中断 AIRQEN 位的情况下，发生中止中断。
- 发生地址错误。

一个可以说明如何使用中止中断的示例就是从 UART 通道向存储器传送数据。UART 接收数据可用 中断，中断可以用于启动传送，而 UART 错误中断可以中止传送。通过这种方式，每次通信通道上发生错误时（帧 / 奇偶错误，甚至是发生溢出），传送会停止，如果使能 DMA 控制器中止中断，用户程序将在 ISR 中获得控制权。

通道中止中断：通道可以选择在发生中断事件时中止传送单元。中断 IRQ 通过通道的中止 CHAIRQ<7：0>字段进行选择。任一器件中断事件都可以导致通道中止。只有通过 AIRQEN 位使能时，才会发生中止。

如果发生这种情况(通常由于定时器超时或模块错误标志位)，通道的状态标志位会将其 CHTAIF 位置为 1 来指示出问题通道上的外部中止事件。源和目标指针不会复位，让用户程序可以从错误中恢复。

通道中止：用户程序可以通过写入 CABORT 位来中止通道传送。在中止传送时，控制器会完成当前总线事务，会中止剩下的所有事务，CHEN 位将清零。在用户程序写入 CABORT 位时，源和目标指针会复位。

地址错误：如果在传送期间出现的地址(源或目标)为非法地址，通道的地址错误中断标志 CHERIF 位 DCHxINT<0>置为 1，将禁止通道，即硬件会将 CHEN 复位。通道状态不会受影响，以便协助调试问题。

DMA 暂停：如果 SUSPEND 位置为 1，则会立即暂停 DMA 事务。控制器将会完成当前的读操作或写操作。如果暂停是在事务的读操作部分中发生的，则事务将被暂停，写操作将被搁置。如果暂停是在事务的写操作部分中发生的，则会完成写操作，指针按正常情况进行更新。在 SUSPEND 位清零时，任何先前正在进行的事务将从退出点继续。

根据器件不同型号，当将 SUSPEND 位置为 1 而暂停 DMA 模块时，用户程序应通过查询 BUSY 位 DMACON<11>来确定在当前事务完成之后模块完全暂停的时间。BUSY 位并非在所有器件上都可用。

特殊功能模块 SFM 模式：DMA 模块有一个集成的特殊功能模块 SFM，由所有通道共用。特殊功能模块 SFM 有以下功能块：

- LFSRCRC；
- IP 头校验和；
- 字节重新排序；
- 位重新排序。

根据器件不同型号，特殊功能模块 SFM 是高度可配置的 16 位或 32 位 CRC 发生器。特殊功能模块 SFM 可以分配给任意可用 DMA 通道，方法是相关地设置 CRCCH 位。特殊功能模块 SFM 将 CRCEN 位 DCRCCON＜7＞置为 1 来使能。

通过使用 WBO 位，可以选择对源数据进行字节重新排序。然后，可以选择根据 DCRCCON 寄存器中 CRCTYP 位的设置，将数据传递给 LFSRCRC 或 IP 头校验和功能块。

此外，特殊功能模块 SFM 可以修改与 SFM 相关的 DMA 通道的行为。通道的行为通过 CRCAPP 位 DCRCCON＜6＞进行选择，选择后台模式（CRC 在后台进行计算，并保持正常的 DMA 行为）或追加模式（从源读取的数据写入目标中，但 CRC 数据在 CRC 数据寄存器中累加。在数据块传送完成时，累加的 CRC 写入由 DCHx-DSA 指定的单元中）。

数据写入目标的顺序可以使用 WBO 位 DRCCON＜27＞进行选择。如果 WBO 位清零，则数据写入目标时保持不变。如果 WBO 位置为 1，则数据写入目标时，将按照 CRC 字节顺序选择位 BYTO＜1：0＞字段 DRCCON＜29：28＞重新排序。

特殊功能模块 SFM 发生器可以通过在使能通道之前写入 DCRCDATA 寄存器来设置种子值。

处于 IP 头校验和模式（CRCTYP 为 1）时，数据以二进制补码的形式写入和读回，因为这是校验和的当前值。

DCRCDATA 中的 CRC 值可以在 CRC 生成期间的任意时刻读取，但只有在传送完成之后它才有效。

CRC 后台模式（CRCAPP 为 0）：在该模式下，将保持 DMA 通道的行为。DMA 会从源读取数据，将数据传递经过 CRC 模块，并将它写入目标。数据写入目标时将遵从 WBO 选择。在该模式下，计算得到的 CRC 在数据块传送结束时留在 DCRC-DATA 寄存器中。

该模式可以用于在数据从源地址传送到目标地址时计算 CRC。数据源可以为存储器缓冲区或外设中的 FIFO。类似地，目标可以为存储器缓冲区或 FIFO。当数据传送完成时，用户程序可以读取计算得到的 CRC 值，并将它追加到传送数据末尾或用于校验接收到的 CRC 数据。

后台模式可能会长时间占用 CRC 模块。例如，当分配给 UART 数据流时，在 UART 数据流完成之前，其他通道无法使用特殊功能模块 SFM。

CRC 追加模式（CRCAPP 为 1）：在该模式下，DMA 只会将源数据送到 CRC 模块；它不会将源数据写入目标地址中。但是，在数据块传送完成或发生模式匹配时，DMA 会将 CRC 值写入目标地址。

该模式最适合用于多个外设需要使用 CRC 发生器的情况。这种情况下，输入数据在器件的缓冲区中进行累加。当缓冲区的输入数据完整时，将会在缓冲区中产生 CRC，并相关地进行使用。由于 DMA 不需要等待多个事件（通常为中断），所以数据块可以在相当短的时间内传送通过 CRC，从而使能 CRC 模块分配给不同通道，或者

重定向到不同的数据块。

数据顺序:从源读取的数据可以进行重新排序,从而支持不同的源数据字节顺序。在 WBO 为 1 时,将向通道目标中写入重新排序后的源数据。在 WBO 为 0 时,将向目标中写入保持不变的源数据。

即使用户程序不使用在 DCRCDATA 中存储的结果,模块也会执行 CRC 计算。CRC 字节顺序选择位 BYTO<1:0>控制由模块处理的数据字节顺序。BYTO<1:0>值为 01,用于对字中的字节进行重新排序。而 BYTO<1:0>值为 10 和 11,用于对半字中的字节进行重新排序。数据在读取时进行重新排序,这一点非常重要,意味着未字对齐的数据可能无法正确重新排序。

使用特殊功能模块 SFM 的 LFSRCRC 模式或 IP 头校验和模式时,可以通过使用第 0 位更改位顺序。

LFSRCRC:CRC 发生器需要一个系统时钟的时间来处理从源读取的每个数据字节。这意味着,如果从源读取 32 位的数据,则 CRC 生成将需要 4 个系统时钟来处理数据。

当 CRYTYP 位清零时,特殊功能模块 SFM 置为 LFSRCRC 模式,并会计算LFSRCRC。

CRC 模块的实现可通过用户程序进行配置。多项式的各项及其长度可以分别使用 DCRCXOR 位和 PLEN(DCRCCON)位设定。CRC 发生器中的 PLEN 位(DCRCCON)用于选择哪个位用作 CRC 的反馈点。对于 16 位的 CRC 示例,如果 PLEN<3:0>为 0x0110,则移位寄存器的第 6 位送到 CRCXOR 寄存器中置为 1 的所有位的异或门。CRCXOR 反馈点使用 DCRCXOR 寄存器指定。将 DCRCXOR 寄存器中的第 N 位置为 1 时,会使 CRC 移位寄存器第 N 位的输入与 CRC 移位寄存器第(PLEN+1)位进行异或运算。CRC 发生器的 0 位总是进行异或运算。

计算 IP 头校验和:当 CRCTYP 位置为 1 时,特殊功能模块 SFM 会计算 IP 头校验和。使用以下过程来计算 IP 头校验和:

(1)配置通道,使之指向 IP 头。

(2)配置 CRCCON 来使能特殊功能模块 SFM,并选择所使用的通道。

(3)将 DCRCCON 寄存器中的 CRCTYP 位置为 1,这会选择 IP 头校验和。

(4)将 DCRCDATA 置为 0000。

(5)开始传送。

(6)在传送完成时,从 DCRCDATA 寄存器中读取数据。

6.2 中　断

DMA 器件能够产生一些中断,以反映在通道的数据传送期间发生的事件:

- 错误中断:通过每个通道的 CHERIF 位 DCHxINT<0>指示,并由 CHERIE

位 DCHxINT＜16＞使能。在通道传送操作期间发生地址错误时，将发生该事件。

● 中止中断：通过每个通道的 CHTAIF 位指示，并由 CHTAIE 位 DCHxINT＜17＞使能。在使能中止中断请求（AIRQEN 位为 1）的情况下，当 DMA 通道传送由于系统事件（中断）与 CHAIRQ＜7：0＞字段匹配而中止时，会发生该事件。

● 数据块传送完成中断：通过每个通道的 CHBCIF 位指示，并由 CHBCIE 位 DCHxINT＜19＞使能。当 DMA 通道数据块传送完成时，会发生该事件。

● 传送单元完成中断：通过每个通道的 CHCCIF 位 DCHxINT＜2＞指示，并由 CHCCIE 位 DCHxINT＜18＞使能。当 DMA 通道传送单元完成时，会发生该事件。

● 源地址指针活动中断：在通道源指针达到源结束位置时产生，通过 CHSDIF 位指示，并由 CHSDIE 位 DCHxINT＜23＞使能；或者在通道源指针达到源中点位置时产生，通过 CHSHIF 位指示，并由 CHSHIE 位 DCHxINT＜22＞使能。

● 目标地址指针活动中断：在通道目标指针达到目标结束位置时产生，通过 CHDDIF 位指示，并由 CHDDIE 位 DCHxINT＜21＞使能；或者在通道目标指针达到目标中点位置时产生，通过 CHDHIF 位指示，并由 CHDHIE 位 DCHxINT＜20＞使能。

所有属于 DMA 通道的中断都映射到相关的通道中断向量。所有这些中断标志位必须用户程序清零。还必须配置中断优先级位和中断子优先级位。

中断配置：每个 DMA 通道在内部有多个中断标志位（CHSDIF、CHSHIF、CHDDIF、CHDHIF、CHBCIF、CHCCIF、CHTAIF 和 CHERIF）和相关的中断使能位（CHSDIE、CHSHIE、CHDDIE、CHDHIE、CHBCIE、CHCCIE、CHTAIE 和 CHERIE）。但是，对于中断控制器，每个通道只有一个专用的中断标志位 DMAxIF 和相关的中断使能位 DMAxIE。

根据器件不同型号，最多有 8 个（即 0～7）中断标志位和中断使能位可用。因此，特定 DMA 通道的所有中断条件仅共用一个中断向量。每个 DMA 通道可以有独立于其他 DMA 通道的优先级。

DMAxIF 位是否置为 1 与相关使能位 DMAxIE 的状态无关。如果需要，可以查询 DMAxIF 位。

DMAxIE 位用于定义在相关 DMAxIF 位置为 1 时，中断向量控制器或 INT 模块的行为。当相关的 DMAxIE 位清零时，INT 模块不会为事件产生 CPU 中断。如果 DMAxIE 位置为 1，则 INT 模块会在相关的 DMAxIF 位置为 1 时向 CPU 产生中断。中断服务程序在程序完成之前清零相关的中断标志位。

每个 DMA 通道的优先级可以使用 IPCx 寄存器中的 DMAxIP 位进行设置。产生使能的中断之后，CPU 将跳转到为该中断分配的向量处。CPU 将在向量地址处开始执行代码。该向量地址处的用户程序应执行特定于用户程序的操作、清零 DMAxIF 中断标志位，然后退出。

6.3　节能和调试模式下的操作

空闲模式下的 DMA 操作：当器件进入空闲模式时，系统时钟保持工作，DMA 模块继续工作。在某些器件型号上，SIDL 位 DMACON<13>用于选择在空闲模式下模块是停止还是继续工作。如果 SIDL 位为 0，则在空闲模式下模块会继续工作，并且会关闭时钟。如果 SIDL 位为 1，则在空闲模式下模块将停止工作。DMA 模块将关闭时钟，从而降低功耗。DMA 不能由 SIDL 位置为 1 的外设使用。

休眠模式下的 DMA 操作：当器件进入休眠模式时，禁止系统时钟。在该模式下不能发生任何 DMA 活动。

复位的影响：在发生器件复位、上电复位、看门狗定时器复位时，所有 DMA 寄存器会被强制设为它们的复位状态。当异步复位输入变为有效时，DMA 逻辑将：

- 复位 DMACON、DMASTAT、DMAADDR、DCRCCON、DCRCDATA 和 DCRCXOR 中的所有字段。
- 在每个通道的寄存器字段中设置相关值：DCHxCON、DCHxECON、DCHxINT、DCHxSSIZ、DCHxDSIZ、DCHxSPTR、DCHxDPTR、DCHxCSIZ、DCHxCPTR 和 DCHxDAT。
- 复位之后寄存器 DCHxSSA 和 DCHxDSA 为随机值。
- 中止所有正在进行的数据传送。

第 7 章

复位、看门狗定时器、上电延时定时器

复位模块组合了所有复位并控制器件主复位信号 SYSRST。复位方式有：上电复位 POR、主复位引脚复位 MCLR、用户程序复位 SWR、看门狗定时器复位 WDTR、欠压复位 BOR、配置不匹配复位 CMR。

任何类型的器件复位都会将 RCON 寄存器中相关的状态位置为 1，以指示复位类型。上电复位将清零除 BOR 和 POR 位 RCON<1：0>之外的所有位，BOR 和 POR 位在 POR 时置为 1。用户程序可以在代码执行过程中的任何时间置为 1 或清零任意位。RCON 寄存器中的位仅用作状态位。在线将特定的复位状态位置为 1 不会导致系统复位。图 7－1 给出了复位模块的简化框图。

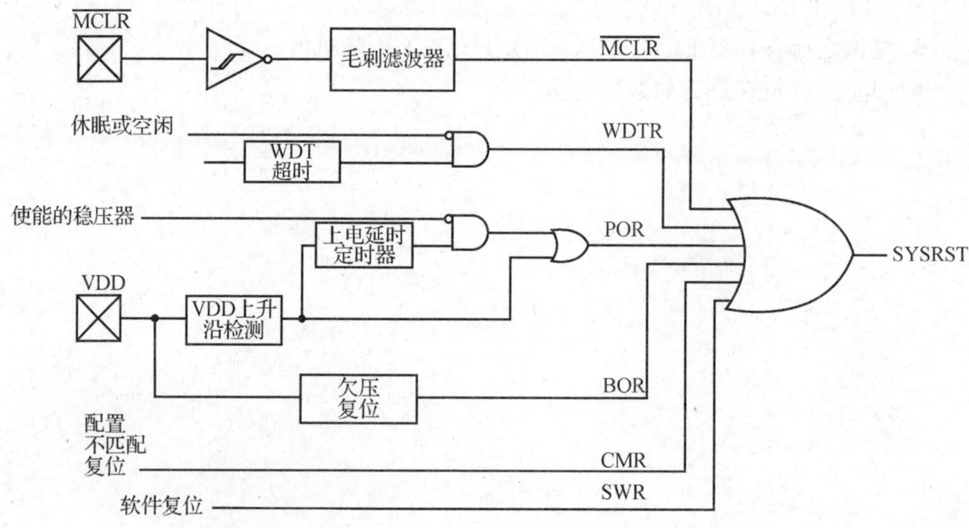

图 7－1　系统复位框图

RSWRST 控制寄存器只有一个位 SWRST，用于强制执行用户程序复位。复位模块包含以下特殊功能寄存器：

● RCON－复位控制寄存器，其位操作只写寄存器：RCONCLR、RCONSET 和 RCONINV。

● RSWRST－复位数据寄存器，其位操作只写寄存器：RSWRSTCLR、

RSWRSTSET 和 RSWRSTINV。

便携式实验开发板上芯片外部复位电路见图 7－2。图中 J11 为调针，用金属短路即可产生复位信号。网络标号 RESET 与编程的复位引脚连在一起，由 RC 电路产生的复位信号接在芯片的 MCLR 引脚上，R17 的用途可以参见微芯公司的相关文献。

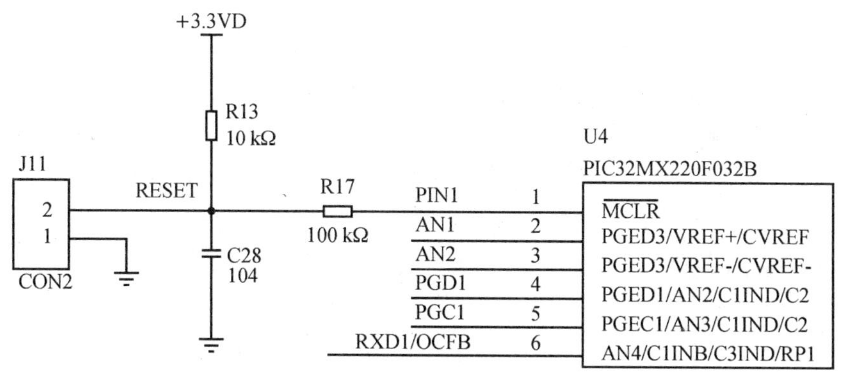

图 7－2　芯片外部复位电路

7.1　复位工作原理

系统复位：内部系统复位 SYSRST 可以来自多种复位信号，例如上电复位 POR、欠压复位 BOR、主复位 MCLR、看门狗超时复位 WDTO、用户程序复位 SWR 和配置不匹配复位 CMR。系统复位信号在 POR 时置为有效，并一直保持有效，直到装入器件配置设置并且时钟振荡稳定为止。然后，系统复位信号置为无效，使能 CPU 在 8 个系统时钟 SYSCLK 之后开始取代码。

BOR、MCLR 和 WDTO 复位是异步事件，为了避免特殊功能寄存器 SFR 和 RAM 损坏，系统复位信号会与系统时钟进行同步。所有其他复位事件均为同步事件。

上电复位 POR：当检测到 VDD 上升到高于 VPOR 时，上电事件会产生内部上电复位脉冲。器件供电电压的特性必须满足规定的启动电压和上升速率要求，以产生 POR 脉冲。特别是在新的 POR 开始之前，VDD 必须下降到低于 VPOR。

对于使能片上稳压器的那些 PIC32MX 的器件型号，上电延时定时器 PWRT 会自动禁止。对于禁止片上稳压器的那些 PIC32MX 的器件型号，内核通过外部电源供电，上电延时定时器会自动使能，用于延长上电序列的持续时间。在器件启动时，PWRT 会增加一段 64 ms 的固定延时。因此，上电延时可以是片上稳压器输出延时 TPU，也可以是上电延时定时器延时 TPWRT。POR 事件已延时结束，但器件复位信号仍然保持有效，与此同时会装入器件配置设置和配置时钟振荡，并且时钟监视电路会等待振荡趋于稳定。从复位状态退出时，总是通过 DEVCFG1 配置字中的 FNOSC<2：0>位来选择使用的时钟。这段附加延时取决于时钟，并且可包含对应于 TOSC、TLOCK 和 TFSCM 的延时。

在这些延时结束之后，系统复位信号 SYSRST 会置为无效。在 CPU 开始执行代码之前，还需要 8 个系统时钟，然后 CPU 内核的同步复位信号才会置为无效。上电事件会将 BOR 和 POR 状态位 RCON<1：0>置为 1。

当器件退出复位状态（开始正常工作）时，器件工作参数（电压、频率和温度等）必须在相关的工作范围内；否则，器件将不能正常工作。用户程序必须确保从第一次上电到系统复位释放之间的延时足够长，以使所有工作参数都符合规范。

主复位 MCLR：每当 MCLR 引脚驱动为低电平时，复位事件会与系统时钟 SYSCLK 进行同步，之后系统复位信号 SYSRST 会置为有效，但前提是 MCLR 上的输入脉冲宽度要大于最小宽度。MCLR 提供了一个毛刺滤波器，以最大程度降低噪声的影响而产生的意外复位事件。EXTR 状态位 RCON<7>置为 1，指示发生了 MCLR 复位。

用户程序复位 SWR：CPU 内核不提供特定的 RESET 指令；用户程序复位方法是执行用户程序复位命令序列。其作用类似于 MCLR 复位。用户程序复位序列要求先执行系统解锁序列，然后才能写入 SWRST 位。用户程序复位的执行方式如下：

- 写入系统解锁序列。
- 设置 SWRST 位 RSWRST<0>为 1。
- 读取 RSWRST 寄存器。
- 后面跟随“while(1);”或 4 条“NOP”指令。

向 RSWRST 寄存器写入 1 会将 SWRST 位置为 1，从而激活用户程序复位。RSWRST 寄存器的后续读操作会触发用户程序复位，它在读操作之后的下一个时钟发生。要确保发生复位事件之前不执行任何其他用户程序，建议将 4 条“NOP”指令或“while(1);”语句放在 READ 指令之后。SWR 状态位 RCON<6>置为 1，指示发生了用户程序复位。

看门狗定时器复位：当 WDT 计时结束，且器件不处于休眠或空闲模式时，会产生器件复位。CPU 代码执行会跳转到器件复位向量处，会强制将寄存器和外设设为它们的复位值。

在系统复位信号置为有效之前，看门狗定时器 WDT 复位事件会先与系统时钟 SYSCLK 进行同步。在休眠或空闲模式期间发生 WDT 超时将唤醒 CPU 并跳转到复位向量处，但不会复位 CPU。只有 RCON 寄存器中的 WDTO 位和休眠 SLEEP 状态位或空闲 IDLE 状态位会受影响。

欠压复位：器件有简单的欠压复位功能。如果为稳压器提供的电压不足以维持稳定电压，则稳压器复位电路会产生 BOR 事件，该事件先与系统时钟 SYSCLK 进行同步，然后系统复位信号会置为有效。该事件反映在 BOR 标志位 RCON<1>。

配置不匹配复位：为了维持所存储配置值的完整性，所有器件配置位都以寄存器位互补集的形式装载和实现。装载配置字时，对于装载值为 1 的每个位，都会在相关的后台字单元中存储互补值 0，反之亦然。每次装载配置字时，都会比较每一对配置位。在比较期间，如果发现配置位值彼此不互补，则产生配置不匹配事件，导致器件复位，CMR 状态位 RCON<9>置为 1。复位控制寄存器 RCON 的复位值取决于器件复位类型。

特殊功能寄存器的复位状态：大多数与 CPU 和外设相关的特殊功能寄存器 SFR 会在器件复位时复位为某个特定值。

配置字寄存器的复位状态：所有复位条件都会强制重新装载配置设置。POR 复位会在装载配置设置之前将所有配置字寄存器单元置为 1。对于所有其他复位条件，配置字寄存器单元在重新装载之前不会进行复位。由于这种行为差异，所以 MCLR 可以在调试模式期间置为有效，而不会影响 DEBUG 操作的状态。不论复位如何，总是会重新装载系统时钟，它由 DEVCFG1 配置字中的 FNOSC<2：0>值指定。在器件执行代码时，用户程序可以通过使用 OSCCON 寄存器来更改主系统时钟。

使用 RCON 状态位：用户程序可以在发生任何系统复位后读取 RCON 寄存器，以确定复位的原因。RCON 寄存器中的状态位应该在读取后清零，这样在器件复位后 RCON 寄存器的下一个值才有意义。

从器件复位到开始执行代码的时间：复位事件结束时和器件实际开始执行代码之间的延时由两个主要因素决定：复位类型，以及退出复位状态时使用的系统时钟。

7.2　看门狗定时器和上电延时定时器

看门狗定时器 WDT 和上电延时定时器(Power-upTimer，PWRT)模块的框图见图 7-3。WDT 使能时，工作于内部低功耗 RC(Low-PowerRC，LPRC)振荡器时钟。WDT 可用于检测用户程序故障，如果用户程序未定期清零 WDT 的话，器件将复位。可使用 WDT 后分频器选择各种 WDT 超时周期。WDT 还可用于将器件从休眠或空闲模式唤醒。

在 PWRT 有效时，它会在正常的上电复位 POR 启动周期完成之后将器件保持在复位状态 64 ms。这可以提供一段额外的时间，让主振荡器 POSC 时钟和电源得以稳定。类似于 WDT，PWRT 也使用 LPRC 作为其时钟。

WDT 和 PWRT 模块包含以下特殊功能寄存器：

● WDTCON：看门狗定时器控制寄存器，对应位操作寄存器 WDTCONCLR、WDTCONSET 和 WDTCONINV。

● RCON：复位控制和状态寄存器，对应位操作寄存器 RCONCLR、RCONSET 和 RCONINV。

● DEVCFG1:器件配置寄存器。

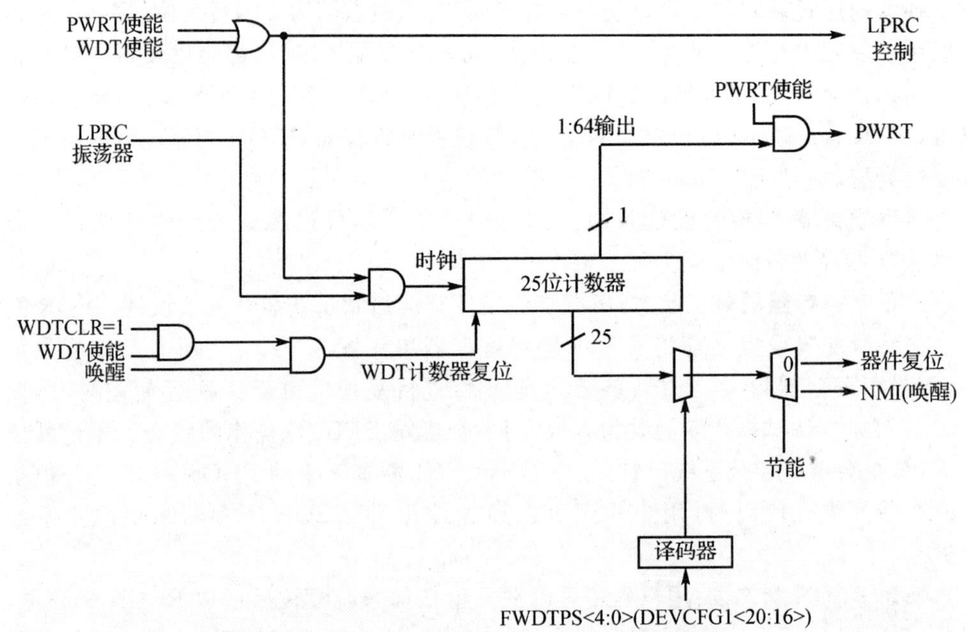

图 7-3 看门狗定时器和上电延时定时器框图

7.3 WDT 工作原理

如果 WDT 使能,它将递增直到溢出或“超时”。除非处于休眠或空闲模式,否则 WDT 超时将强制器件复位。要防止 WDT 超时器件复位,用户程序必须在选定 WDT 周期内定期将 WDTCLR 位 WDTCON＜0＞置为 1 来清零 WDT。

通过器件配置进行使能或禁止 WDT,或用户程序写入 WDTCON 寄存器进行控制。如果 FWDTEN 器件配置位 DEVCFG1＜23＞置为 1,则 WDT 始终是使能的。读 WDTON 位为 1 反映这一状态。在该模式下,ON 位不能在线或任何形式的复位清零。要在该模式下禁止 WDT,必须向器件中重新写入配置。在未编程的器件上,WDT 的默认状态为使能。

由用户程序控制的 WDT:如果 FWDTEN 器件配置位 DEVCFG1＜23＞的值为 0,则可以通过用户程序使能或禁止 WDT。在该模式下,ON 位 WDTCON＜15＞会反映用户程序控制下的 WDT 状态。值为 1 指示 WDT 已使能,值为 0 指示已禁止它。

在线将 WDTON 位置为 1 来使能 WDT。任何器件复位都会导致 WDTON 位清零。该位在从休眠模式唤醒或从空闲模式退出时不会清零。

用户程序 WDT 选项使能用户程序在关键代码段使能 WDT 并在非关键代码段

禁止 WDT，从而最大限度地降低功耗。WDTON 位还可以用于在器件正常工作时禁止 WDT，从而不需要执行 WDT 处理，之后在器件置为空闲或休眠模式之前重新使能 WDT，以便稍后唤醒器件。

复位 WDT 定时器：WDT 通过以下任意事件清零：

- 任何器件复位。
- 在正常执行期间，通过 WDTCONSET 置为 0x01，指令复位。
- 由 WDT 中断而从空闲或休眠模式退出。

在器件进入节能模式时，WDT 定时器不会清零。在进入节能模式之前应对 WDT 进行处理。

WDT 周期选择：WDT 时钟是内部 LPRC 振荡器，其标称频率为 31.25 kHz。不使用后分频器时，会产生 1 ms 的标称超时周期。WDT 超时周期与 LPRC 振荡器的频率直接相关。振荡器频率是器件工作电压和温度的函数，因而振荡器频率会变化。

WDT 后分频器：WDT 有一个 5 位后分频器，用于产生一系列的超时周期。该后分频器可提供 1～1：1048576 的分频比。使用后分频器可以实现范围为 1 ms～1048.576 s 的超时周期。使用 DEVCFG1 器件配置寄存器中的 FWDTPS＜4：0＞配置位选择后分频比。

PWRT 定时器操作：PWRT 在器件（Power-on Reset，POR）延时和代码开始执行之间提供一段额外的延时，让振荡器可以稳定。没有片上稳压器的器件总是使能 PWRT。对于有片上稳压器的器件，只有禁止片上稳压器时，才会自动使能 PWRT。在使能片上稳压器时，会禁止 PWRT。有片上稳压器的器件会在 VREG 引脚接地（禁止稳压器）时使能 PWRT。PWRT 无法通过器件配置或用户程序进行使能或禁止。

7.4　中断和复位产生

WDT 会在超时时发出不可屏蔽中断 NMI 或器件复位。器件的节能模式决定所发生的事件。PWRT 不会产生中断或复位。

看门狗定时器不可屏蔽中断 NMI：当 WDT 在休眠或空闲模式下计时结束时，会产生不可屏蔽中断 NMI。不可屏蔽中断 NMI 会导致 CPU 代码执行跳转到器件复位向量处。虽然不可屏蔽中断 NMI 与器件复位共用同一向量，但寄存器和外设不会复位。

要让休眠模式下 WDT 超时的行为类似于中断，可以在确定事件为 WDT 唤醒之后在启动代码中使用从中断返回（RETFIE）指令。这会导致代码从将器件置为节能模式的 WAIT 指令之后的操作码处继续执行。

在发生 WDT 事件时确定器件状态：要检测 WDT 复位，必须测试 WDTO 位 RCON＜4＞、休眠 SLEEP 状态位 RCON＜3＞和空闲 IDLE 状态位 WDTCON＜2

>。如果WDTO位为1,则说明事件是由于WDT超时而发生的。然后,可以通过测试休眠SLEEP状态位和空闲IDLE状态位,确定WDT事件是在器件唤醒时还是处于休眠或空闲模式时发生的。用户程序应在中断服务程序ISR中清零WDTO位、休眠SLEEP状态位和空闲IDLE状态位,以便用户程序可以正确确定后续WDT事件的来源。

通过非WDT事件从节能模式唤醒:当器件通过中断从节能模式唤醒时,WDT会清零。实际上,这延长了到下一个由WDT产生的器件复位的时间,从而在发生唤醒器件中断之后不会马上发生WDT事件。

7.5 调试和节能模式下的操作

节能模式下的WDT操作:WDT可将器件从休眠或空闲模式唤醒。WDT在节能模式下继续工作。从而可以使用超时来唤醒器件。这让器件可以保持在休眠模式下,直到WDT超时或另一个中断唤醒器件。如果器件在唤醒之后未重新进入休眠或空闲模式,则必须禁止WDT或定期对它进行处理,以防止器件复位。

休眠模式下的WDT操作:如果使能了WDT,则它会在休眠模式下继续工作。WDT可用于将器件从休眠模式唤醒。当WDT在休眠模式下发生超时时,会产生不可屏蔽中断NMI,并且WDTO位RCON<4>置为1。不可屏蔽中断NMI会将代码执行跳转至CPU启动地址处,但不会复位寄存器或外设。休眠SLEEP状态位RCON<3>会置为1,指示器件先前处于休眠模式。启动代码可以通过这些位确定唤醒原因。

空闲模式下的WDT操作:如果使能了WDT,则它会在空闲模式下继续工作。WDT可用于将器件从空闲模式唤醒。当WDT在空闲模式下发生超时时,会产生不可屏蔽中断NMI,并且WDTO位RCON<4>置为1。不可屏蔽中断NMI会将代码执行跳转至CPU启动地址处,但不会复位寄存器或外设。空闲IDLE状态位RCON<2>会置为1,指示器件先前处于空闲模式。启动代码可以通过这些位确定唤醒原因。

唤醒期间的延时:WDT超时和代码开始执行之间的延时取决于节能模式。休眠模式下的WDT事件和代码开始执行之间存在一段延时。该延时的持续时间包含所用振荡器的起振时间和PWRT延时。从空闲模式唤醒不存在延时,系统时钟在空闲模式下继续运行,因此在唤醒时不需要起振延时。

调试模式下的WDT操作:WDT总是停止,因而不会在调试模式下发生超时。

任何形式的器件复位都会清零WDT。复位将WDTCON寄存器恢复为默认值,禁止WDT,除非通过器件配置使能WDT。器件复位之后,WDTON位WDTCON<15>将反映FWDTEN位DEVCFG1<23>的状态。

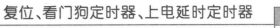

思考题

问 1：如何使用 RCON 寄存器来确定器件复位来源？

答 1：发生复位后，初始化代码可以检查 RCON 寄存器并确定复位来源。在某些应用中，可利用该信息来采取适当操作，以纠正造成复位发生的问题，这个功能大大扩展了复位的工程应用范围。

问 2：为什么即使在主用户程序循环中复位 WDT，器件也会发生复位？

答 2：确保清零 WDTCLR 位 WDTCON＜0＞的用户程序循环的时序满足 WDT 的最小超时规范值（不是典型值），以确保在不同电压和温度下工作。而且，确保考虑到了中断处理时间。

问 3：用户程序在进入休眠或空闲模式之前应该做什么？

答 3：确保将器件唤醒的 IEC 位置为 1。此外，确保特定中断有唤醒器件的能力。当器件处于休眠模式时，某些中断不工作。如果要使器件进入空闲模式，确保正确设置每个器件外设的“空闲模式停止”（StopInIdle，SIDL）位。这些位用于决定外设在空闲模式下是否继续工作。如果要在休眠模式下使用 WDT，则应在进入休眠模式之前处理 WDT，以便在器件退出休眠模式之前提供完整的 WDT 间隔。

问 4：如何确定是 WDT 还是其他外设将器件从休眠或空闲模式唤醒？

答 4：大多数中断都有自己的唯一向量。向量由中断决定。对于共用某个向量的中断，可以通过查询每个使能中断（共用该向量）的 IFS 位确定：a）中断或 b）唤醒。如果是 WDT 唤醒器件，则用户程序的启动代码必须检查 WDT 超时事件、WDTO 位 RCON＜4＞，并相关地进行跳转。

第8章

集成开发环境和便携式实验开发板介绍

8.1 开发支持

Microchip提供了范围广泛的开发工具，使用户可以高效地开发和调试程序代码，包含：

- 集成开发环境：MPLAB IDE；
- 编译器：MPLAB C编译器；
- 汇编器：MPASM汇编器；
- 链接器：MPLINK目标链接器；
- 库管理器：MPLIB目标库管理器；
- 软件仿真器：MPLAB SIM软件仿真器；
- 仿真器：MPLABREAL ICE在线仿真器；
- 在线调试器：MPLAB ICD3、PICkit3 Debug Express；
- 器件编程器：PICkit2编程器、MPLABPM3器件编程器；
- 低成本演示/开发板、评估工具包及入门工具包。

本书用的便携式实验开发板必须使用的开发工具为：MPLAB IDE、MPLAB C编译器、便携式实验开发板。

MPLAB IDE集成开发环境：MPLAB IDE为8/16/32位单片机市场提供了易于使用的用户程序开发平台。MPLAB IDE是基于Windows操作系统的应用程序，MPLAB IDE支持多种调试工具，包括从成本效益高的仿真器到低成本的在线调试器。

MPLAB C编译器：MPLAB C编译器使用PIC32系列的C编译器，为便于源程序代码调试，编译器提供针对MPLAB IDE调试器优化的符号信息。

MPASM汇编器：MPASM汇编器是全功能通用宏汇编器，可生成用于MPLINK目标链接器的可重定位目标文件、Intel标准HEX文件、详细描述存储器使用状况和符号参考的MAP文件、包含源程序代码行及生成机器码的绝对LST文

件以及用于调试的 COFF 文件。

MPLINK 目标链接器/MPLIB 目标库管理器：MPLINK 目标链接器链接由 MPASM 汇编器、MPLABC 编译器产生的可重定位目标代码。

MPLIB 目标库管理器管理预编译程序代码库文件的创建和修改。当源文件调用库中的一段子程序时，只有包含此子程序的模块被链接到用户程序。

MPLAB SIM 软件仿真器：MPLAB SIM 软件仿真器通过在指令级对 PICMCU 和 dsPICDSC 进行模拟，可在 PC 主机进行程序代码开发而不需要硬件和硬件仿真器。任何给定的指令都可以对数据区进行检查或修改，并由一个全面的激励控制器来施加激励。可以将各寄存器记录在文件中，以便进行进一步的运行时分析。跟踪缓冲区和逻辑分析器的显示使软件仿真器还能记录和跟踪程序的执行、I/O 的动作、大部分的外设及内部寄存器。

MPLAB SIM 软件仿真器完全支持使用 MPLAB C 编译器以及 MP ASM 和 MP LAB 的符号调试。该软件仿真器可用于在硬件实验室环境外灵活地开发和调试程序代码，是一款经济的用户程序开发工具。

PICkit3 在线调试器/编程器：结合 MPLAB 集成开发环境 IDE 所具有的功能强大的图形用户程序界面，MPLAB PICkit3 可对 PIC 闪存单片机和 dsPIC 数字信号控制器进行调试和编程，且价位较低。MPLAB PICkit3 通过全速 USB 接口与设计工程师的 PC 相连，并利用 Microchip 调试连接器与目标板相连。连接器使用两个器件 I/O 引脚和复位线来实现在线调试和在线串行编程。

8.2 软件平台语言环境

操作系统：Windows7；

集成开发环境：MPLAB X IDE v1.85；

编译器：XC32(V1.21)；

代码格式：C 语言；

烧写器：PICkit3-On-Board。

软件设置界面如图 8-1 所示。

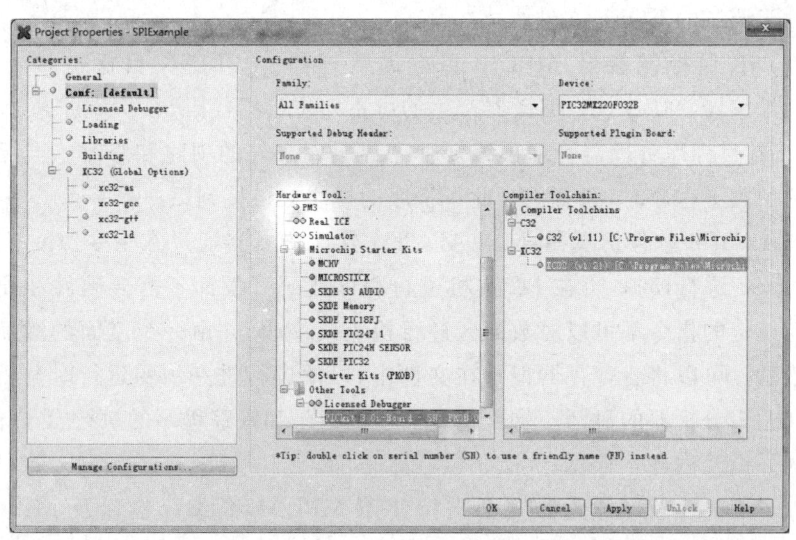

图 8-1 设置界面

8.3 芯片引脚引出插座网络标号及调试器接口图

芯片引脚引出插座网络标号图及调试器接口图如图 8-2 所示，图中 P1 和 P2 将芯片的每个引脚引出，可以焊接插座，将芯片引脚引出扩展到其他板上，构成扩张的系统。调试器接口的 5 个跳线引脚，与同一个板上的在线调试器的引脚用短路套短接，+5 V 和地线(J71 脚)将在线调试器经过 USB 接口把计算机的电源引出，PGD1/PGC1/RESET 短接即可在线调试程序，将这 3 个引脚断开，下载了程序的芯片上电后可独立运行。

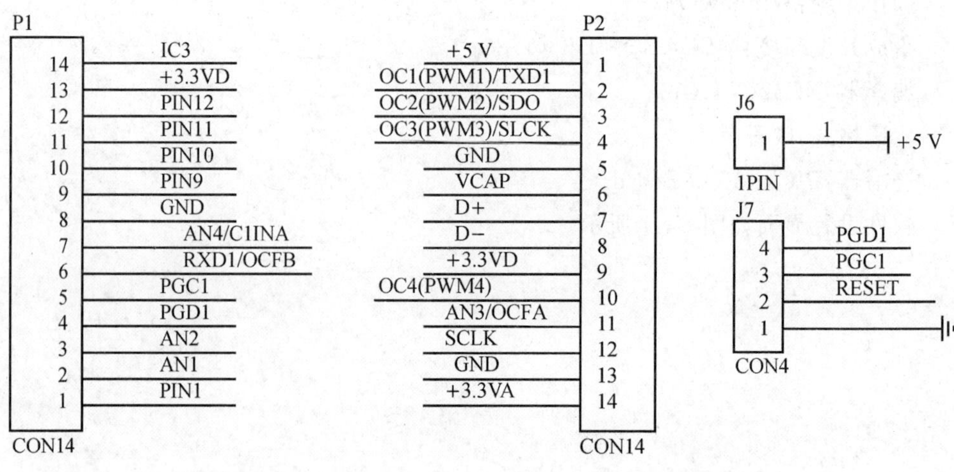

图 8-2 芯片引脚引出插座网络标号图及调试器接口

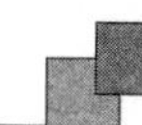

芯片 1～28 脚外围引脚连接图及网络标号如图 8-3 所示，图中框内的是引脚复用的各个功能，比如图中 2 脚标记了 PGED3/VREF+/CVREF+/AN0/C3INC/RPA0/CTED1/PMD7/RA0 共 9 个引脚功能，可以分别编程使用，其中 RPA0 具有引脚选择功能，可以选择多种新增的输入引脚功能和输出引脚功能，见引脚选择功能章节详细说明。图中框外的网络标号是将引脚与其他器件相接的连线标号，PINx 标号只是将引脚引到 P1 和 P2 插座上以方便引出，没有连接更多的其他器件了。

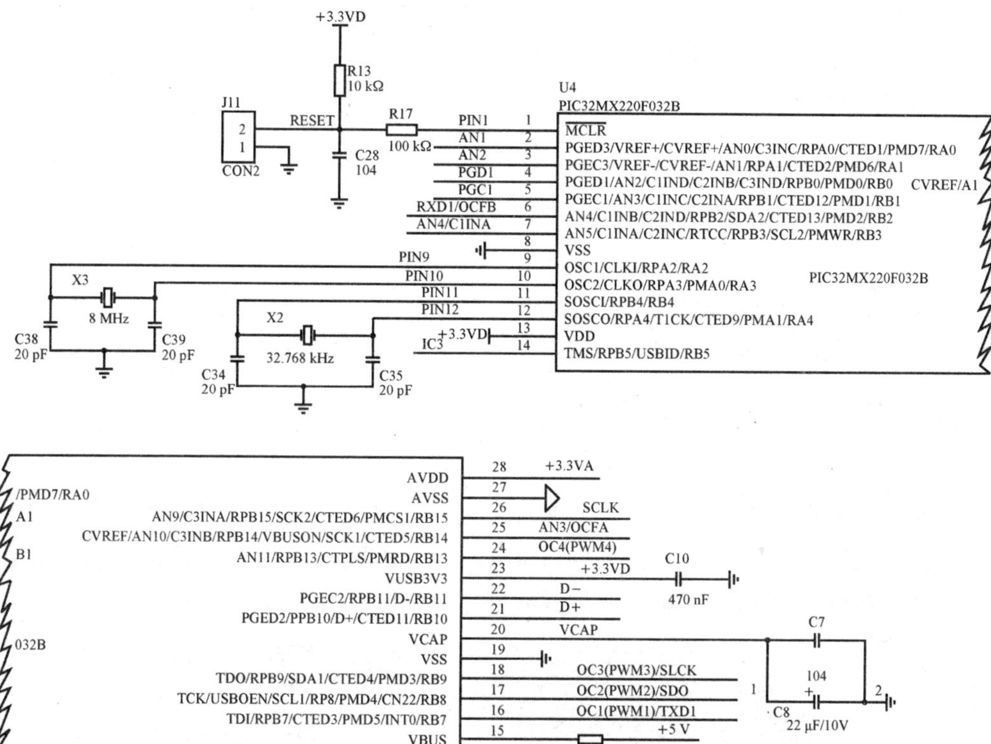

图 8-3　芯片 1～28 脚外围引脚连接图及网络标号

8.4　电　源

PIC32MX 系列的 32 位单片机采用 3.3 V 供电电压。而便携式实验开发板主要采用笔记本电脑的 USB 接口供电，由于 USB 接口供电电压为 5 V，所以便携式实验开发板上需要一个低压差的电压转换电路芯片，构成 PIC32MX 的供电电源。

电源采用了固定电压的 LM1117 实现 5 V 到 3.3 V 的转换，保证了芯片从笔记本电脑得到可靠和稳定的供电，其电路的连接方式如图 8-4 所示，将输入的 5 V 电压转换为 3.3 V 输出。其中，电路选择了 2.2 μF/10 V 的钽电容作为输入端旁路电容，在输入电容旁边并联一个容值较小的瓷片电容(0.1 μF)可以有效滤除输入的低频干扰和高频干扰。输出电容采用了2.2 μF/10 V钽电容，在输出电容旁边并联一个容值较小的瓷片电容(0.01 μF)，可以有效滤除输出的低频干扰和高频干扰，其容值大小会影响电源回路的稳定性和瞬态响应。

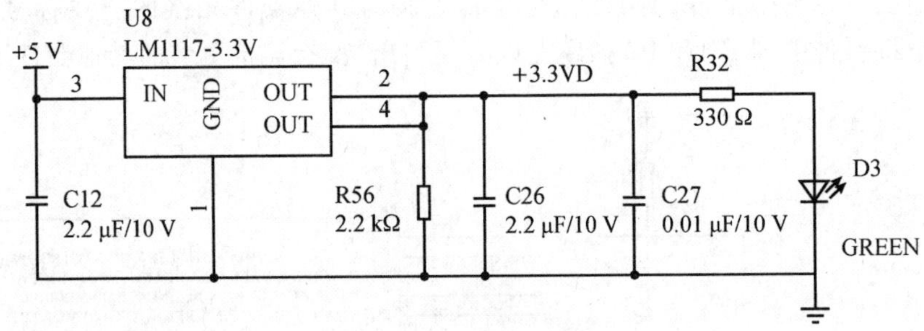

图 8-4 供电电源电路

为了直观地反映电源模块的工作状态，在电路中添加了一个发光二极管和电阻R32(330 Ω，起限流作用)。当电源电路正常工作时，发光二极管处于点亮状态。

8.5 便携式实验开发板原理图

便携式实验开发板图如图8-5所示。便携式实验开发板原理图如图8-6所示，给出了设计的便携式实验开发板的所有外围电路和芯片，学习者可以按照图进行开发，硬件和本书光盘提供的所有例程均调试通过。

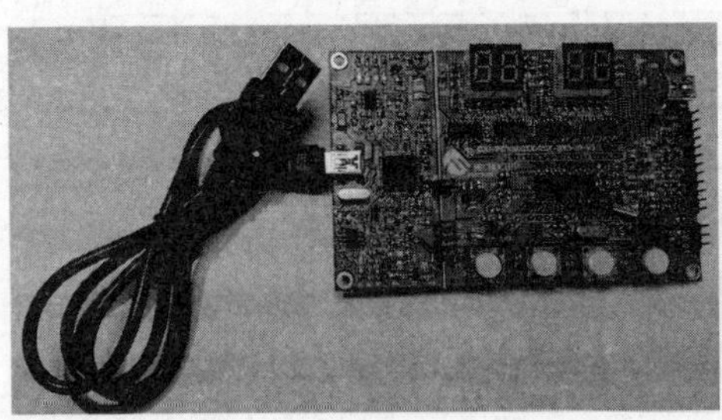

图 8-5 便携式实验开发板图

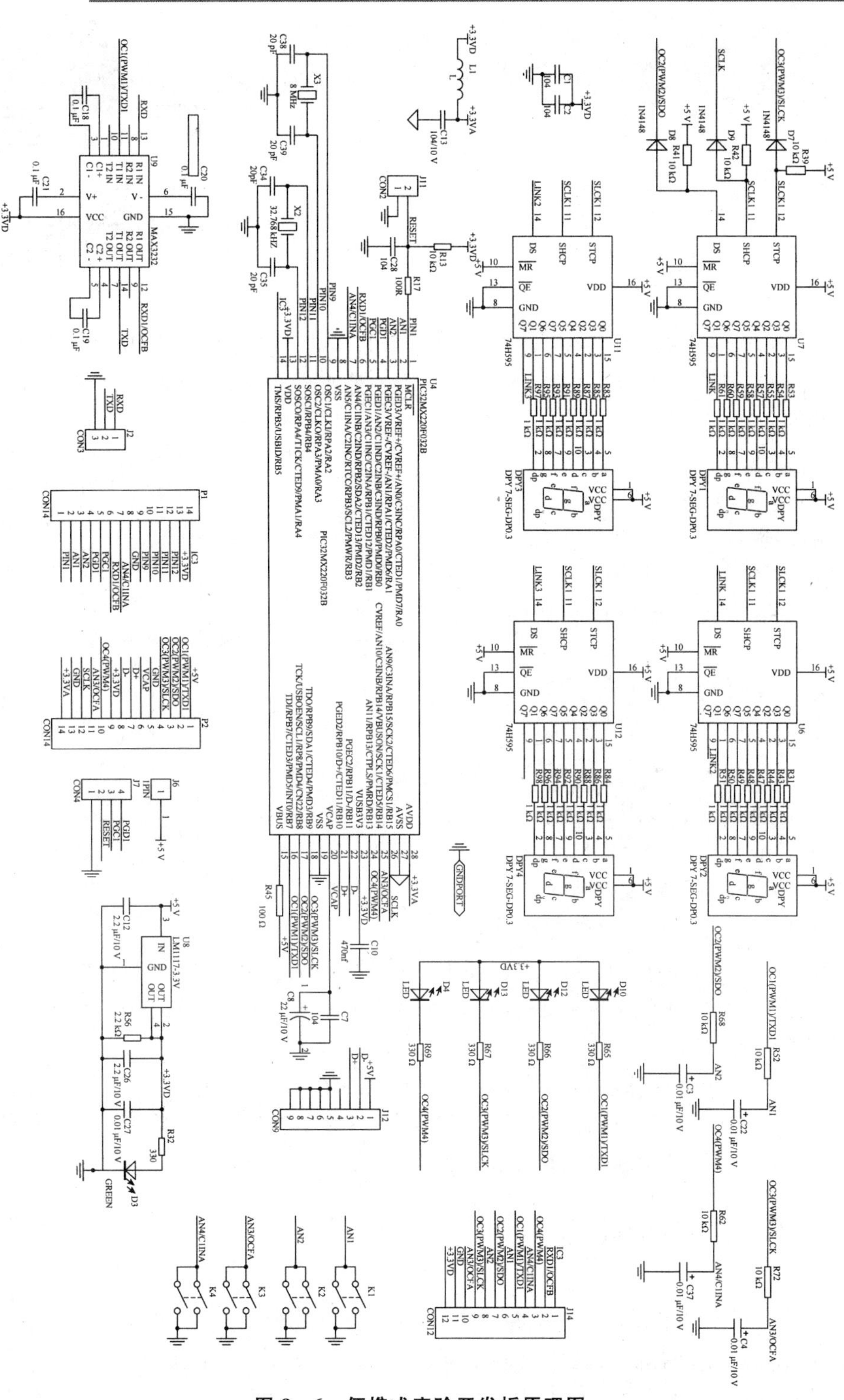

图 8－6　便携式实验开发板原理图

第9章

中断控制器

产生中断请求以响应来自外设模块的中断事件。中断控制模块处于CPU之外，在中断事件到达CPU之前中断控制模块先处理中断事件，框图如图9-1所示。中断模块有以下特性：

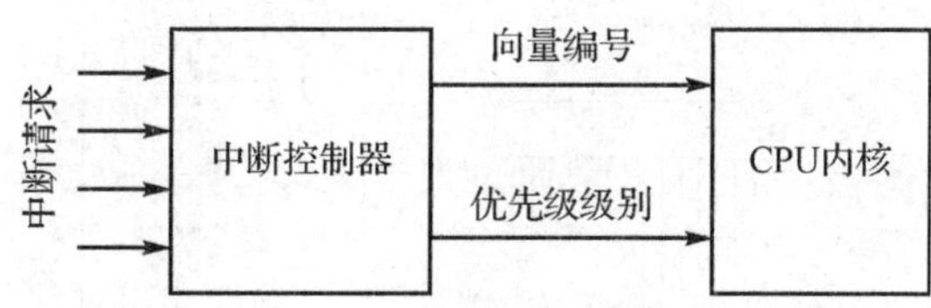

图9-1　中断控制器模块框图

- 最多64个中断。
- 最多44个中断向量。
- 单向量工作模式和多向量工作模式。
- 5个有边沿极性控制功能的外部中断。
- 中断接近定时器。
- 每个向量有7个用户程序可选的优先级级别。
- 每个优先级内有4个用户程序可选的次优先级级别。
- 所有优先级级别有专用的影子寄存器集。
- 用户程序可产生任何中断。
- 用户程序可配置中断向量表。
- 用户程序可配置中断向量空间。

控制寄存器：器件可能有一个或多个中断，器件型号不同中断数量可能不同。在控制/状态位和寄存器名称中使用的"x"表示存在多个可以定义这些中断的寄存器，它们有相同的功能。

中断模块包含特殊功能寄存器：中断控制寄存器INTCON、中断状态寄存器INTSTAT、时间接近定时器寄存器TPTMR、中断标志状态寄存器IFSx、中断使能控制寄存器IECx和中断优先级控制寄存器IPCx。

9.1　中断工作原理

中断控制器对来自外设的中断请求IRQ进行预处理，并按相关优先级顺序将它们送入CPU。中断控制器设计为最多可接收96个IRQ。所有IRQ都在SYSCLK下降沿进行采样，并锁存到相关的IFSx寄存器中。待处理的IRQ由IFSx寄存器中

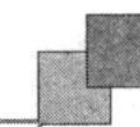

的标志位置为1来指示，如果中断使能IECx寄存器中的相关位清零，则待处理的IRQ不会得到处理。IECx位用于对中断标志位进行门控。如果使能中断，则所有IRQ将编码为5位宽的向量编号。5位向量可产生编号为0～63的唯一中断向量编号。由于IRQ数量多于可用向量编号，所以有一些IRQ共用向量编号。每个向量编号都会分配一个中断优先级和影子寄存器集编号。

中断优先级由相关向量的IPCx寄存器设置决定。在多向量模式下，用户程序可以对接收专用影子寄存器集选择优先级。在单向量模式下，所有中断都可能接收到专用影子寄存器集。中断控制器会在所有待处理IRQ中选择优先级最高的IRQ，并将相关的向量编号、优先级和影子寄存器集编号送入CPU内核。

CPU内核会在流水线的“E”和“M”级之间采样送入的向量信息。如果送入内核的向量优先级大于CPU中断优先级IPL位Status＜15：10＞指示的当前优先级，则会对中断进行处理；否则，它将保持待处理状态，直到当前优先级小于中断的优先级。

在处理中断时，CPU内核会将程序计数器压入CPU中的异常程序计数器(EPC)寄存器，并将CPU中的异常级别EXL位Status＜1＞置为1。EXL位会禁止进一步的中断，直到用户程序通过清零EXL位明确地重新使能为止。

下一步，它会跳转到根据送入向量编号计算的向量地址处。INTSTAT寄存器包含当前待处理中断的中断向量编号VEC位INTSTAT＜5：0＞和请求中断优先级RIPL位INTSTAT＜10：8＞。

执行异常返回ERET指令之后，CPU会恢复为先前状态。ERET会清零EXL位、恢复程序计数器，并将当前影子寄存器集回复为先前影子寄存器集。

发生任何形式的复位之后，CPU会进入引导模式，且控制BEV位Status＜22＞置为1。当CPU处于引导模式时，会禁止所有中断，并且所有一般异常都会被重定向到一个中断向量地址0xBFC00380处。

特定中断的向量地址取决于中断控制器的配置方式。如果中断控制器配置为单向量模式，则所有中断向量使用同一向量地址。如果配置为多向量模式，则每个中断向量有唯一的向量地址。

将中断控制器配置为所需的工作模式时，必须先将几个寄存器置为特定值，然后再清零BEV位。给定中断的向量地址使用异常基址EBase＜31：12＞寄存器进行计算，该寄存器提供一个位于内核段(KSEG)地址空间中的4 KB页对齐的基址值。

中断控制器可以配置为两种工作模式之一：

● 单向量模式——在一个向量地址处处理所有中断请求，发生任意形式的复位之后，中断控制器会初始化为单向量模式。当MVEC位INTCON＜12＞为0时，中断控制器工作于单向量模式。在该模式下，CPU总是转到同一地址。

单向量模式地址通过使用异常基址EBase＜31：12＞寄存器值进行计算。在单向量模式下，中断控制器总是送入向量编号0。

● 多向量模式——在所计算的向量地址处处理中断请求。当MVEC位IN-

TCON<12>为 1 时，中断控制器工作于多向量模式。在该模式下，CPU 会转到每个向量编号的唯一地址处。每个向量都位于特定偏移处(相对于 CPU 中的 EBase 寄存器指定的基址)。各个向量地址偏移由 IntCtl 寄存器中 VS 位指定的向量空间决定。

多向量模式地址通过使用 EBase 和 VS 字段 IntCtl<9：5>值进行计算。IntCtl 和 Status 寄存器位于 CPU 中。VS 位用于提供相邻向量地址之间的间距。使能的向量间距值为 32、64、128、256 和 512 B。只有 CPU 中的 BEV 位 Status<22>为 1 时，才使能修改 EBase 和 VS 值。

虽然用户程序可以在运行时将中断控制器从单向量模式重新配置为多向量模式，但强烈建议用户程序不要如此操作。在初始化之后更改中断控制器模式可能导致不确定的行为。

9.2 中断优先级

中断组优先级：用户程序可以指定每个中断向量组优先级。组优先级位位于 IPCx 寄存器中。每个 IPCx 寄存器包含 4 个中断向量组优先级位。用户程序可选择的优先级范围为 1～7。

如果中断优先级清零，则中断向量会禁止用于中断和唤醒。优先级较高的中断向量会抢占优先级较低的中断。在重新使能中断之前，用户程序必须先将 Cause 寄存器的请求中断优先级 RIPL 位 Cause<15：10>传送到 Status 寄存器的中断优先级 IPL 位 Status<15：10>中。该操作将禁止所有低优先级中断，直到中断服务程序 ISR 完成为止。

在降低中断优先级之前，中断服务程序必须先清零 IFSx 寄存器中相关的中断标志位，以避免产生递归中断。

中断子优先级：用户程序可以指定每个组优先级中的子优先级。子优先级不会导致抢占优先级相同的中断；但是，如果有两个优先级相同的中断待处理，则会先处理子优先级最高的中断。子优先级位位于 IPCx 寄存器中。每个 IPCx 寄存器包含 4 个中断向量的子优先级位。用户程序可选择的子优先级范围为 0(最低子优先级)～3(最高子优先级)。

中断自然优先级：当多个中断分配相同的组优先级和子优先级时，它们按照其自然顺序划分优先级。自然优先级是固定的优先级方案，其中，最小的中断向量的自然优先级最高，这意味着中断向量 0 的自然优先级最高，中断向量 63 的自然优先级最低。

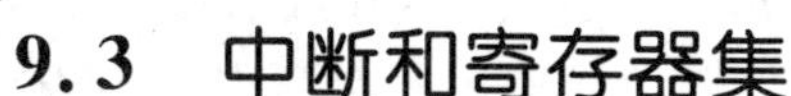

9.3　中断和寄存器集

器件采用了两个寄存器集，主寄存器集用于正常程序执行，影子寄存器集用于最高优先级中断处理。寄存器集选择由中断控制器自动执行。寄存器选择的确切方法因中断控制器的工作模式而异。

在单向量和多向量工作模式下，SRSCtl 寄存器中的 CSS 字段提供当前使用的寄存器集编号，而 PSS 字段提供先前的寄存器集编号。该信息对于确定是否应将堆栈和全局数据指针复制到新寄存器集中非常有用。如果当前寄存器集和先前寄存器集不同，则中断处理程序前言（Prologue）代码可能需要将堆栈和全局数据指针从一个寄存器集复制到另一个中去。大多数支持 C 的编译器都会自动生成必需的中断代码来处理该操作。

单向量模式下的寄存器集选择：在单向量模式下，SS0 位 INTCON＜16＞决定将使用哪一个寄存器集。如果 SS0 位为 1，中断控制器将指示 CPU 对于所有中断使用第二个寄存器集。如果 SS0 位为 0，中断控制器将指示 CPU 使用第一个寄存器集。不同于多向量模式，寄存器集和中断优先级之间不存在任何联系。由用户程序决定究竟是否使用第二个影子寄存器集。

多向量模式下的寄存器集选择：当中断优先级与影子寄存器集优先级匹配时，中断控制器会指示 CPU 使用影子寄存器集。对于所有其他中断优先级，中断控制器会指示 CPU 使用主寄存器集。使用影子寄存器集的中断优先级不需要执行任何现场信息保存和恢复操作。这可以提高代码吞吐率和降低中断响应延时。

9.4　中断处理

当所请求中断的优先级大于当前 CPU 优先级时，将会接受中断请求，并且 CPU 会跳转到与所请求中断相关的向量地址处。根据中断的优先级，中断处理程序的前言和结语（Epilogue）代码必须在执行任何有用代码之前执行某些特定任务。

单向量模式下的中断处理：当中断控制器配置为单向量模式时，所有中断请求都在同一向量地址处进行处理。中断处理程序必须生成前言和结语代码，以正确配置、保存和恢复所有内核寄存器以及通用寄存器。在最坏情况下，前言和结语代码必须保存和恢复所有可修改的通用寄存器。

单向量模式前言代码：在进入中断处理程序时，中断控制器必须先在堆栈中保存分别来自中断优先级 IPL 位 Status＜15：10＞和 ErrorEPC 寄存器的当前优先级和异常 PC 计数器。Status 和 ErrorEPC 是 CPU 寄存器。如果处理程序接收到新的寄存器集，则必须将先前寄存器集的堆栈寄存器复制到当前寄存器集的堆栈寄存器中。然后，可以将来自请求中断优先级 RIPL 位 Cause＜15：10＞的请求优先级存储到

IPL中，并清零Status寄存器中的异常级别EXL位Status＜1＞和错误级别ERL位Status＜2＞，将主中断使能位Status＜0＞置为1。最后将通用寄存器保存在堆栈中。

单向量模式结语代码：完成中断处理程序的所有有用代码之后，必须将已保存到堆栈中的Status和EPC寄存器，以及通用寄存器恢复到原始状态。

多向量模式下的中断处理：当中断控制器配置为多向量模式时，中断请求在所计算的向量地址处进行处理。中断处理程序必须生成前言和结语代码，以正确配置、保存和恢复所有内核寄存器以及通用寄存器。在最坏情况下，前言和结语代码必须保存和恢复所有可修改的通用寄存器。如果中断优先级置为接收它自己的通用寄存器集，则前言和结语代码不需要保存或恢复任何可修改的通用寄存器，从而产生最短的中断响应延时。

多向量模式前言代码：在进入中断处理程序时，中断服务程序必须先在堆栈中保存分别来自中断优先级IPL位和ErrorEPC寄存器的当前优先级和异常PC计数器。如果处理程序接收到新的寄存器集，则必须将先前寄存器集的堆栈寄存器复制到当前寄存器集的堆栈寄存器中。然后，可以将来自请求中断优先级RIPL位的请求优先级存储到IPL中，并清零Status寄存器中的异常级别EXL位和错误级别ERL位，将主中断使能位Status＜0＞置为1。如果送入中断处理程序的不是新的通用寄存器集，则这些寄存器将保存到堆栈中。

多向量模式结语代码：完成中断处理程序的所有有用代码之后，必须将已保存到堆栈中的Status和ErrorEPC寄存器，以及通用寄存器恢复到原始状态。

外部中断：中断控制器支持5个外部中断请求信号(INT4～INT0)。这些输入是边沿敏感的，它们需要从低至高或从高至低的跳变来产生中断请求。INTCON寄存器有5个位用于选择边沿检测电路的极性：INT4EP位INTCON＜4＞、INT3EP位INTCON＜3＞、INT2EP位INTCON＜2＞、INT1EP位INTCON＜1＞和INT0EP位INTCON＜0＞。更改外部中断极性可能会触发中断请求。建议用户程序在更改极性之前先禁止该中断，然后再更改极性、清零中断标志位和重新使能中断。

时间接近中断：发生中断事件时，CPU会将它们全部作为紧急事件进行响应，因为中断控制器会在出现中断请求时将中断请求送入CPU。如果当前CPU优先级小于待处理中断的优先级，则CPU会立即接受中断。进入和退出ISR需要一些时钟来保存和恢复现场信息。事件对于主程序来说是异步发生的，同时或在相近时间内一起发生的可能性有限。这可以防止发生共用ISR一次处理多个中断的情况。

时间接近中断使用中断接近定时器TPTMR来产生一个临时窗口，用于推延一组优先级相同或较低的中断。通过这种方式，可以将这些中断请求排入队列，并在单个ISR中以尾链技术链接多个IRQ的方式来处理。时间接近定时器的中断优先级在TPC位INTCON＜10：8＞中设置。TPC用于选择一个组优先级值，如果中断的组优先级值小于等于该值，则会触发时间接近定时器复位并装入 TPTMR 的值。在定时器装入 TPTMR 值之后，读 TPTMR 将指示定时器的当前状态。当定时器递减至 0 时，如果 IPL 字段小于 RIPL 字段，则会处理队列中的中断请求。

复位之后中断的影响：在发生器件复位、上电复位、看门狗定时器复位时，所有中断控制器寄存器会强制设为它们的复位状态。

9.5 节能和调试模式下的操作

休眠模式下的中断操作：在休眠模式期间，中断控制器只会接受可工作于休眠模式的外设的中断。诸如 RTCC、电平变化、外部中断、ADC 和 SPI 从器件之类的外设可以在休眠模式下继续工作，来自这些外设的中断可用于唤醒器件。中断使能位置为 1 的中断可以将器件切换为运行 Run 或空闲模式，具体取决于其中断使能位状态和优先级。中断使能位清零或优先级为 0 的中断事件不会被中断控制器接受，也无法更改器件状态。如果中断请求的优先级大于当前 CPU 优先级，器件将切换为运行 Run 模式，并且 CPU 会执行相关的中断请求。如果使能了中断接近定时器，并且待处理中断优先级小于时间接近优先级，则 CPU 不会保持在休眠模式。它会在 TPT 发生超时时切换为空闲模式，然后切换为运行模式。如果中断请求的优先级小于或等于当前 CPU 优先级，器件会切换为空闲模式，CPU 将保持暂停。

空闲模式下的中断操作：在空闲模式期间，中断事件可能会将器件切换为运行 Run 模式，具体取决于其中断使能位状态和优先级。中断使能位清零或优先级为 0 的中断事件不会被中断控制器接受，也无法更改器件状态。如果中断请求的优先级大于当前 CPU 优先级，器件将切换为运行 Run 模式，并且 CPU 会执行相关的中断请求。如果使能了接近定时器，并且待处理中断的优先级小于时间接近优先级，则器件会保持在空闲模式，只有接近时间结束之后，CPU 才会处理中断。如果中断请求的优先级小于或等于当前 CPU 优先级，则器件会保持在空闲模式。相关的中断标志位将保持为 1，中断请求将保持待处理状态。

9.6 中断程序编程示例

本节描述了在微芯 PIC32MX220F032B 型芯片上的中断函数示例。本示例以 Timer1 的中断函数为引，概述了中断函数的初始化、配置、进入等操作。有关中断函数的更多应用示例，请参照其他章节的示例代码。

适用范围：本节所描述的代码适用于 PIC32MX220F032B 型芯片(28 引脚 SOIC 封装)，对于其他型号或封装的芯片，未经测试，不确定其可用性。

1. 使用中断的主函数例程(使用中断的主函数流程框图如图 9-2 所示)

```
int main(void)
{
    //申明变量、系统时钟初始化等
    …
    …
    //禁止中断(全局)
    INTDisableInterrupts();
    //配置中断模式
INTConfigureSystem(INT_SYSTEM_CONFIG_MULT_VECTOR);
    //在这里调用具体的中断初始化
    Timer1Init();
    …      //其他中断初始化函数:这些函数必须放在中断禁止/允许里面
    …      //其他初始化函数:这些函数可放在中断禁止/允许的外面
//允许中断(全局)
INTEnableInterrupts();
//主循环
while(1)
{
…     //主循环:处理主要逻辑
}
```

2. Timer1 初始化函数例程(Timer1 初始化函数流程框图如图 9-3 所示)

```
void Timer1Init()
{
    // 打开 Timer1
    OpenTimer1(T1_ON | T1_SOURCE_INT | T1_PS_1_1, PERIOD);
    // 允许 Timer1 中断
        INTEnable(INT_T1, INT_ENABLED);
    // 设置 Timer1 中断优先级:包括两个
    INTSetVectorPriority(INT_TIMER_1_VECTOR, INT_PRIORITY_LEVEL_2);
    INTSetVectorSubPriority(INT_TIMER_1_VECTOR, INT_SUB_PRIORITY_LEVEL_0);
}
```

3. Timer1 中断函数例程(Timer1 中断函数流程框图如图 9-4 所示)

```
void __ISR(_TIMER_1_VECTOR, ipl2) Timer1Handler(void)
{
    // 清除中断标志
        INTClearFlag(INT_T1);
    // 以下写其他的用户操作程序
```

```
    ...
}
```

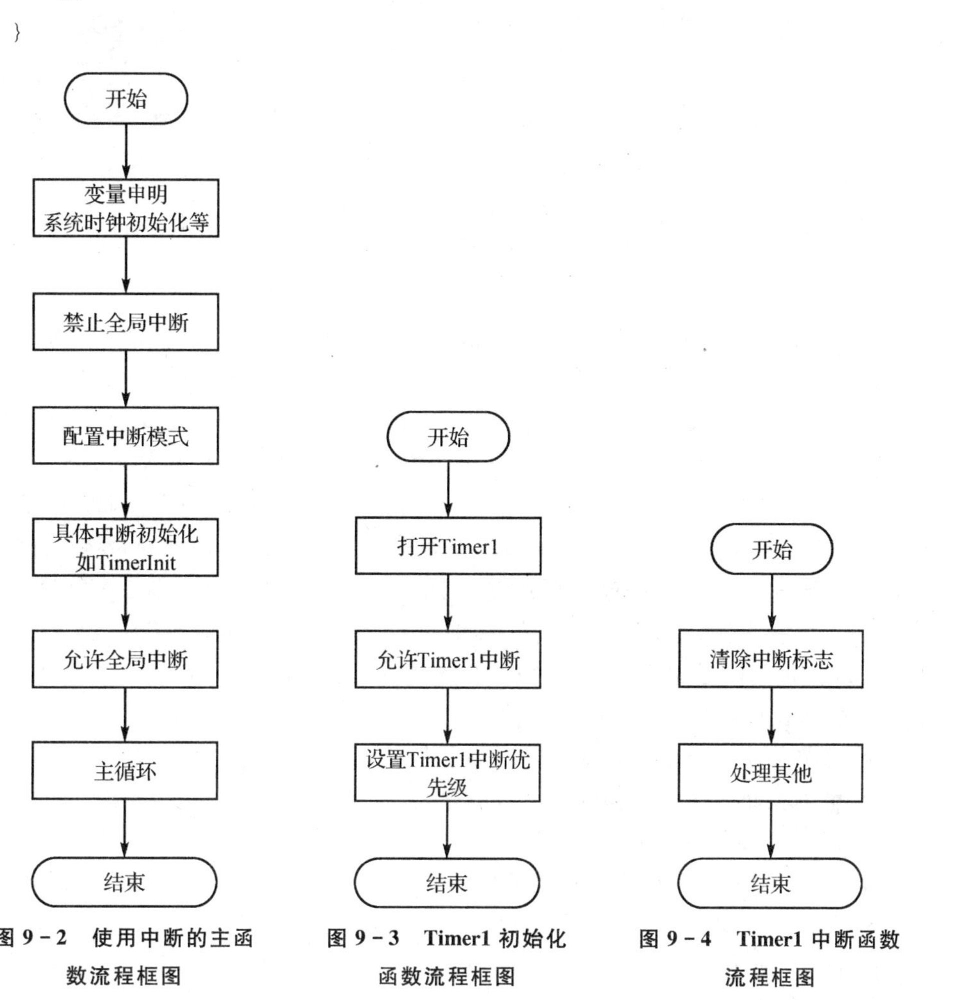

图 9-2　使用中断的主函数流程框图

图 9-3　Timer1 初始化函数流程框图

图 9-4　Timer1 中断函数流程框图

思考题

问 1:是否只要在 IEC 寄存器中使能中断,就可以开始接收中断请求?

答 1:不行,要处理任何中断请求,必须先使能内核的系统中断。然后,在 IEC 寄存器中使能中断,并在 IPS 寄存器中分配不为零优先级后,才会接收到中断请求。

问 2:在中断处理程序中应何时清零中断请求标志位?

答 2:应在处理中断条件之后再清零中断请求标志位。例如,如果发生了 UART 接收中断,处理程序应读取接收缓冲区,然后清除 UART 接收 IRQ。

问 3:在接近定时器倒计数完毕之后,将处理哪一个中断请求?

答 3:当接近定时器达到 0 时,将处理优先级最高的中断请求。

第10章 通用I/O端口与外设引脚选择

通用I/O端口是最简单的外设，使32位单片机能够以开关量监视和控制其他器件，可以输出和输入高低电平的开关量。为了增加器件的灵活性和功能扩展以满足更多的应用需求，又要满足小的封装和降低封装成本，一些引脚需要与其他功能复用。当某个外设正在工作时，其相关的引脚就不能用作通用I/O引脚了。

作为数字I/O，所有端口引脚都有10个与其操作直接相关的寄存器。数据方向寄存器(TRISx)决定引脚是输入引脚还是输出引脚。如果数据方向位为1，则引脚为输入引脚。复位后，所有端口引脚定义为输入引脚。读取锁存器LATx时，读到的是锁存器中的值。写锁存器LATx时，写入的是锁存器LATx。但读取端口PORTx时，读到的是端口引脚的值；而写入端口引脚时，写入的是相关的锁存器。

下面列出了通用I/O端口模块的主要功能：

- 可单独使能输出引脚的漏极开路电路。
- 可单独使能输入引脚的弱上拉电阻和弱下拉电阻。
- 可监视选定输入并在检测到引脚电平变化时产生中断。
- 可在CPU休眠和空闲模式下继续工作。
- 可使用CLR、SET和INV寄存器进行快速的位操作。

图10-1给出了典型复用端口结构的框图。该框图显示了许多可以在I/O引脚上进行复用的外设功能。

通用I/O端口模块包含以下特殊功能寄存器：

- 模块“x”的数据方向寄存器TRISx。
- 模块“x”的端口寄存器PORTx。
- 模块“x”的锁存寄存器LATx。
- 模块“x”的漏极开路控制寄存器ODCx。
- 电平变化中断控制寄存器CNCON。
- 输入电平变化中断使能寄存器CNEN。
- 输入弱上拉电阻使能寄存器CNPUE。

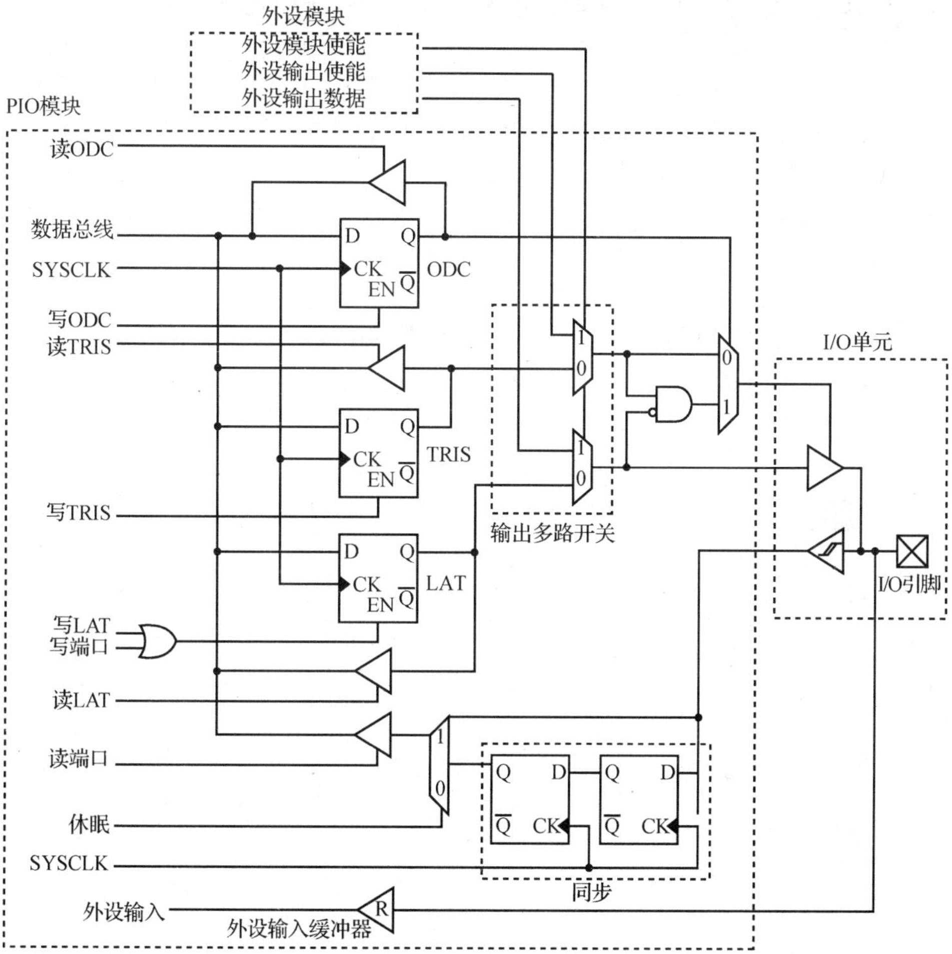

注：R=外设输入缓冲器类型可能不同。
此框图是共用端口/外设结构的一般示意图，只用于说明。任何特定端口/外设组合的实际结构可能与此处给出的结构有所不同。

图 10-1　典型复用端口结构的框图

通用 I/O 端口模块还有以下用于中断控制的相关位：

● INT 寄存器 IEC1：中断使能控制寄存器 1 中的 CN 电平变化中断使能位 CNIE。

● INT 寄存器 IFS1：中断标志寄存器 1 中的 CN 电平变化中断标志位 CNIF。

● INT 寄存器 IPC6：中断优先级控制寄存器 6 中的中断优先级位 CNIP<2：0>。

漏极开路配置：每个端口引脚可单独地配置为数字输出或漏极开路输出。由每个端口相关的漏极开路控制寄存器 ODCx 控制。将其中的任何位置为 1 即可将相关的引脚配置为漏极开路输出。这种漏极开路特性使能外部弱上拉电阻可承受 5 V

电压的引脚上产生高于 VDD 的输出电平。最大漏极开路电压与最大 VIH 规范相同。

配置模拟和 I/O 端口引脚:ANSELx 寄存器控制模拟端口引脚的操作。要设置模拟输入的引脚必须将其对应的 ANSEL 和 TRIS 位置为 1。要将端口引脚用于数字模块(如定时器、UART 等)的 I/O 功能,必须清零对应的 ANSELx 位。ANSELx 寄存器的默认值(复位值)为 0xFFFF,因此,共用模拟功能的所有引脚在默认情况下都是模拟输入引脚。

如果在 ANSELx 位置为 1 时清零 TRIS 位,则会通过一个模拟外设(如 ADC 模块或比较器模块)将数字输出电平转换成模拟值(VOH 或 VOL)。当读取 PORT 寄存器时,所有配置为模拟输入通道的引脚均读为零。配置为数字输入引脚时不会对模拟输入进行转换。任何定义为数字输入引脚(包括 ANx 引脚)上的模拟电压可能导致输入缓冲器消耗的电流超过器件规范限定值。

在改变端口方向或对端口执行写操作与对同一端口执行读操作之间需要间隔一个指令周期。通常此指令是一条 NOP 指令。

输入电平变化中断:通用 I/O 端口的输入电平变化中断功能使能向 CPU 发出中断请求,以响应选定输入引脚的电平变化。禁止时钟时,即使在休眠模式下该特性也可检测到输入电平变化。可以使能每个通用 I/O 引脚,用于在电平变化时发出中断请求。

5 个控制寄存器与每个通用 I/O 端口的 CN 电平变化相关。CNENx 寄存器包含每个输入引脚的 CN 中断使能位。将其中任一位置为 1 将使能相关引脚的 CN 中断。

CNSTATx 寄存器指示自上次读取 PORTx 位以来对应引脚上的电平是否发生了变化。

每个 I/O 引脚都有一个与之相连的弱上拉电阻和弱下拉电阻。在连接按钮或键盘时,不再需要使用外部电阻。弱上拉电阻和弱下拉电阻分别使用 CNPUx 和 CNPDx 寄存器使能,这两个寄存器包括了每个引脚的控制位。将任一位置为 1 可使能其对应引脚的弱上拉电阻或弱下拉电阻。如果端口引脚配置为数字输出引脚,将始终禁止电平变化引脚上的弱上拉电阻和弱下拉电阻。

10.1 通用 I/O 端口控制寄存器

在读/写任意通用 I/O 端口之前,应该先为应用正确配置所需的引脚。每个通用 I/O 端口都有 3 个与端口操作直接相关的寄存器:TRIS、PORT 和 LAT。每个通用 I/O 引脚在这些寄存器中都有对应位,最多会有 7 个通用 I/O 端口可用。

TRIS 寄存器:用于配置 I/O 引脚的数据方向,决定引脚是输入还是输出。TRIS 位置为 1 时,相关的通用 I/O 引脚配置为输入,TRIS 位置为 0 时,相关的通用 I/O

引脚配置为输出。读 TRIS 寄存器时，将会读取最后写入 TRIS 寄存器的值，上电复位之后，所有通用 I/O 引脚都定义为输入。

PORT 寄存器：用于读取 I/O 引脚状态，写 PORT 寄存器时，数据将会写入相关的 LAT 寄存器(PORT 数据锁存器)。那些配置为输出的通用 I/O 引脚就会更新，写 PORT 寄存器实际上等同于写 LAT 寄存器。读 PORT 寄存器得到施加到端口 I/O 引脚的电平信号。

LAT 寄存器：用于保存写入端口 I/O 引脚的数据，写 LAT 寄存器时，会将数据锁存到相关的端口 I/O 引脚，那些配置为输出的通用 I/O 引脚会更新。读 LAT 寄存器时，将会读取 PORT 数据锁存器中保存的数据，而不是读取端口 I/O 引脚的电平信号。

每个 I/O 模块寄存器都有相关的清零 CLR、置位 SET 和取反 INV 寄存器，专为快速位操作而设计。正如寄存器的名称所示，向某个 SET、CLR 或 INV 寄存器写入值会有效地执行操作，但只会修改相关的基址寄存器和指定为 1 的位，不会修改指定为 0 的位。读取 SET、CLR 和 INV 寄存器会返回不确定的值。要查看对某个 SET、CLR 或 INV 寄存器执行写操作后的结果，必须读取基址寄存器。

例如：向 TRISASET 寄存器写入 0x0001，只会将基址寄存器 TRISA 中的第 0 位置为 1，向 PORTDCLR 寄存器写入 0x0020，只会将基址寄存器 PORTD 中的第 5 位清零，向 LATCINV 寄存器写入 0x9000，只会将基址寄存器 LATC 中的第 15 位和第 12 位取反。

SET、CLR 和 INV 寄存器不限于 TRIS、PORT 和 LAT 寄存器。其他通用 I/O 端口模块寄存器 ODC、CNEN 和 CNPUE 也有相关的位操作寄存器。

翻转 I/O 引脚的典型方法是对 PORT 寄存器执行读－修改－写操作。例如，读 PORTx 寄存器、设置屏蔽位并修改所需的输出位，将结果值回写到 PORTx 寄存器中。该方法容易受读－修改－写问题的影响：读取端口值之后，端口值可能会在修改数据回写之前更改，从而更改先前状态。该方法需要的指令数也更多。

更高效的方法是使用 PORTxINV 寄存器。写 PORTxINV 寄存器实际上是对目标基址寄存器执行读－修改－写操作，等效于上面介绍的用户程序操作，但它是在硬件中执行。要使用该方法翻转 I/O 引脚，可以向 PORTxINV 寄存器的相关位中写入 1。该操作会读取 PORTx 寄存器，将指定为 1 的那些位取反，并将结果值写入 LATx 寄存器，从而在单个指令周期中完成翻转相关的 I/O 引脚。

TRISx 中 SET、CLR 和 INV 寄存器的行为如下：

● 向 TRISxSET 寄存器中写入值时，会读取 TRISx 基址寄存器，将指定为 1 的所有位置为 1，并将修改值回写到 TRISx 基址寄存器中。

● 向 TRISxCLR 寄存器中写入值时，会读取 TRISx 基址寄存器，将指定为 1 的所有位清零，并将修改值回写到 TRISx 基址寄存器中。

● 向 TRISxINV 寄存器中写入值时，会读取 TRISx 基址寄存器，将指定为 1 的所有位取反，并将修改值回写到 TRISx 基址寄存器中。

● 不会修改指定为 0 的任何位。

PORTx 中的 SET、CLR 和 INV 寄存器的行为如下：

● 向 PORTxSET 寄存器中写入值时，会读取 PORTx 基址寄存器，将指定为 1 的所有位置为 1，并将修改值回写到 LATx 基址寄存器中。那些配置为输出的通用 I/O 引脚会更新。

● 向 PORTxCLR 寄存器中写入值时，会读取 PORTx 基址寄存器，将指定为 1 的所有位清零，并将修改值回写到 LATx 基址寄存器中。那些配置为输出的通用 I/O 引脚会更新。

● 向 PORTxINV 寄存器中写入值时，会读取 PORTx 基址寄存器，将指定为 1 的所有位取反，并将修改值回写到 LATx 基址寄存器中。那些配置为输出的通用 I/O 引脚会更新。

● 不会修改指定为 0 的任何位。

LATx 中的 SET、CLR 和 INV 寄存器的行为如下：

● 向 LATxSET 寄存器中写入值时，会读取 LATx 基址寄存器，将指定为 1 的所有位置为 1，并将修改值回写到 LATx 基址寄存器中。那些配置为输出的通用 I/O 引脚会更新。

● 向 LATxCLR 寄存器中写入值时，会读取 LATx 基址寄存器，将指定为 1 的所有位清零，并将修改值回写到 LATx 基址寄存器中。那些配置为输出的通用 I/O 引脚会更新。

● 向 LATxINV 寄存器中写入值时，会读取 LATx 基址寄存器，将指定为 1 的所有位取反，并将修改值回写到 LATx 基址寄存器中。那些配置为输出的通用 I/O 引脚会更新。

● 不会修改指定为 0 的任何位。

ODC 寄存器：每个 I/O 引脚都可单独配置为常规数字输出或漏极开路输出，由相关的漏极开路控制寄存器 ODCx 控制。如果 I/O 引脚的 ODC 位为 1，则该引脚为漏极开路输出引脚。如果 I/O 引脚的 ODC 位为 0，则该引脚被配置为常规数字输出引脚，ODC 位仅对输出引脚有效。发生复位后，ODCx 寄存器的所有位均为 0。

漏极开路特性可通过外部弱上拉电阻，在所需的任意引脚（仅用作数字功能）上产生高于 VDD 的输出电压。ODC 寄存器在所有 I/O 模式下均有效，即使有外设正在控制引脚，也可以产生漏极开路输出。虽然用户程序可以通过操作相关的 LAT 和 TRIS 位来达到相同的效果，但该过程禁止外设在漏极开路模式下工作。I2C 引脚的默认操作除外，因为 I2C 引脚已经是漏极开路引脚，所以 ODCx 设置不会影响 I2C 引脚。同样，在 JTAG 扫描单元插入到 ODCx 逻辑电路和 I/O 之间时，ODCx 设置也不会影响 JTAG 输出特性。

电平变化 CN 控制寄存器：有几个 I/O 引脚可单独配置为输入引脚，并且检测到电平变化时会产生中断。有 3 个与电平变化 CN 模块相关的控制寄存器。CNCON 控制寄存器用于使能或禁止 CN 模块。CNEN 寄存器包含使能 CNENx 位，其中"x"表示 CN 输入引脚的编号。CNPUE 寄存器包含 CNPUEx 弱上拉电阻位，每个 CN 引脚都可以连接一个内部弱上拉电阻。弱上拉电阻连接到该引脚的电流源，这时连接键盘时无需外部电阻。

10.2　工作模式

数字输入：可将相关的 TRIS 寄存器位置为 1 来将引脚配置为数字输入。配置为输入时，引脚是施密特触发器。多个数字引脚还可与模拟输入功能复用，且在上电复位时默认为模拟输入。将 AD1PCFG 寄存器中的相关位置为 1 可将该引脚使能为数字引脚。

为了与 10 位模数转换模块复用的引脚用作数字 I/O，AD1PCFG 寄存器中的相关位必须置为 1，即使关闭 A/D 模块时也需要如此。

模拟输入：某些引脚可配置为模拟输入，供 A/D 和比较器模块使用。将 AD1PCFG 寄存器中的相关位置为 0 可将该引脚使能为模拟输入引脚，与相关引脚的 TRIS 寄存器设置无关。

数字输出：可将相关的 TRIS 寄存器位置为 0 来将引脚配置为数字输出。配置为数字输出时，这些引脚为 CMOS 驱动器，也可将 ODC 寄存器中的相关位置为 1 来配置为漏极开路输出。

模拟输出：某些引脚可配置为模拟输出，例如供比较器模块使用的 CVREF 输出电压。如果比较器模块配置为提供输出，就会在该引脚上输出模拟电压，与相关引脚的 TRIS 寄存器设置无关。

漏极开路配置：除 PORT、LAT 和 TRIS 寄存器用于数据控制外，每个被配置为数字输出的引脚也可在驱动输出和漏极开路输出之间进行选择。由每个端口相关的漏极开路控制寄存器 ODCx 控制。从上电复位开始，当某个 I/O 引脚配置为数字输出时，其输出默认为驱动输出。将 ODCx 寄存器中的某位置为 1 时，相关引脚配置为漏极开路输出。

外设复用：许多引脚还支持一个或多个外设模块。当配置为外设操作时，引脚可能不能用作通用输入或输出。在许多情况下，虽然一些外设会改写 TRIS 配置，引脚仍必须配置为输入或输出。引脚输出可以通过 TRISx 寄存器位进行控制，或者在某些情况下，通过外设本身进行控制。

复用数字输入外设的特性：外设不控制 TRISx 寄存器。一些外设要求引脚配置为输入，配置方法是将相关的 TRISx 位置为 1；外设输入路径与 I/O 输入路径无关，并使用依赖于外设的输入缓冲器；PORTx 寄存器数据输入路径不受影响，并且能够读取引脚的电平值。

复用数字输出外设的特性：外设控制输出数据，一些外设要求引脚配置为输出，配置方法是将相关的TRISx位置为0；如果外设引脚有自动三态功能(例如PWM输出)，则外设可以将引脚置为三态；引脚输出驱动器类型会受外设影响(例如驱动能力和转换率等)；PORTx寄存器输出数据不起任何作用。

复用数字双向外设的特性：外设可以自动将引脚配置为输出，但不能配置为输入。一些外设要求引脚配置为输入，配置方法是将相关的TRISx位置为1；外设控制输出数据；引脚输出驱动器类型会受外设影响；PORTx寄存器数据路径不受影响，并且能够读取引脚的电平值；PORTx寄存器输出数据不起任何作用。

复用模拟输入外设的特性：所有数字端口输入缓冲器都禁止，PORTx寄存器读为0，以防止瞬态开路电流。

复用模拟输出外设的特性：所有数字端口输入缓冲器都禁止，PORTx寄存器读为0，以防止瞬态开路电流；不论相关的TRISx设置如何，模拟输出均由引脚驱动。

为了将与A/D模块复用的引脚用作数字I/O，AD1PCFG寄存器中的相关位必须置为1，即使关闭A/D模块时也需如此。

输入引脚控制：分配给I/O引脚的一些功能可能是那些不控制引脚输出驱动器的输入功能。这类外设的一个示例就是输入捕捉模块。如果使用相关的TRIS位将与输入捕捉相关的I/O引脚配置为输出引脚，则用户程序可以通过其相关的LAT寄存器手动影响输入捕捉引脚的状态。这种做法在有些情况下很有用，尤其适用于在没有外部信号连接到输入引脚时进行测试。

一般来说，以下外设通过LAT寄存器控制其输入引脚：

- 外部中断引脚。
- 定时器时钟输入引脚。
- 输入捕捉引脚。
- PWM故障引脚。

大多数串行通信外设在使能时将完全控制I/O引脚，因此不能通过相关的PORT寄存器影响与该外设相关的输入引脚。这些外设包括：SPI、I2C、DCI、UART、ECAN、QEI。有一些外设可能在部分器件型号上并不提供。

边界扫描单元的连接：PIC32MX系列器件支持JTAG边界扫描。边界扫描单元(BoundaryScanCell，BSC)位于内部I/O逻辑电路和I/O引脚之间。对于正常的I/O操作，将禁止BSC功能，也即旁路BSC功能。电源引脚(VDD、VSS和VCAP / VDDCORE)和JTAG引脚(TCK、TDI、TDO和TMS)不具有BSC。

电平变化引脚：电平变化CN引脚使能向CPU发出中断请求，以响应选定输入引脚上的状态变化(相关的TRISx位必须为1)。可以使能最多22个输入引脚产生CN中断。

将使能引脚的值与指定PORT寄存器在上一次读操作期间采样的值进行比较。如果引脚值不同于上一次读取的值，则会产生不匹配条件。不匹配条件会在任意已使能的输入引脚上发生。对这些不匹配条件进行逻辑或运算，从而提供单个电平变化中断信号。对于使能的引脚，将在每个内部系统时钟(SYSCLK)进行采样。

每个CN引脚都有一个与之相连的弱上拉电阻，弱上拉电阻连接到该引脚的电流源。可使用包含每个CN引脚位的CNPUE寄存器分别使能各个弱上拉电阻，将其任一位置为1可使能相关引脚的弱上拉功能。只要端口引脚被配置为数字输出，应始终禁止CN引脚的弱上拉电阻。

电平变化CN配置和操作如下：

(1)禁止CPU中断。

(2)将所需的CN引脚置为输入，方法是将相关的TRISx寄存器位置为1。如果I/O引脚与某个模拟外设共用，则可能需要将相关的AD1PCFG寄存器位置为1，以确保I/O引脚为数字输入。

(3)将ON位CNCON<15>置为1，使能CN模块。

(4)使能各个CN输入引脚，使能可选弱上拉。

(5)读取相关的PORT寄存器，以清除CN输入引脚上的不匹配条件。

(6)配置CN中断优先级CNIP<2:0>和子优先级CNIS<1:0>。

(7)清零CN中断标志位CNIF。

(8)将CNIE位置为1，使能CN中断。

(9)使能CPU中断。

当电平变化CN中断发生时，用户程序应读取与该CN引脚相关的PORT寄存器。这样做将清除不匹配条件，并设置CN逻辑电路以检测下一次引脚电平变化。可以将当前的端口值与上一次CN中断时或初始化期间得到的端口读取值比较，来确定发生了电平变化的引脚。

10.3 中 断

中断配置：CN模块有专用的中断标志位CNIF和相关的中断使能位CNIE。这些位决定中断和使能各个中断。在相关的CNIF置为1时，CNIE位用于定义中断控制器的行为。当CNIE位清零时，中断控制器模块不会为事件产生CPU中断。如果CNIE位置为1，则中断控制器模块会在相关的CNIF位置为1时向CPU产生中断。中断服务程序需要在程序完成之前清零相关的中断标志位。

CN模块的优先级可以使用CNIP<2：0>位设置。子优先级CNIS<1：0>值的范围为3～0。

产生使能的中断之后，CPU会跳转到为该中断分配的向量处。CPU会在向量地址处开始执行代码。该向量地址处的用户程序应执行特定的操作、清零CNIF中断标志位，然后退出。

10.4　节能和调试模式下的操作

休眠模式下的通用I/O端口操作：在器件进入休眠模式时，会禁止系统时钟；但是，CN模块会继续工作。如果使能的CN引脚之一改变了状态，则CNIF状态位IFS1＜0＞将置为1。如果CNIE位IEC1＜0＞置为1，并且它的优先级大于当前CPU优先级，则器件会从休眠或空闲模式唤醒，并执行CN中断服务程序。如果为CN中断分配的优先级小于等于当前CPU优先级，则不会唤醒CPU，器件将进入空闲模式。

空闲模式下的通用I/O端口操作：当器件进入空闲模式时，系统时钟继续保持工作。SIDL位CNCON＜13＞用于选择在空闲模式下模块是停止还是继续工作。如果SIDL位为1，则在空闲模式下，模块会继续对输入CNI/O引脚进行采样，但会禁止同步。如果SIDL位为0，则在空闲模式下，模块会继续进行同步和对输入CNI/O引脚进行采样。

复位的影响：在发生器件复位、上电复位时，所有TRIS、LAT、PORT、ODC、CNEN、CNPUE和CNCON寄存器会强制设为复位状态。在发生看门狗复位时，所有TRIS、LAT、PORT、ODC、CNEN、CNPUE和CNCON寄存器不变。

10.5　外设引脚选择

通用器件的一个主要挑战是提供尽可能多的外设功能并同时最大限度地减小I/O引脚数量的冲突。少引脚数器件上这种挑战更加巨大。在需要为单个引脚分配多个外设的应用中，对用户程序进行繁琐的更改或完全重新设计可能是唯一选择。

外设引脚选择配置提供了这些选择的替代方法，使得用户程序可以在较多的I/O引脚范围内选择和配置外设功能部件。通过增加特定器件上的引脚配置选项，使器件更好地适应广泛的应用需要。

外设引脚选择配置功能对固定的一部分数字I/O引脚进行操作。用户程序可以将大多数数字外设的输入或输出独立地映射到这些I/O引脚中的任何一个。外设引脚选择通过用户程序来执行，通常不需要对器件进行再编程。一旦建立外设引脚选择，就同时包含了硬件保护，以防止对外设映射的意外误修改。

外设引脚选择功能可在最多16个引脚的范围内使用。可用引脚的数量取决于器件型号和引脚数量。支持外设引脚选择功能的引脚在它们的引脚全称中包含名称“RPn”，其中“RP”表示可重映射的外设，“n”是可重映射的引脚编号。

外设引脚选择管理的外设都是仅数字功能的外设。这些外设包括一般串行通信（如UART和SPI）、通用定时器时钟输入、与定时器相关的外设（输入捕捉和输出比较）以及电平变化中断输入等。

一些仅数字功能的外设模块不能使用外设引脚选择功能。这是因为外设功能需要特定端口上的特殊 I/O 电路，且不能很容易地连接到多个引脚。这些模块包括 I2C 等。类似的要求排除了所有带模拟输入的模块，例如 ADC。

可重映射和不可重映射外设之间的主要差异在于可重映射外设与默认的 I/O 引脚无关，必须始终在使用外设前将其分配给特定的 I/O 引脚。相反，不可重映射外设始终在默认引脚上可用，假设该外设有效且与其他外设没有冲突。

当给定 I/O 引脚上的可重映射外设有效时，它的优先级高于所有其他数字 I/O 和与该引脚相关的数字通信外设。优先级与被映射外设的类型无关。可重映射外设的优先级永远不会高于与该引脚相关的任何模拟功能。

控制外设引脚选择：外设引脚选择功能由两组特殊功能寄存器 SFR 控制：一组用于映射外设输入，另一组用于映射外设输出。由于输入和输出是单独控制的，所以可以不受限制地将特定外设的输入和输出配置在任何可选择的功能引脚上。外设与外设可选择引脚之间的关系用两种不同的方式进行处理，取决于被映射的是输入还是输出。

输入映射：外设引脚选择选项的输入在外设基础上进行映射，如图 10－2 所示 U1RX 的可重映射输入。即与外设相关的控制寄存器指示要被映射的引脚。RPINRx 寄存器用于配置外设输入映射。每个寄存器包含 5 位字段组，每组都与可重映射外设之一相关。用适当的 5 位值编程给定外设的字段，会将相关的 RPn 引脚映射到该外设上。对于任何给定的器件，任何字段的值的有效范围与器件所支持的外设引脚选择的最大数目相对应，见表 10－1。

表 10－1　输入引脚选择表

外设引脚	[引脚名称]R SFR	[引脚名称]R 位	[引脚名称]R 值与 RPn 引脚选择
INT4	INT4R	INT4R<3:0>	0000＝RRA0 0001＝RPB3 0010＝RPB4 0011＝RPB15 0100＝RPB7 0101＝RPC7 0110＝RPC0 0111＝RPC5 1000＝保留 ⋮ 1111＝保留
T2CK	T2CKR	T2CKR<3:0>	
IC4	IC4R	IC4R<3:0>	
$\overline{SS1}$	SS1R	SS1R<3:0>	
REFCLK1	REFCLKIR	REFCLKIR<3:0>	

续表 10-1

<table>
<tr><th>外设引脚</th><th>[引脚名称]R SFR</th><th>[引脚名称]R 位</th><th>[引脚名称]R 值
与 RPn 引脚选择</th></tr>
<tr><td>INT3</td><td>INT3R</td><td>INT3R<3:0></td><td rowspan="6">0000=RPA1
0001=RPB5
0010=RPB1
0011=RPB11
0100=RPB8
0101=RPA8
0110=RPC8
0111=RPA9
1000=保留
⋮
1111=保留</td></tr>
<tr><td>T3CK</td><td>T3CKR</td><td>T3CKR<3:0></td></tr>
<tr><td>IC3</td><td>IC3R</td><td>IC3R<3:0></td></tr>
<tr><td>$\overline{U1CTS}$</td><td>U1CTSR</td><td>U1CTSR<3:0></td></tr>
<tr><td>U2RX</td><td>U2RXR</td><td>U2RXR<3:0></td></tr>
<tr><td>SDI1</td><td>SDI1R</td><td>SDI1R<3:0></td></tr>
<tr><td>INT2</td><td>INT2R</td><td>INT2R<3:0></td><td rowspan="8">0000=RPA2
0001=RPB6
0010=RPA4
0011=RPB13
0100=RPB2
0101=RPC6
0110=RPC1
0111=RPC3
1000=保留
⋮
1111=保留</td></tr>
<tr><td>T4CK</td><td>T4CKR</td><td>T4CKR<3:0></td></tr>
<tr><td>IC1</td><td>IC1R</td><td>IC1R<3:0></td></tr>
<tr><td>IC5</td><td>IC5R</td><td>IC5R<3:0></td></tr>
<tr><td>U1RX</td><td>U1RXR</td><td>U1RXR<3:0></td></tr>
<tr><td>$\overline{U2CTS}$</td><td>U2CTSR</td><td>U2CTSR<3:0></td></tr>
<tr><td>SDI2</td><td>SDI2R</td><td>SDI2R<3:0></td></tr>
<tr><td>OCFB</td><td>OCFBR</td><td>OCFBR<3:0></td></tr>
<tr><td>INT1</td><td>INT1R</td><td>INT1R<3:0></td><td rowspan="5">0000=RPA3
0001=RPB14
0010=RPB0
0011=RPB10
0100=RPB9
0101=RPC9
0110=RPC2
0111=RPC4
1000=保留
⋮
1111=保留</td></tr>
<tr><td>T5CK</td><td>T5CKR</td><td>T5CKR<3:0></td></tr>
<tr><td>IC2</td><td>IC2R</td><td>IC2R<3:0></td></tr>
<tr><td>$\overline{SS2}$</td><td>SS2R</td><td>SS2R<3:0></td></tr>
<tr><td>OCRA</td><td>OCFAR</td><td>OCFAR<3:0></td></tr>
</table>

输出映射：与输入相比，外设引脚选择选项的输出在引脚基础上进行映射。在这种情况下，与特定引脚相关的控制寄存器指示要被映射的外设输出。RPORx 寄存

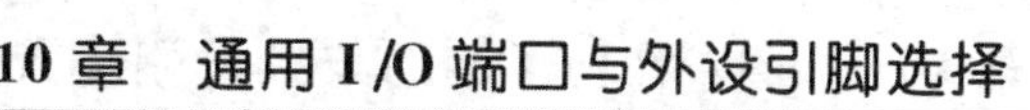

器用于控制输出映射。像 RPINRx 寄存器一样，每个寄存器包含 5 位字段组，每组都与一个 RPn 引脚相关，见图 10－3RPn 的可重映射输出的复用。字段的值与外设之一相对应，并且该外设的输出被映射到引脚，见表 10－2。

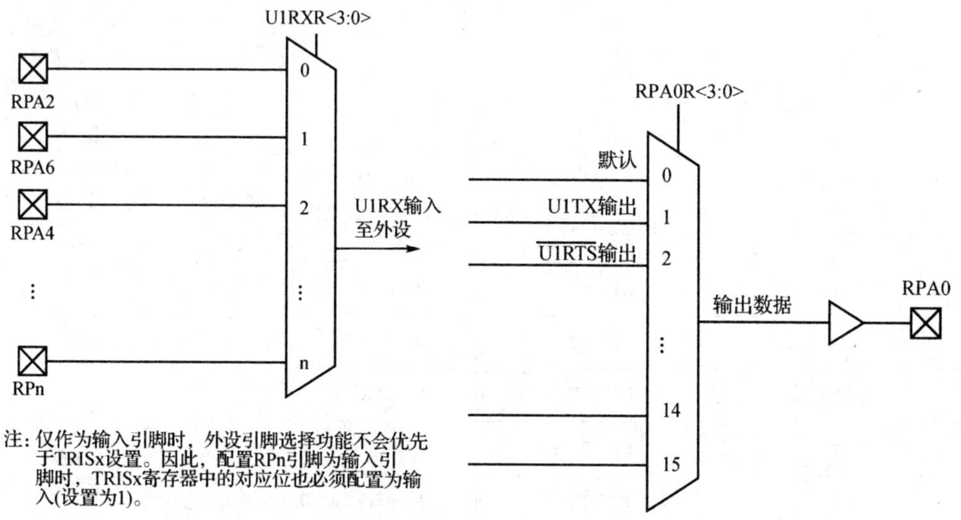

图 10－2　U1RX 的可重映射输入

图 10－3　RPn 的可重映射输出的复用

表 10－2　可重映射的输出引脚选择表

RPn 端口引脚	RPnR SFR	RPnR 位	RPnR 值与外设选择
RPA0	RPA0R	RPA0R＜3：0＞	0000＝无连接 0001＝U1TX 0010＝$\overline{\text{U2RTS}}$ 0011＝SS1 0100＝保留 0101＝OC1 0110＝保留 0111＝C2OUT 1000＝保留 ⋮ 1111＝保留
RPB3	RPB3R	RPB3R＜3：0＞	
RPB4	RPB4R	RPB4R＜3：0＞	
RPB15	RPB15R	RPB15R＜3：0＞	
RPB7	RPC7R	RPB7R＜3：0＞	
RPC7	RPC7R	RPC7R＜3：0＞	
RPC0	RPC0R	RPC0R＜3：0＞	
RPC5	RPC5R	RPC5R＜3：0＞	

续表 10－2

<table>
<tr><th>RPn 端口引脚</th><th>RPnR SFR</th><th>RPnR 位</th><th>RPnR 值与外设选择</th></tr>
<tr><td>RPA1</td><td>RPA1R</td><td>RPA1R＜3：0＞</td><td rowspan="8">0000＝无连接
0001＝保留
0010＝保留
0011＝SDO1
0100＝SDO2
0101＝OC2
0110＝保留
⋮
1111＝保留</td></tr>
<tr><td>RPB5</td><td>RPB5R</td><td>RPB5R＜3：0＞</td></tr>
<tr><td>RPB1</td><td>RPB1R</td><td>RPB1R＜3：0＞</td></tr>
<tr><td>RPB11</td><td>RPB11R</td><td>RPB11R＜3：0＞</td></tr>
<tr><td>RPB8</td><td>RPB8R</td><td>PRB8R＜3：0＞</td></tr>
<tr><td>RPA8</td><td>RPA8R</td><td>RPA8R＜3：0＞</td></tr>
<tr><td>RPC8</td><td>RPC8R</td><td>RPC8R＜3：0＞</td></tr>
<tr><td>RPA9</td><td>RPA9R</td><td>RPA9R＜3：0＞</td></tr>
<tr><td>RPA2</td><td>RPA2R</td><td>RPA2R＜3：0＞</td><td rowspan="8">0000＝无连接
0001＝保留
0010＝保留
0011＝SDO1
0100＝SDO2
0101＝OC4
0110＝OC5
0111＝REFCLKO
1000＝保留
⋮
1111＝保留</td></tr>
<tr><td>RPB6</td><td>RPB6R</td><td>RPB6R＜3：0＞</td></tr>
<tr><td>RPA4</td><td>RPA4R</td><td>RPA4R＜3：0＞</td></tr>
<tr><td>RPB13</td><td>RPB13R</td><td>RPB13R＜3：0＞</td></tr>
<tr><td>RPB2</td><td>RPB2R</td><td>RPB2R＜3：0＞</td></tr>
<tr><td>RPC6</td><td>RPC6R</td><td>RPC6R＜3：0＞</td></tr>
<tr><td>RPC1</td><td>RPC1R</td><td>RPC1R＜3：0＞</td></tr>
<tr><td>RPC3</td><td>RPC3R</td><td>RPC3R＜3：0＞</td></tr>
<tr><td>RPA3</td><td>RPA3R</td><td>RPA3R＜3：0＞</td><td rowspan="8">0000＝无连接
0001＝$\overline{\text{U1RTS}}$
0010＝U2TX
0011＝保留
0100＝$\overline{\text{SS2}}$
0101＝OC3
0110＝保留
0111＝C1OUT
1000＝保留
⋮
1111＝保留</td></tr>
<tr><td>RPB14</td><td>RPB14R</td><td>RPB14R＜3：0＞</td></tr>
<tr><td>RPB0</td><td>RPB0R</td><td>RPB0R＜3：0＞</td></tr>
<tr><td>RPB10</td><td>RPB10R</td><td>RPB10R＜3：0＞</td></tr>
<tr><td>RPB9</td><td>RPB9R</td><td>RPB9R＜3：0＞</td></tr>
<tr><td>RPC9</td><td>RPC9R</td><td>RPC9R＜3：0＞</td></tr>
<tr><td>RPC2</td><td>RPC2R</td><td>RPC2R＜3：0＞</td></tr>
<tr><td>RPC4</td><td>RPC4R</td><td>RPC4R＜3：0＞</td></tr>
</table>

空输出与输出寄存器的复位值为 0 相关。这样做可确保在默认情况下，可重映射输出保持与所有输出引脚之间为断开状态。

映射限制：外设选择引脚的控制机制不局限于固定外设配置的小范围内。在任何外设映射特殊功能寄存器 SFR 之间没有互锁或硬件强制的锁定。也就是说，任何或所有 RPn 引脚上的外设映射的任何组合都是可能的。这包括外设输入和输出到引脚的多对一或一对多映射。从配置观点来看，这种映射在技术上是可能的，但从电气观点来看可能不支持。

控制寄存器锁定：在正常工作时，禁止写入 RPINRx 和 RPORx 寄存器。尝试写入操作看似正常执行，但实际上寄存器的内容保持不变。要更改这些寄存器，必须用硬件进行解锁。寄存器锁定由 IOLOCK 位控制。将 IOLOCK 置为 1 可防止对控制寄存器的误写操作；将 IOLOCK 清零则使能写操作。

要置为 1 或清零 IOLOCK，必须执行一个解锁序列：

(1)将 0x46 写入 OSCCON<7：0>；

(2)将 0x57 写入 OSCCON<7：0>；

(3)执行对 IOLOCK 清零(或置为 1)的单次操作。

IOLOCK 会保持一种状态直到被更改。这使能对所有外设引脚选择进行配置：在对所有控制寄存器的更新后紧跟一个解锁序列，然后用第二个锁定序列将 IOLOCK 置为 1。

配置位引脚选择锁定：作为又一层保护，可以将器件配置为防止对 RPINRx 和 RPORx 寄存器进行多次写。IOL1WAY 配置位 DEVCFG3<29>会阻止 IOLOCK 位在置为 1 后再清零。若 IOLOCK 保持为 1 状态，寄存器解锁过程将不会执行，且不能写入外设引脚选择控制寄存器。清零该位并重新使能外设重映射的唯一方法是执行器件复位。

在默认(未编程)状态下，IOL1WAY 位为 1，将用户程序限制为只能进行一次写操作。对 IOL1WAY 编程(通过对解锁序列的正确使用)用户程序对外设引脚选择寄存器的访问不受限制。

连续状态监视：除了防止直接写操作，RPINRx 和 RPORx 寄存器的内容一直由影子寄存器通过硬件进行监视。如果任何寄存器发生了意外更改(例如 ESD 或其他外部事件引起的干扰)，将会触发配置不匹配复位。

外设引脚选择的注意事项：在应用设计中使用控制外设引脚选择功能有一些可能被大多数用户程序忽略的注意事项。对于几个只能作为可重映射外设的常见外设尤其重要。

主要的注意事项是在器件的默认(复位)状态下，外设引脚选择在默认引脚上不可用。特别是，由于所有 RPINRx 寄存器复位为全 1，所有 RPORx 寄存器复位为全 0，这意味着所有外设引脚选择输入连接到 VSS，而所有外设引脚选择输出处于断开状态。这种情况要求用户程序在执行任何其他用户程序代码前，必须适当的外设选择配置来初始化器件。由于复位时 IOLOCK 位处于解锁状态，因此在器件复位结束后不必执行解锁序列。然而，基于应用安全考虑，在写入控制寄存器后最好将

IOLOCK 置为 1 并锁定配置。

由于解锁序列对时序的要求很严格，它必须作为汇编语言程序以与更改振荡器配置相同的方式执行。如果用户程序是 C 语言或其他高级语言，则解锁序列应通过写行内汇编代码来执行。

选择配置需要查看所有外设引脚选择及其引脚分配，尤其是那些不会在应用中使用的外设。在所有情况下，必须完全禁止未用的引脚可选择外设。未用的外设应将它们的输入分配给未用的 RPn 引脚功能。带有未用 RPn 功能的 I/O 引脚应被配置为空外设输出。

外设到特定引脚的分配不会自动执行引脚的任何其他配置。理论上，这意味着将引脚可选择输出加到引脚，当驱动输出时，引脚可能会意外驱动现有的外设输入。用户程序必须熟悉共用同一个可重映射引脚的其他外设的行为，了解何时使能或禁止它们。为安全起见，共用同一个引脚的外设在不使用时应禁止。

根据这些概念，配置特定外设的可重映射引脚不会自动开启该外设功能。必须将外设特别配置为工作并使能，与连接到固定引脚一样。这部分在用户程序中的位置应紧跟器件复位和外设配置，或在主用户程序内，取决于外设在应用中的使用。

外设引脚选择功能既不会改写模拟输入，也不会将带模拟功能的引脚重新配置为数字 I/O。如果器件复位时引脚配置为模拟输入，则使用外设引脚选择时必须明确将其重新配置为数字 I/O。

10.6　开关量输入按键例程

本节描述了在微芯 PIC32MX220F032B 型芯片上的数字 I/O 输入示例。通过按键连接 I/O 输入，用 SPI 主控输出 8 段数码管(LED)显示 3 个按键计数值，同时用一个 LED 显示秒定时计数。输入引脚硬件配置表如表 10－3 所列。

适用范围：本节所描述的代码适用于 PIC32MX220F032B 型芯片(28 引脚 SOIC 封装)，对于其他型号或封装的芯片，未经测试。

表 10－3　输入引脚硬件配置表

序号	功能描述	引脚号	端口复用选择指定功能	说明
1	SCK2	26	由 SPI 模块自动选择(SCK2 只能选这个引脚)	SPI 数据时钟
2	SDO2	17	PPSOutput(2, RPB8, SDO2)	SPI 数据输出
3	SLCK	18	PORTSetPinsDigitalOut(IOPORT_B, BIT_9)	外部移位寄存器数据锁存
4	RA0	2	ANSELAbits. ANSA0 = 0	PORTA. 0，按键 K1
5	RA1	7	ANSELBbits. ANSB3 = 0	PORTB. 3，按键 K4

开关量输入按键电路电位变化中断编程，在硬件系统中，通过按键开通或闭合来产生高或低电平，从而实现控制信号的键入。采用 4.7 kΩ 的电阻与 SW-PB 限位开关串联的方案设计按键模块，当某按键断开的时候，其相应的输出信号(S1、S2 和 S3)呈现出高电压；当按键闭合时，输出信号则呈现出低电压。其输出信号直接与 PIC32MX 输入输出端口相连，提供相应的控制信息。

图 10-4 为按键输入电路。

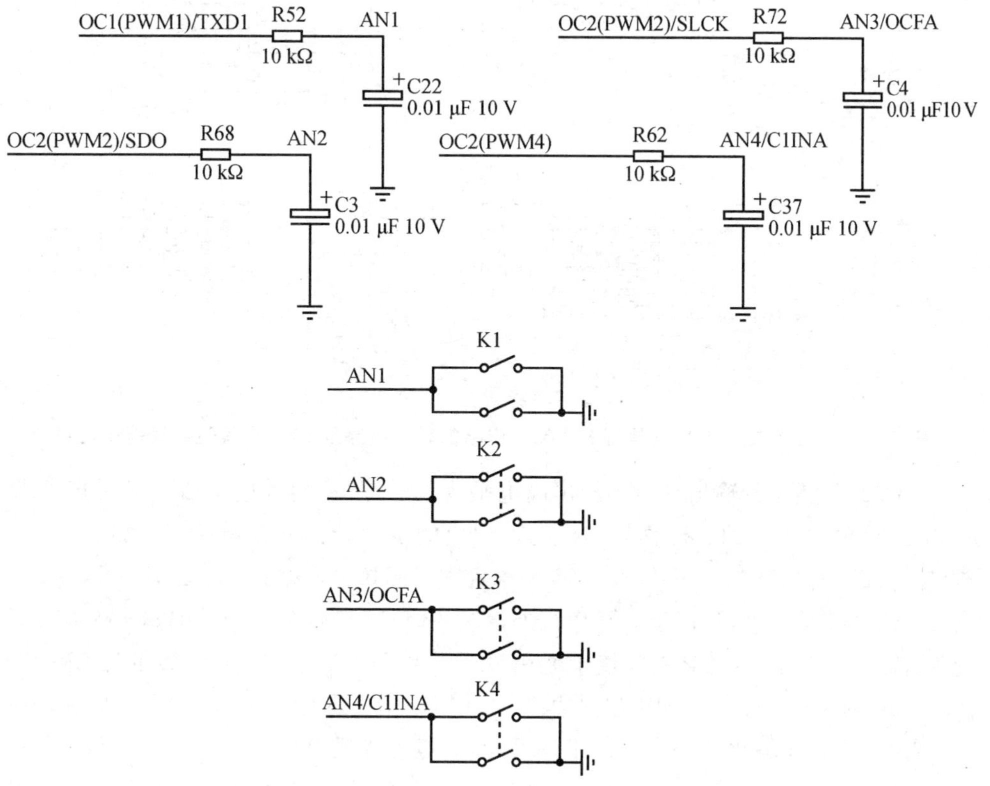

图 10-4　按键输入电路

七段数码管显示模块如图 10-5 所示，采用 PIC32MX 的 SPI 口传送数据，并通过 74HC595 芯片驱动七段数码管进行显示。

74HC595 内部有 8 位移位寄存器和一个存储器，具有高阻关断状态及三态输出状态，8 位串行输入与 8 位并行输出的特性。移位寄存器和存储寄存器具有独立的时钟信号，数据在移位寄存器时钟信号 SHCP 的上升沿输入，在存储寄存器时钟信号 STCP 的上升沿进入到存储寄存器中去，如果两个时钟连在一起，则移位寄存器总是比存储寄存器早一个脉冲。移位寄存器有一个串行移位输入 DS、一个串行输出 Q7′和一个异步的低电平复位 MR，存储寄存器有一个并行 8 位具备三态的输出端 Q0～Q7，当使能 QE 为低电平时，存储寄存器的数据输出到输出端上，输出端的驱动电流较强能够驱动LED大于10 mA以上，需要的单片机接口引脚较少，可以扩展较多个数的LED七段数码管，为静态驱动LED模式，LED的亮度不受扩展数目的影响，是一种较好的LED七段数码管显示驱动方法，如图10-5所示。

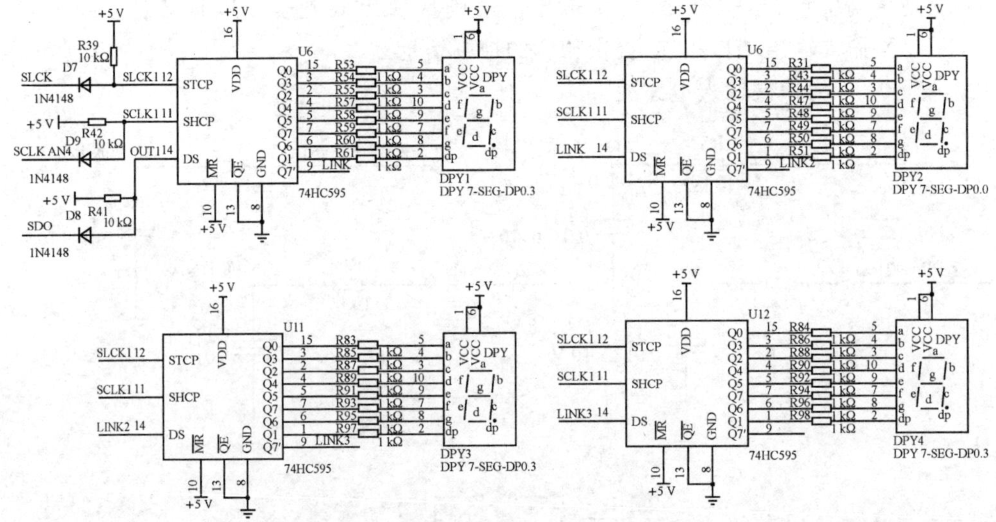

图10-5 3.3 V输出电平转换到5 V输入电平的转换电路及LED七段数码管驱动电路

PIC32MX输入/输出端口的输出高电平为3.3 V，不能直接驱动5 V供电的芯片74HC595，采用了的二极管与上拉电阻构成的电平转换匹配电路，电路简单可靠成本低。PIC32MX的SPI口通过匹配电路与74HC595相连，见图10-5，其中，74HC595的SHCP引脚接于SPI串行外设模块时钟引脚，图10-5中标示为SCLK_AN4，74HC595的STCP引脚接于通用输入输出引脚，图10-5中标示为SLCK，74HC595的DS引脚接于SPI数据输出，图10-5中标示为SDO。当SDO脚接收到PIC32MX的SPI输出的一个低电平信号时，二极管导通，此时OUT1为一个低电平信号；当SDO脚接收到一个高电平信号时，二极管的OUT1端经过上拉电阻连接到5 V，以输出高于4 V以上的高电平信号，从而实现电平转换的匹配功能。

当需要使用多个七段数码管显示时，可进行如下处理：MR引脚接高电平，禁止74HC595复位；QE引脚接地，使得存储寄存器的数据能直接输出到输出端；各个74HC595共用SHCP与STCP时钟信号，前一级74HC595的Q7′依次接到下一级74HC595的DS，数据从第一级的DS输入，从本级的Q7′输出到下一级的DS，依次类推，从最后一级的Q7′输出，最后一级的Q7′输出可以不用接任何器件。当数据全部移入所有74HC595的移位寄存器时，所有74HC595的移位寄存器都已经更新后，利用SLCK信号将数据全部移入锁存到存储寄存器，从而实现LED显示信号的锁存与显示。

七段数码管与74HC595之间通过1 kΩ电阻连接，该电阻起限流作用，使得数码管流过的电流在 5～10 mA 以内，LED 亮度随电流大小和 LED 是否为高亮型而改变。

1. 主函数例程(程序流程框图如图 10－6 所示)

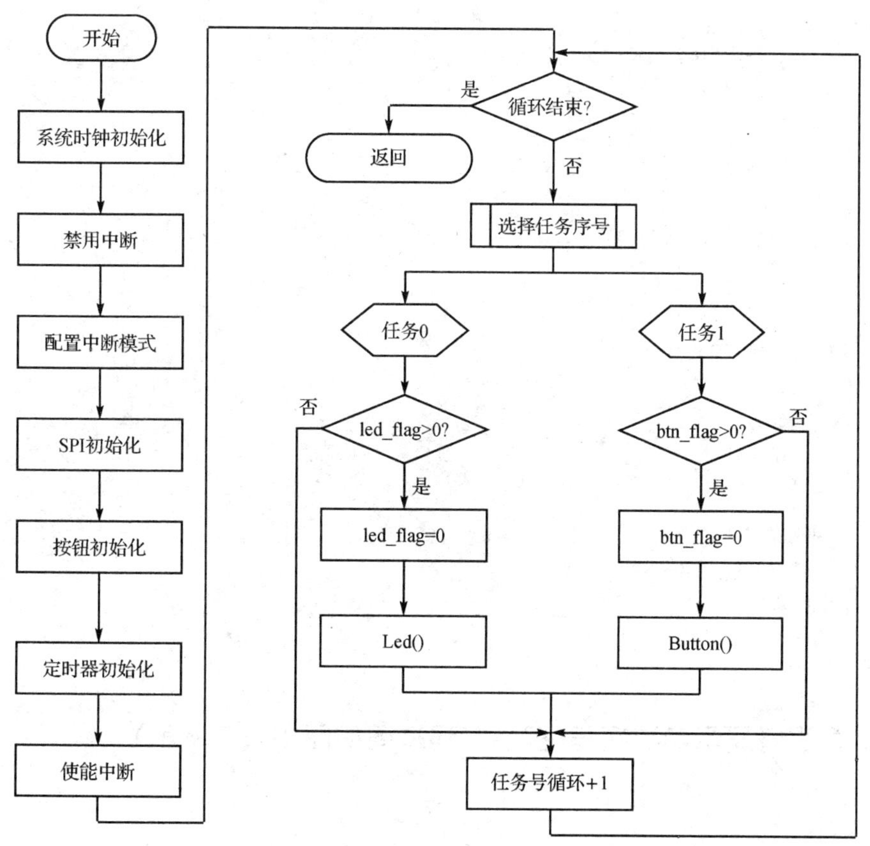

图 10－6　主函数流程框图

```
int main(void)
{
    int task = 0;
  SYSTEMConfig(SYS_FREQ, SYS_CFG_WAIT_STATES | SYS_CFG_PCACHE);
  INTDisableInterrupts();
  INTConfigureSystem(INT_SYSTEM_CONFIG_MULT_VECTOR);
    SpiInitDevice();
    BtnInit();
  Timer1Init();
  INTEnableInterrupts();
  while(1)
  {
```

```
        switch(task)
        {
          case 0:
            if(led_flag > 0)
            {
              led_flag = 0;
              Led();
            }
            break;
          case 1:
            if(btn_flag > 0)
            {
              btn_flag = 0;
              Button();
            }
          default:
            break;
        }
        task + + ;
        if(task > 1) task = 0;
      }
    return 1;
}
```

2. 数码管显示函数例程(程序流程框图如图 10－7 所示)

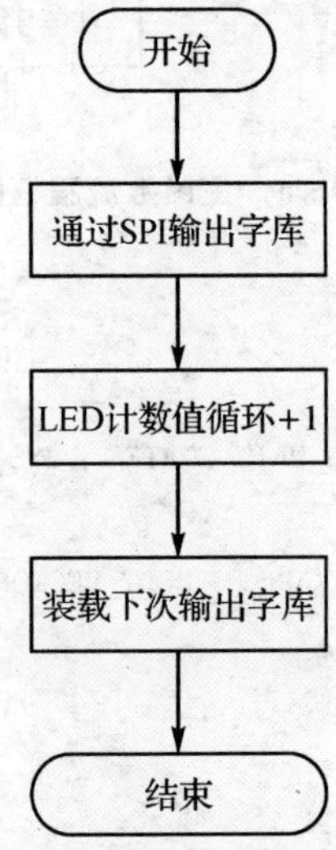

图 10－7　数码管显示函数流程框图

```
void Led()
{
  static unsigned char ledBuff[4] = {0x00, 0x00, 0x00, 0x00};
  static int led = 0,ledt = 0;
  int i;
  SpiDoBurst(ledBuff, 4);
  ledt + +;
  if(ledt > 9)
  {
    ledt = 0;
    led + +;
    if (led > 9) led = 0;
  }
  for (i = 0; i < 3; i + +)
    ledBuff[i] = Led_lib[BtnCnt[i]];
    ledBuff[3] = Led_lib[led];
}
```

3. 按键扫描函数例程(程序流程框图如图 10-8 所示)

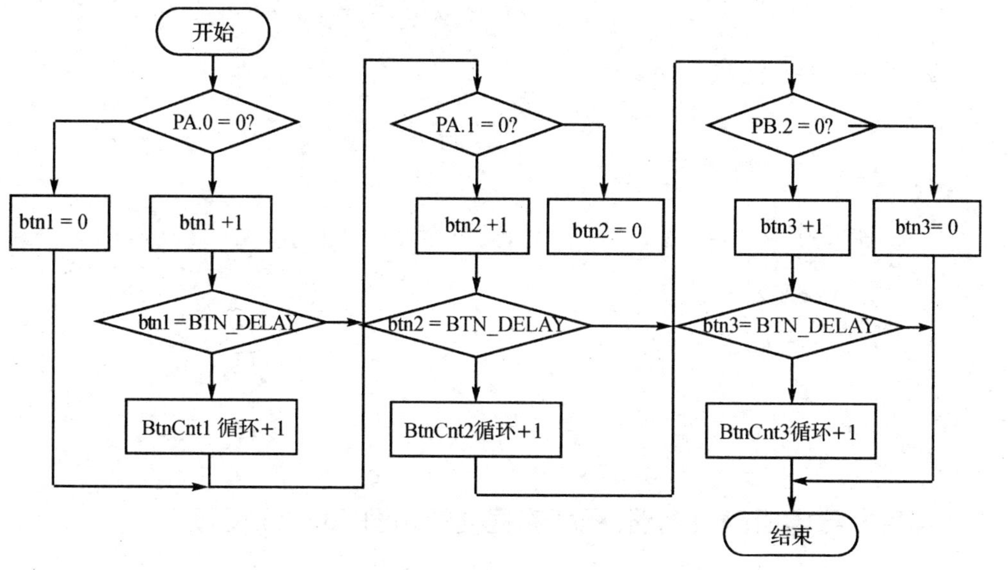

图 10-8　按键扫描函数流程框图

```
void Button(void)
{
  static int btn1 = 0,btn2 = 0,btn3 = 0;
  if (PORTAbits.RA0 = = 0)
  {
    btn1 + +;
    if(btn1 = = BTN_DELAY)
```

```
      {
        BtnCnt[0] + + ;
        if (BtnCnt[0] > 9)
          BtnCnt[0] = 0;
      }
    }
    else
      btn1 = 0;
    if (PORTBbits.RB3 = = 0)
    {
      btn2 + + ;
      if(btn2 = = BTN_DELAY)
      {
        BtnCnt[1] + + ;
        if (BtnCnt[1] > 9)
          BtnCnt[1] = 0;
      }
    }
    else
      btn2 = 0;
  }
    if(PORTBbits.RB14 = = 0)
    {
      btn3 + + ;
      if(btn3 = = BTN_DELAY)
      {
        BtnCnt[2] + + ;
        if(BtnCnt[2]>9)
          BtnCnt[2] = 0;
      }
    }
    else
      btn3 = 0;
  }
```

4. 定时器中断函数例程(程序流程框图如图 10－9 所示)

```
void __ISR(_TIMER_1_VECTOR, ipl2) Timer1Handler(void)
{
  // Clear the interrupt flag
  INTClearFlag(INT_T1);
  led_cnt + + ;
  if(led_cnt > 100)      //0.1 s
  {
    led_cnt = 0;
    led_flag = 1;
```

```
  }
  btn_cnt++;
  if(btn_cnt > 5)      //5 ms
  {
    btn_cnt = 0;
    btn_flag = 1;
  }
}
```

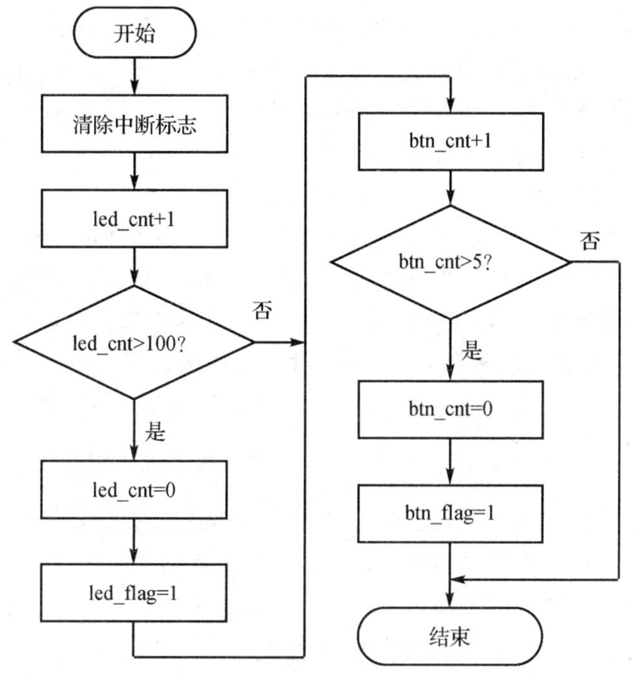

图10-9 定时器中断函数流程框图

10.7 开关量输出LED灯显示例程

本节描述了在微芯PIC32MX220F032B型芯片上的数字引脚控制输出示例代码。代码中,实现了对5个LED跑马灯的控制。输出引脚硬件配置表如表10-4所列。

适用范围:本节所描述的代码适用于PIC32MX220F032B型芯片(28引脚SOIC封装),对于其他型号或封装的芯片,未经测试。

表 10-4　输出引脚硬件配置表

序号	LED 编号(PCB 上的印刷号)	I/O 口	引脚号	端口复用选择指定功能
1	D10	PORTB_7	16	PORTSetPinsDigitalOut(IOPORT_B, BIT_7)
2	D12	PORTB_8	17	PORTSetPinsDigitalOut(IOPORT_B, BIT_8)
3	D13	PORTB_9	18	PORTSetPinsDigitalOut(IOPORT_B, BIT_9)
4	D4	PORTB_13	24	PORTSetPinsDigitalOut(IOPORT_B, BIT_13)

开关量输出 LED 显示模块：LED 发光二极管通常可以用来指示系统的工作状态，例如 LED 点亮可以表示电源模块正常工作。此外，PIC32MX 的 I/O 引脚外接 LED 显示，可以方便地显示各 I/O 端口的控制状态。采用端口下拉的显示电路，当芯片输出引脚为低电平时点亮发光二极管 LED，反之，则熄灭。如图 10-10 所示，4 个 LED 分别接到 PIC32MX 的 4 个 I/O 引脚上。

LED 显示需要考虑所采用的发光二极管的工作参数及 PIC32MX 芯片引脚的驱动电流，芯片输出低电平时，允许外部器件向芯片引脚内灌入电流，这个电流称为“灌电流”；单片机输出高电平时，则允许外部器件从芯片的引脚拉出电流，这个电流称为“拉电流”。例如，采用红色贴片 LED，其正常工作状态下的压降为 1.4 V 左右，工作电流为 3～8 mA。由于工作电压为 3.3 V，设工作电流为 5 mA 时，接入电阻最大应为$\frac{3.3\ \text{V}-1.4\ \text{V}}{0.005\ \text{A}}=380\ \Omega$，当工作电流为 8 mA 时，接入电阻最小应为$\frac{3.3\ \text{V}-1.4\ \text{V}}{0.008\text{A}}=230\ \Omega$，可选限流电阻为 330 Ω。因此，为了保护发光二极管避免电流过大损坏，同时考虑芯片引脚灌电流在承受范围内，可在 LED 支路串入一个 330 Ω 的电阻。

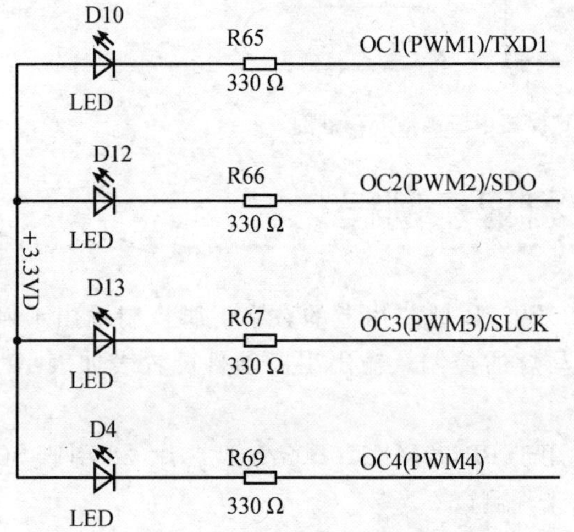

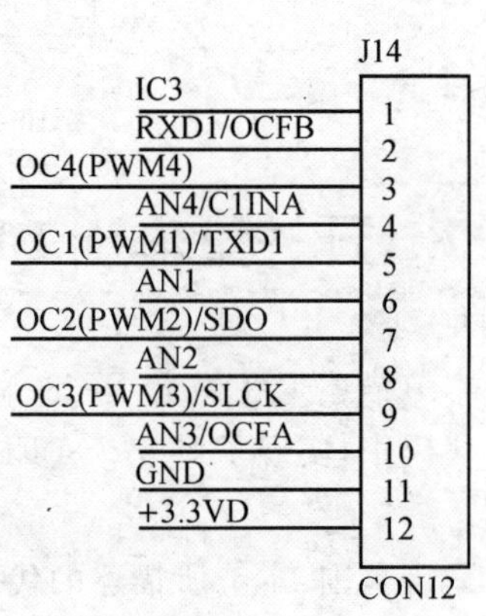

图 10-10　开关量输出 LED 灯显示电路图

1. 主函数例程(程序流程框图如图 10-11 所示)

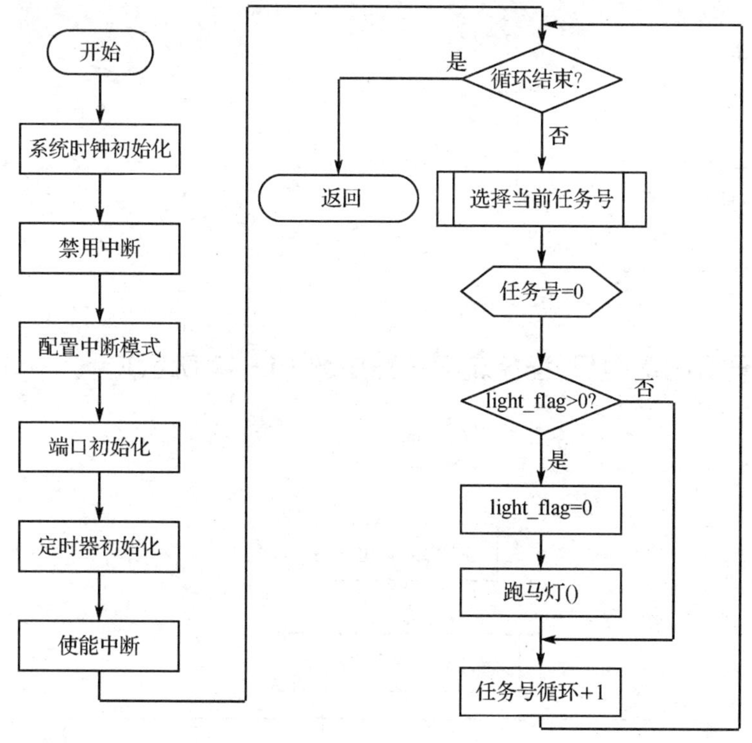

图 10-11　主函数流程框图

```
int main(void)
{
  int task = 0;
  SYSTEMConfig(SYS_FREQ, SYS_CFG_WAIT_STATES | SYS_CFG_PCACHE);
  INTDisableInterrupts();
  INTConfigureSystem(INT_SYSTEM_CONFIG_MULT_VECTOR);
  LightInit();
  Timer1Init();
  INTEnableInterrupts();
  while(1)
  {
    switch(task)
    {
      case 0:
        if(light_flag > 0)
        {
          light_flag = 0;
```

```
                Light();
            }
            break;
        default:
        break;
        }
        task + + ;
        if(task > 0) task = 0;
    }
    return 1;
}
```

2. 跑马灯函数例程(程序流程框图如图 10－12 所示)

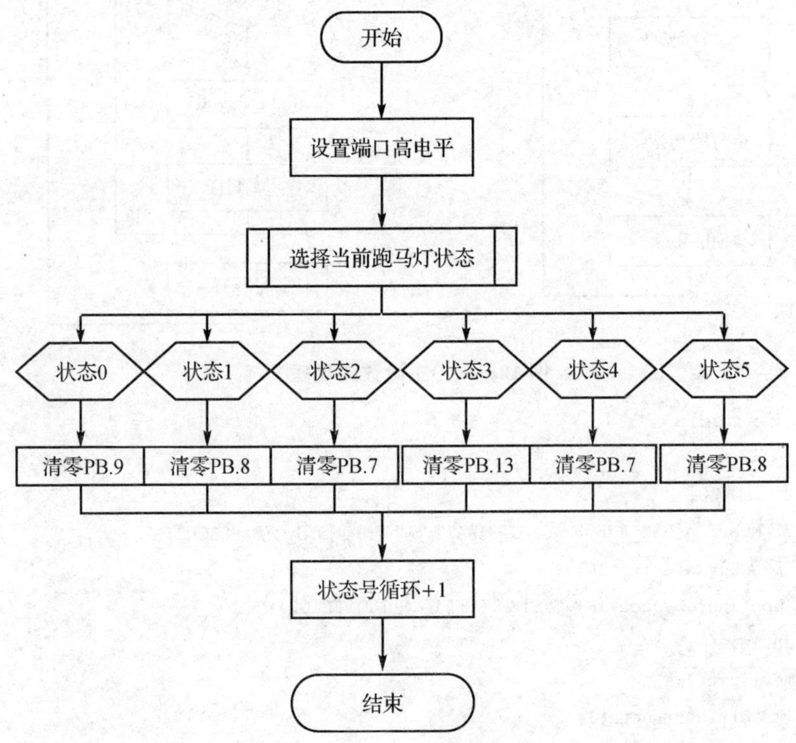

图 10－12　跑马灯函数流程框图

```
void Light()
{
    static int light = 0;
    //将相关 IO 口置高电平
    PORTSetBits(IOPORT_B, BIT_7 | BIT_8 | BIT_9 | BIT_13);
  switch (light) {            //light status
```

```
    case 0:                 //将 PORTB.9 置低电平
      PORTClearBits(IOPORT_B, BIT_9);
      break;
    case 1:                 //将 PORTB.8 置低电平
      PORTClearBits(IOPORT_B, BIT_8);
      break;
    case 2:                 //将 PORTB.7 置低电平
      PORTClearBits(IOPORT_B, BIT_7);
      break;
    case 3:                 //将 PORTB.13 置低电平
      PORTClearBits(IOPORT_B, BIT_13);
      break;
    case 4:                 //将 PORTB.7 置低电平
      PORTClearBits(IOPORT_B, BIT_7);
      break;
    case 5:                 //将 PORTB.8 置低电平
      PORTClearBits(IOPORT_B, BIT_8);
      break;
    default:
      break;
  }
  light++;
  if (light > 5) light = 0;
}
```

3. 定时器中断函数流程(程序流程框图如图10-13所示)

```
void __ISR(_TIMER_1_VECTOR, ipl2) Timer1Handler(void)
{
  // Clear the interrupt flag
  INTClearFlag(INT_T1);
  light_cnt++;
  if(light_cnt > 100) //100ms
  {
    light_cnt = 0;
    light_flag = 1;
  }
}
```

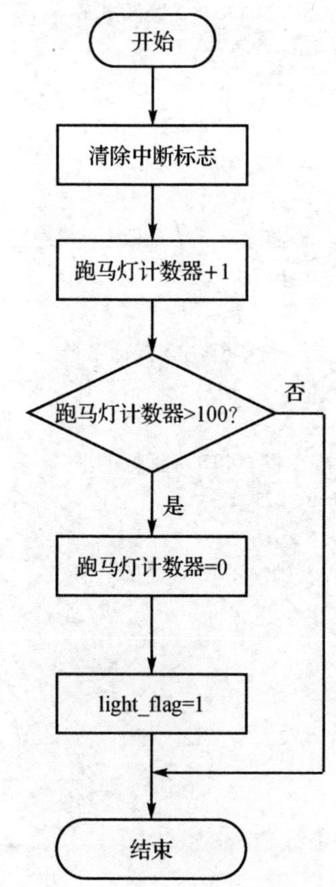

图 10－13　定时器中断函数流程框图

思考题

问 1:读者应如何配置未用的 I/O 引脚?

答 1:未用 I/O 引脚可以置为输出(相关的 TRIS 位为 0)并驱动为低电平(相关的 LAT 位为 0)。

问 2:PIC32MX 系列器件的 I/O 引脚是否可以与 5 V 设备连接?

答 2:可以,但存在一些限制。PIC32MX 系列器件的 I/O 引脚配置为输入时,可承受 5 V 电压,这意味着引脚可承受最高为 5 V 的输入。I/O 引脚配置为输出时,只能驱动与 PIC32MX 系列器件的 VDD 引脚所提供电压相同的电压,该电压限制为 3.6 V。根据 5 V 设备的输入引脚设计,要正确地读为高电平信号,该电压可能不够高。

第 11 章

定时器

PIC32MX 系列有两种不同的定时器，取决于器件型号。对于用户程序或实时操作系统，定时器可用于产生精确的周期性中断事件。其他用途包括对外部脉冲进行计数，或使用定时器的门控功能进行外部事件的精确时序测量。定时器大致可分为两种类型，即：带有门控功能的 16 位同步/异步定时计数器的 A 类定时器和带有门控和特殊事件触发功能的 16 位和 32 位同步定时计数器的 B 类定时器。

所有定时器模块都有公共特性：16 位定时计数器、可通过用户程序选择的内部或外部时钟、可编程的中断和优先级、门控外部脉冲计数器。

A 类定时器：PIC32MX 系列大多数单片机都至少包含一个 A 类定时器，通常为 Timer1。A 类定时器有以下特性：

- 可依靠外部辅助振荡器 SOSC 工作；
- 可使用外部时钟在异步计数模式下工作；
- 带内置振荡器的异步定时计数器；
- 可在 CPU 休眠模式下工作；
- 可通过用户程序选择 1：1、1：8、1：64 和 1：256 预分频比。

A 类定时器不支持 32 位模式。A 类定时器的特性使其可以用于实时时钟（RealTimeClock，RTC）应用。图 11－1 给出了 A 类定时器的框图。

B 类定时器：B 类定时器有以下特性：

- 可构成 32 位定时计数器；
- 可通过用户程序选择 1：1、1：2、1：4、1：8、1：16、1：32、1：64 和 1：256 预分频比；
- 事件触发功能（例如：ADC 事件触发功能）。

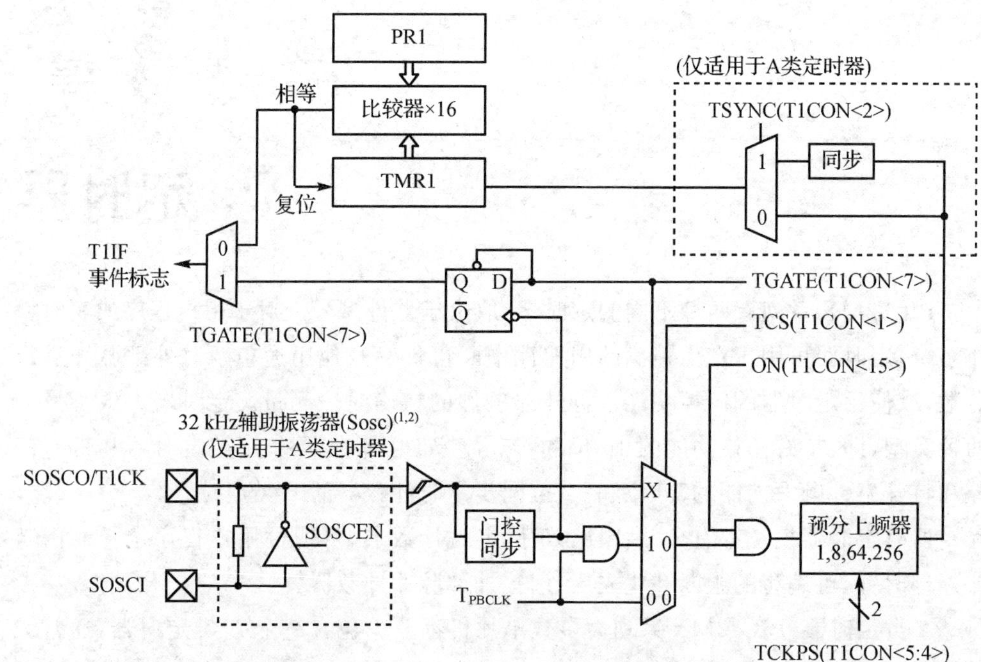

注：1. 关于使能32 kHz辅助振荡器(Sosc)的信息，请参见“振荡器”(DS61112)。
2. SOSCEN位(OSCCON<1>)在器件复位期间的默认状态由FSOSCEN位(DEVCFG1<5>)控制。

图 11-1　A 类定时器的框图

图 11-2 和图 11-3 分别给出了 16 位 B 类定时器和 32 位 B 类定时器框图。每个定时器模块都是一个 16 位定时计数器，包含特殊功能寄存器：TxCON（与定时器相关的 16 位控制寄存器）、TMRx（16 位定时计数寄存器）和 PRx（与定时器相关的 16 位周期寄存器）。

每个定时器模块需要设置控制中断的相关位：TxIE，中断使能位（在 IEC0 中断寄存器中）；TxIF，中断标志位（在 IFS0 中断寄存器中）；TxIP＜2：0＞，中断优先级位（在 IPC1、IPC2、IPC3、IPC4 和 IPC5 中断寄存器中）；TxIS＜1：0＞，中断子优先级位（在 IPC1、IPC2、IPC3、IPC4 和 IPC5 中断寄存器中）。

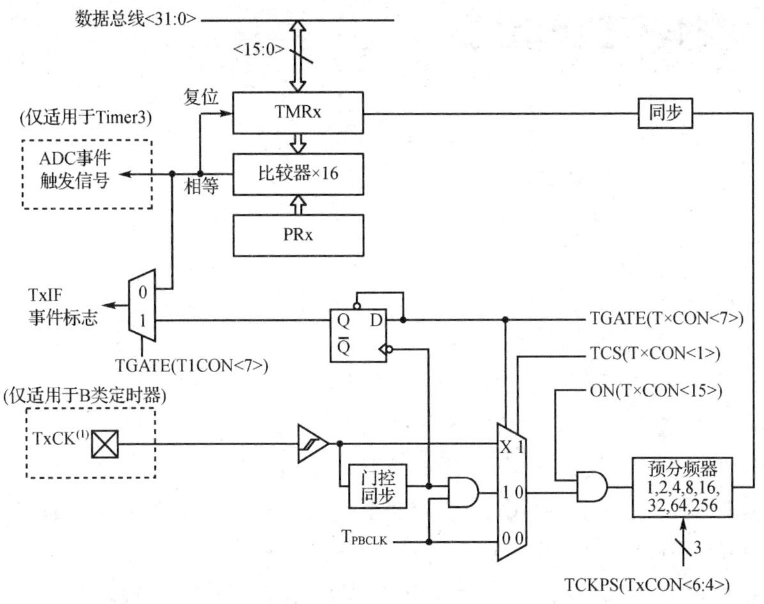

注：1.TxCK引脚在PIC32MX器件系列的一些特定型号上不可用。这种情况下，定时器必须使用外设时钟作为它的输入时钟。关于I/O引脚的详细信息，请参见具体器件数据手册。

图 11－2　B 类定时器框图(16 位)

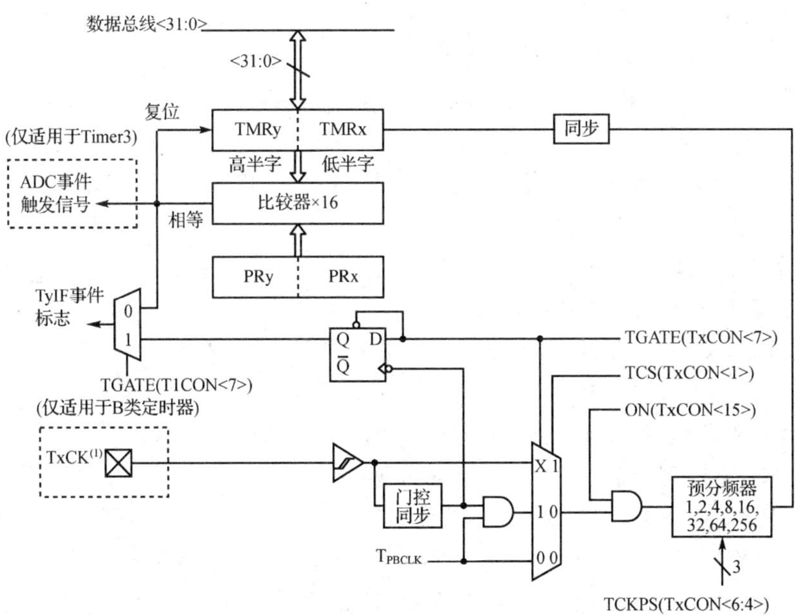

注：1.TxCK引脚在PIC32MX器件系列的一些特定型号上不可用。这种情况下，定时器必须使用外设时钟作为它的输入时钟。关于I/O引脚的详细信息，请参见具体器件数据手册。

图 11－3　B 类定时器框图(32 位)

11.1　定时器工作模式

16 位模式：A 类定时器和 B 类定时器都支持 16 位模式：

- 16 位同步时钟计数器；
- 16 位同步外部时钟计数器；
- 16 位门控定时器；
- 16 位异步外部计数器(仅适用于 A 类定时器)。

16 位定时器模式由以下位决定：

- 定时器时钟位 TCS 位 TxCON<1>；
- 定时器门控位 TGATE 位 TxCON<7>；
- 定时器同步位(仅适用于 A 类定时器)TSYNC 位 T1CON<2>。

16 位定时器注意事项：使用 16 位定时器时，所有定时器模块的特殊功能寄存器 SFR 都可以按字节(8 位)或半字(16 位)进行读/写操作。

32 位模式(B 类定时器)：只有 B 类定时器支持 32 位工作模式。32 位定时器模块将偶编号 B 类定时器(TimerX)与相邻奇编号 B 类定时器(TimerY)组合而构成。例如，32 位定时器组合有 Timer2 与 Timer3 和 Timer4 与 Timer5 等。定时器对的数量取决于器件型号。32 位定时器对可工作于以下模式：

- 32 位同步时钟计数器；
- 32 位同步外部时钟计数器；
- 32 位门控定时器。

32 位定时器模式由以下位决定：

- 32 位定时器模式选择位(仅适用于 TimerX)T32 位；
- 定时器时钟选择位 TCS 位；
- 定时器门控使能位 TGATE 位。

32 位定时器模式下的具体行为：

- TimerX 是主定时器；TimerY 是从定时器；
- TMRx 计数寄存器是 32 位定时器值的低半字；
- TMRy 计数寄存器是 32 位定时器值的高半字；
- PRx 周期寄存器是 32 位周期值的低半字；
- PRy 周期寄存器是 32 位周期值的高半字；
- TxCON 寄存器中的 TimerX 位配置 32 位定时器对的操作；
- TyCON 寄存器中的 TimerY 位没有任何作用；
- TimerX 中断状态位会忽略；
- TimerY 提供中断使能、中断标志位和中断优先级位。

32 位定时器注意事项：使用 32 位定时器时，需要考虑以下事项：

● 在向 TMRxy 计数寄存器或 PRxy 周期寄存器中写入任意 32 位值之前，确保先将定时器对配置为 32 位模式，方法是 T32 位置为 1。

● 所有定时器模块的特殊功能寄存器 SFR 都可以按字节(8 位)、半字(16 位)或字(32 位)进行读/写操作。

● TMRx 和 TMRy 计数寄存器对可以按单个 32 位值的形式进行读/写。

● PRx 和 PRy 周期寄存器对可以按单个 32 位值的形式进行读/写。

工作于 32 位模式时，32 位定时器对中相邻奇编号定时器的 SIDL 位 TxCON＜13＞会对定时器操作产生影响，但对该寄存器中的所有其他位没有任何影响。

16 位同步时钟计数器模式：同步时钟计数器操作提供历时测量、延时、周期性定时器中断。

A 类定时器和 B 类定时器都可工作于同步时钟计数器模式。在该模式下，定时器的输入时钟为外设总线时钟 PBCLK。选择的方法是将时钟 TCS 位清零。A 类定时器和 B 类定时器会自动提供外设总线时钟同步；因此会忽略 A 类定时器同步模式位 TSYNC 位。

使用定时器输入时钟预分频比为 1 的 A 类定时器和 B 类定时器，定时器将以与 PBCLK 相同的时钟速率工作，并且 TMR 计数寄存器在每个定时器时钟上升沿递增。定时器会不断递增，直到 TMR 计数寄存器与 PR 周期寄存器值发生匹配。TMR 计数寄存器会在下一个定时器时钟复位为 0000h，然后继续递增并重复周期匹配，直到禁止定时器为止。如果 PR 周期寄存器值为 0000h，TMR 计数寄存器会在下一个定时器时钟复位为 0000h，但不会继续递增。

使用定时器输入时钟预分频比为 N 的 A 类定时器和 B 类定时器，定时器将以时钟速率(PBCLK/N)工作，TMR 计数寄存器每隔 N 个时钟上升沿递增一次。例如，如果定时器输入时钟预分频比为 1∶8，则定时器每 8 个时钟递增一次。定时器会不断递增，直到 TMR 计数寄存器与 PR 周期寄存器值发生匹配。TMR 计数寄存器会在再过 N 个定时器时钟后复位为 0000h，然后继续递增并重复周期匹配，直到禁止定时器为止。如果 PR 周期寄存器值为 0000h，TMR 计数寄存器会在 N 个定时器时钟之后复位为 0000h，但不会继续递增。

在 TMR 计数寄存器与 PR 周期寄存器值发生匹配之后，A 类定时器会在半个定时器时钟处(在下降沿)产生定时器事件。在 TMR 计数寄存器与 PR 周期寄存器值匹配之后，B 类定时器会在 1 个 PBCLK＋2 个 SYSCLK 系统时钟内产生定时器事件。A 类定时器和 B 类定时器中断标志位 TxIF 都会在发生该事件的 1 个 PBCLK＋2 个 SYSCLK 时钟内置为 1，如果定时器中断使能位 TxIE 置为 1，则会产生中断。

16 位同步时钟计数器注意事项：定时器的周期由 PR 周期寄存器中的值决定。要初始化定时器周期，在定时器禁止时，即清零 ON 位，用户程序可以在任意时刻直接写入 PR 周期寄存器；或者在定时器使能时，即 ON 位置为 1，在定时器匹配中断服务程序 ISR 中写入 PR 周期寄存器。在所有其他情况下，建议不要在定时器使能时写入周期寄存器,这可能会导致发生意外的周期匹配。可装入的最大周期值为 FFFFh。向 PRx 周期寄存器写入 0000h 将会使能发生 TMRx 匹配事件,但是不会产生中断。

32 位同步时钟计数器模式(B 类定时器):只有 B 类定时器能够工作于 32 位同步计数器模式。要使能 32 位同步时钟计数器操作,B 类定时器的 T32 位必须置为 1。将时钟控制 TCS 位清零选择该模式,定时器的输入时钟为外设总线时钟 PBCLK,B 类定时器会自动提供外设总线时钟同步。

使用定时器输入时钟预分频比为 1 的 B 类定时器,定时器将以与 PBCLK 相同的时钟速率工作,并且 TMRxy 计数寄存器在每个定时器时钟上升沿递增。定时器会不断递增,直到 TMRxy 计数寄存器与 PRxy 周期寄存器值发生匹配。TMRxy 计数寄存器会在下一个定时器时钟复位为 00000000h,然后继续递增并重复周期匹配,直到禁止定时器为止。如果 PR 周期寄存器值为 00000000h,TMR 计数寄存器会在下一个定时器时钟复位为 00000000h,但不会继续递增。

使用定时器输入时钟预分频比为 N 的 B 类定时器,定时器将以时钟速率(PBCLK/N)工作,TMRxy 计数寄存器每隔 N 个定时器时钟上升沿递增一次。定时器会不断递增,直到 TMRxy 计数寄存器与 PRxy 周期寄存器值发生匹配。TMRxy 计数寄存器会在再过 N 个定时器时钟之后复位为 00000000h,然后继续递增并重复周期匹配,直到禁止定时器为止。

在 TMRxy 计数寄存器与 PRxy 周期寄存器值匹配之后,B 类定时器会在 1 个 PBCLK+2 个 SYSCLK 系统时钟内产生定时器事件。B 类定时器中断标志位 TyIF 会在发生该事件的 1 个 PBCLK+2 个 SYSCLK 周期内置为 1,如果定时器中断使能位 TyIE 置为 1,则会产生中断。

32 位同步时钟计数器注意事项:定时器的周期由 PRxy 周期寄存器中的值决定。要初始化定时器的周期,在定时器禁止时清零 ON 位 TxCON<15>,用户程序可以在任意时刻直接写入 PRxy 周期寄存器;或者在定时器使能时,即 ON 位置为 1,在定时器匹配中断服务程序中写入 PRxy 周期寄存器。在所有其他情况下,建议不要在定时器使能时写入周期寄存器,这可能会导致发生意外的周期匹配。可装入的最大周期值为 FFFFFFFFh。向 PRxy 周期寄存器写入 00000000h 将会使能发生 TMRxy 匹配事件,但不会产生中断。

16 位同步外部时钟计数器模式:对周期性或非周期性脉冲进行计数、使用外部时钟作为定时器时基。

A 类定时器和 B 类定时器都可工作于同步外部时钟计数器模式。在该模式下,定时器的输入时钟是施加于 TxCK 引脚上的外部时钟。选择它的方法是将时钟控制 TCS 位置为 1。B 类定时器会自动提供外部时钟同步;但 A 类定时器不会自动同步,要求外部时钟同步 TSYNC 位置为 1 来实现同步。当定时器工作于同步计数器模式时,外部输入时钟必须满足特定的最短高电平时间和低电平时间要求。

依靠同步外部时钟工作的 A 类或 B 类定时器在休眠模式下不工作，因为在休眠模式下，禁止了同步电路。

32 位同步外部时钟计数器模式：对周期性或非周期性脉冲进行计数，使用外部时钟作为定时器时基。

只有 B 类定时器能够工作于 32 位同步外部时钟计数器模式。在该模式下，定时器的输入时钟是施加于 TxCK 引脚上的外部时钟，B 类定时器会自动提供外部时钟同步。在 TMRxy 计数寄存器与 PRxy 周期寄存器值匹配之后，B 类定时器会在 1 个 PBCLK+2 个 SYSCLK 系统时钟内产生定时器事件。B 类定时器中断标志位 TyIF 会在发生该事件的 1 个 PBCLK+2 个 SYSCLK 周期内置为 1，如果定时器中断使能位 TyIE 置为 1，则会产生中断。

使用定时器输入时钟预分频比为 N 的 B 类定时器，在 ON 位置为 1 之后，将需要经过 2～3 个外部时钟，TMR 计数寄存器才会开始递增。

依靠同步外部时钟工作的 B 类定时器在休眠模式下不工作，因为在休眠模式下，禁止了同步电路。

16 位门控定时器模式：门控操作从 TxCK 引脚信号的上升沿开始，到 TxCK 引脚信号的下降沿终止，终止时，将定时器中断标志位 TxIF 置为 1。TMRx 计数寄存器在外部门控信号保持高电平时递增。将 TCS 位清零选择定时器时钟为外设总线时钟 PBCLK。A 类定时器和 B 类定时器会自动提供外设总线时钟同步；因此会忽略 A 类定时器同步模式控制 TSYNC 位。在门控定时器模式下，由施加于 TxCK 引脚上的信号进行门控，将 TGATE 位置为 1 使能门控定时器模式。

使用定时器输入时钟预分频比为 1 的 A 类定时器和 B 类定时器，定时器将以与 PBCLK 相同的时钟速率工作，并且 TMR 计数寄存器在每个时钟上升沿递增。定时器会不断递增，直到 TMR 计数寄存器与 PR 周期寄存器值发生匹配。TMR 计数寄存器会在下一个时钟复位为 0000h，然后继续递增并重复周期匹配，直到门控信号出现下降沿或禁止定时器为止。当发生定时器周期匹配事件时，定时器不会产生中断。

使用定时器输入时钟预分频比为 N 的 A 类定时器和 B 类定时器，定时器将以(PBCLK/N)时钟速率工作，TMR 计数寄存器每隔 N 个时钟上升沿递增一次。在门控信号出现下降沿时，计数操作会终止，并产生定时器事件，然后中断标志位 TxIF 会在门控引脚上信号出现下降沿的 1 个 PBCLK+2 个 SYSCLK 系统时钟之后置为 1，TMR 计数寄存器不会复位为 0000h，如果需要在门控输入的下一个上升沿从 0 开始，可以复位 TMR 计数寄存器。

定时计数的分辨率与时钟直接相关。当定时器输入时钟预分频比为 1 时，定时器时钟等于外设总线时钟 TPBCLK。对于定时器输入时钟预分频比 1∶8，定时器时钟等于外设总线时钟的 8 倍。

门控定时器模式注意事项：如果时钟 TCS 位置为 1，设置为外部时钟时，则会改写门控定时器模式。要进行门控定时器操作，必须选择内部时钟，清零 TCS 位。

使用定时器输入时钟预分频比为N的A类定时器和B类定时器，在ON位置为1之后，将需要经过2～3个定时器时钟，TMR计数寄存器才会开始递增。

32位门控定时器模式：门控操作从TxCK引脚上信号的上升沿开始，到TxCK引脚上信号的下降沿终止，定时器中断标志位TyIF置为1。TMRxy计数寄存器在外部门控信号保持高电平时递增。只有B类定时器可以工作于32位门控定时器模式。将TCS位清零选择定时器时钟为外设总线时钟PBCLK。B类定时器会自动提供外设总线时钟同步。在32位门控定时器模式下，通过TxCK引脚上的信号进行门控。将TGATE位置为1，使能门控定时器模式。

使用定时器输入时钟预分频比为1的B类定时器，定时器将以与PBCLK相同的时钟速率工作，并且TMRxy计数寄存器在每个定时器时钟上升沿递增。定时器会不断递增，直到TMRxy计数寄存器与PRxy周期寄存器值发生匹配。TMRxy计数寄存器会在下一个定时器时钟复位为00000000h，然后继续递增并重复周期匹配，直到门控信号出现下降沿或禁止定时器为止。当发生定时器周期匹配事件时，定时器不会产生中断。

使用定时器输入时钟预分频比为N的B类定时器，定时器将以(PBCLK/N)时钟速率工作，TMRxy计数寄存器每隔N个定时器时钟上升沿递增一次。在门控信号出现下降沿时，计数操作会终止，并产生定时器事件，然后中断标志位TyIF会在门控引脚上信号出现下降沿的1个PBCLK＋2个SYSCLK系统时钟之后置为1。TMR计数寄存器不会复位为00000000h。如果需要在门控输入的下一个上升沿从0开始，可以复位TMRxy计数寄存器。

32位门控定时器模式注意事项：如果时钟TCS位置为1，设置为外部时钟，会改写门控定时器模式。要进行门控定时器操作，必须清零TCS位选择内部时钟。

异步时钟计数器模式(仅适用于A类定时器)提供了以下功能：

- 定时器可以在休眠模式下工作，并且可以在周期寄存器匹配时产生中断，从而将CPU从休眠或空闲模式唤醒。
- 对于实时时钟应用，定时器可以使用辅助振荡器提供时钟。

A类定时器工作于异步计数模式时，使用与T1CK引脚连接的外部时钟，将时钟控制TCS位置为1选择外部时钟。这要求禁止外部时钟同步，即清零TSYNC位。此外，也可以使用辅助振荡器作为异步时钟。

使用定时器输入时钟预分频比为1的A类定时器，定时器将以与所施加外部时钟速率相同的时钟速率工作，并且TMR计数寄存器在每个定时器时钟上升沿递增。定时器会不断递增，直到TMR计数寄存器与PR周期寄存器值发生匹配。TMR计数寄存器会在下一个定时器时钟复位为0000h，然后继续递增并重复周期匹配，直到禁止定时器为止。如果PR周期寄存器值为0000h，TMR计数寄存器会在下一个定时器时钟复位为0000h，但不会继续递增。

当TMR计数寄存器与PR周期寄存器值匹配时，A类定时器会产生定时器事

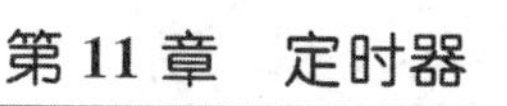

件。定时器中断标志位 TxIF 在发生该事件的 1 个 PBCLK+2 个 SYSCLK 系统时钟内置为 1。如果定时器中断使能位 TxIE 置为 1，则会产生中断。

异步计数模式 TMR1 读/写操作：由于工作于异步计数模式时，Timer1 具有异步特性，所以读/写 TMR1 计数寄存器时，需要在异步时钟和外设总线时钟 PBCLK 之间进行同步。Timer1 有一个位（异步定时器写禁止位 TWDIS）和一个状态位（异步定时器写进度位 TWIP），通过它们为用户程序提供两种可选方式，用于在 Timer1 使能时安全地写入 TMR1 计数寄存器。这两个位在同步时钟计数器模式下没有任何作用。

方式 1 是传统 Timer1 写模式，清零 TWDIS 位。要确定何时可以安全地写入 TMR1 计数寄存器，建议查询 TWIP 位。当 TWIP 位为 0 时，可以安全地对 TMR1 计数寄存器执行下一个写操作。当 TWIP 位为 1 时，说明对 TMR1 计数寄存器的上一个写操作仍然在进行同步，任何其他写操作都应等到 TWIP 位为 0 时执行。

方式 2 是新的同步 Timer1 写模式，TWDIS 位置为 1。对 TMR1 计数寄存器的写操作可以在任意时刻执行。但是，如果对 TMR1 计数寄存器的前一个写操作仍然在进行同步，会忽略所有其他写操作。对 TMR1 计数寄存器执行写操作时，将需要 2～3 个异步外部时钟后值才会同步到寄存器中。对 TMR1 计数寄存器执行读操作时，在 TMR1 计数寄存器中的当前未同步值和读操作返回的同步值之间，同步将需要 2 个 PBCLK 周期的延时。也就是说，所读取的值总是比 TMR1 计数寄存器中的实际值晚 2 个 PBCLK 周期。

异步时钟计数器注意事项：无论定时器输入时钟预分频比如何，在 ON 位置为 1 之后，A 类定时器都需要经过 2～3 个定时器时钟，TMR 计数寄存器才会开始递增。在用于异步计数模式时，外部输入时钟必须满足特定的最短高电平和低电平时间要求。

定时器预分频器：A 类定时器提供 1：1、1：8、1：64 和 1：256 的输入时钟（外设总线时钟或外部时钟）预分频比选项，用 TCKPS 位 TxCON<5:4>进行选择。

B 类定时器提供 1：1、1：2、1：4、1：8、1：16、1：32、1：64 和 1：256 的输入时钟（外设总线时钟或外部时钟）预分频比选项，用 TCKPS 位 TxCON<5:4>进行选择。

当发生以下任何事件时，预分频器计数器清零：

- 对 TMRx 寄存器进行写操作。
- 禁止定时器，即清零 ON 位。
- 任意的器件复位，上电复位（POR）除外。

写入 TxCON、TMR 和 PR 寄存器：当清零 ON 位时，会禁止定时器模块并关闭电源，从而最大程度地节省功耗。为了防止不可预测的定时器行为，建议在写入任意 TxCON 寄存器位或定时器输入时钟预分频比之前，先清零 ON 位禁止定时器。在同一指令中 ON 位置为 1 并写入任何 TxCON 寄存器位时，可能会导致错误的定时器操作。

在模块工作时,可以对 PRx 周期寄存器进行写操作。但是,为了防止意外的周期匹配事件,建议不要在定时器使能时,写入 PRx 周期寄存器。

在模块工作时,可以对 TMR1 计数寄存器进行写操作。当通过一条指令对 TMRx 寄存器进行写操作时(按字、半字或字节),TMRx 寄存器递增被屏蔽,该指令周期内不递增计数。当禁止模块时,TMR 计数寄存器不会复位为 0。

在模块工作时,可以对 TMRx 计数寄存器进行写操作。当执行字节写操作时,用户程序应注意以下事项:

- 如果定时器是递增的,并且写入的是定时器的低字节,则定时器的高字节不受影响。如果向定时器的低字节写入 0xFF,该写操作之后的下一个定时计数时钟将导致低字节计满返回到 0x00,并且向定时器的高字节产生进位。
- 如果定时器是递增的,并且写入的是定时器的高字节,则定时器的低字节不受影响。如果进行写操作时定时器的低字节包含值 0xFF,则下一个定时计数时钟将导致从定时器低字节产生进位,该进位将使定时器的高字节递增。

定时器延时注意事项:

由于 A 类定时器和 B 类定时器可以使用外设总线时钟 PBCLK 或外部时钟,所以对定时器执行操作时,需要考虑一些与操作延时有关的事项。这些延时代表在读或写操作执行时刻和操作最早起效时刻之间的延时。

对于 A 类定时器和 B 类定时器,在任意同步时钟模式下读/写 TxCON、TMRx 和 PRx 寄存器,不需要在主 SYSCLK 时钟域和定时器模块时钟域之间进行数据同步。因此,操作是立即起效。但是,当 Timer1 工作于异步时钟模式时,读取 TMR1 计数寄存器时需要 2 个 PBCLK 周期进行同步,而写入 TMR1 计数寄存器则需要2～3 个定时器时钟进行同步。

使用外部时钟的任意定时器,在 ON 位置为 1 之后,将需要经过 2～3 个外部时钟,定时器才会开始递增。

辅助振荡器 SOSC:在不同的器件类型中,A 类定时器都可以使用辅助振荡器 SOSC 用于实时时钟(RTC)应用。当定时器配置为使用外部时钟时,SOSC 会成为定时器的时钟;清零熔丝 FSOSCEN 位时,将 SOSCEN 位置为 1 来使能 SOSC。

11.2 中 断

中断延时为定时器事件和定时器中断标志位有效之间的延时。根据工作模式,定时器能够在周期匹配时或在外部门控信号的下降沿产生中断。

TyIE 位将使能 32 位模式下的相关定时器中断。32 位模式下中断优先级为 TyIP＜2:0＞和中断子优先级为 TyIS＜1:0＞。32 位模式下,TyIF 位必须用户程序清零。当将 0 装入周期寄存器并且使能定时器时,会发生不产生定时器中断的特殊情形。

中断配置:每个定时器模块都有一个专用的中断标志位 TxIF 和一个对应的中断使能位 TxIE。这些位反映中断状态和使能中断。每个定时器模块可以有独立于其他定时器模块的优先级。

当定时计数值与相关周期寄存器匹配,并且定时器模块不工作于门控定时器模式时,TxIF 位置为 1。如果在定时器工作于门控定时器模式时检测到门控信号的下降沿,该位也会置为 1。TxIF 位是否置为 1 与 TxIE 位的状态无关。用户程序可以查询 TxIF 位了解中断情况。当 TxIE 位清零时,中断控制器不会为事件产生 CPU 中断。当 TxIE 位置为 1 时,则中断控制器会在相关的 TxIF 位置为 1 时产生 CPU 中断。中断服务程序在程序完成之前清零相关的中断标志位 TxIF。

每个定时器模块的优先级可以通过 TxIP<2:0>位独立设置。子优先级位 TxIS<1:0>值的范围为 3～0。产生中断之后,CPU 跳转到该中断向量处。CPU 将在向量地址处开始执行代码。该向量地址处的用户程序应执行特定的操作、清零 TxIF 中断标志位,然后退出中断。

11.3　节能和调试模式下的定时器操作

休眠模式下的定时器操作:当器件进入休眠模式时,会禁止系统时钟 SYSCLK 和外设总线时钟 PBCLK。对于 A、B 两类定时器,以同步模式工作时,定时器模块会停止工作。

由于 A 类定时器可以异步于外部时钟工作。所以 A 类定时器可以在休眠模式下继续工作。为了在休眠模式下工作,需要对 A 类定时器进行以下配置:

- 将 ON 位置为 1,使能 Timer1 模块。
- 将 TCS 位置为 1,为 Timer1 选择外部时钟。
- 清零 TSYNC 位,使能异步计数模式。

当满足所有这些条件时,器件处于休眠模式时,Timer1 会继续计数并检测周期匹配。当定时器与周期寄存器之间发生匹配时,T1IF 状态位置为 1。如果 T1IE 位置为 1,并且优先级大于当前 CPU 优先级,则器件会从休眠或空闲模式唤醒,并执行 Timer1 中断服务程序。如果为 Timer1 中断分配的优先级小于等于当前 CPU 优先级,则不会唤醒 CPU,器件进入空闲模式。

空闲模式下的定时器操作:当器件进入空闲模式时,系统时钟保持工作,但 CPU 停止执行代码。可以选择使定时器模块在空闲模式下继续工作。设置 SIDL 位 TxCON<13>决定定时器模块在空闲模式下是否继续工作。SIDL 位为 0 时,模块在空闲模式下继续工作。SIDL 位为 1 时,模块在空闲模式下停止工作。

复位的影响:发生器件复位、上电复位、看门狗复位时,所有定时器的寄存器会强制设为复位状态。

11.4 使用定时器模块的外设

输入捕捉/输出比较的时基：输入捕捉和输出比较外设可以选择两个定时器模块之一或一个组合的32位定时器作为它们的定时器。

A/D特殊事件触发器：在16位和32位模式下，都有一个B类定时器（Timer3或Timer5）能够在周期匹配时产生特殊A/D转换触发信号。定时器模块为A/D采样逻辑电路提供转换启动信号。如果清零T32位，当在16位定时器寄存器（TMRx）和相关的16位周期寄存器（PRx）匹配时，产生A/D特殊事件触发信号。如果T32位置为1，当在32位定时器（TMRx：TMRy）和相关的32位组合周期寄存器（PRx：PRy）匹配时，产生A/D特殊事件触发信号。特殊事件触发信号总是由定时器产生。必须在ADC控制寄存器中选择触发源。

I/O引脚控制：使能定时器模块时，不用配置I/O引脚方向。然而，当使能定时器模块并配置为执行外部时钟或门控操作时，用户程序必须确保将I/O引脚方向配置为输入。

当TGATE位置为1时，选择门控定时器模式，清零TCS位，选择外设总线时钟PBCLK，TxCK引脚会成为门控输入。引脚不用作门控或外部时钟输入时，可用作通用I/O引脚。当选择外部时钟TCS位为1时，TxCK引脚可以用作其他模式的外部时钟输入。

11.5 定时器定时应用例程

本节描述了微芯PIC32MX220F032B型芯片的定时器的示例代码。代码中，实现了秒表功能，通过两个按钮控制秒表的启动\停止、复位，通过SPI主控的LED数码管显示秒表值，秒表计时范围0～999.9 s。引脚选择硬件配置表如表11-1所列。

适用范围：本节所描述的代码适用于PIC32MX220F032B型芯片（28引脚SOIC封装），对于其他型号或封装的芯片，未经测试。

表11-1 引脚选择硬件配置表

序号	SPI功能描述	引脚号	端口复用选择指定功能	说明
1	SCK2	26	由SPI模块自动选择（SCK2只能选这个引脚）	SPI数据时钟
2	SDO2	17	PPSOutput(2, RPB8, SDO2)	SPI数据输出
3	SLCK	18	PORTSetPinsDigitalOut(IOPORT_B, BIT_9)	外部移位寄存器数据锁存
4	RA0	2	ANSELAbits. ANSA0 = 0	PA.0，按钮：启动\暂停
5	RA1	3	ANSELAbits. ANSA1 = 0	PA.1，按钮：复位

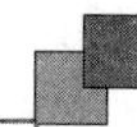

开关量输入按键电路电位变化中断编程：在硬件系统中，通过按键开通或闭合来产生高或低电平，从而实现控制信号的键入。如图 10－4 所示，采用 10 kΩ 的电阻与 K1～K4 开关串联的方案设计按键模块，当某按键断开的时候，其相应的输出信号呈现出高电平；当按键闭合时，呈现出低电平。其输出信号直接与 PIC32MX 输入输出端口相连，提供相应的控制信息。

本示例使用了 K1 和 K2 两个按钮，其中 K1 为秒表的“启动\暂停”，K2 为秒表的“复位”。

七段数码管显示模块如图 10－5 所示，采用 PIC32MX 的 SPI 口传送数据，并通过 74HC595 芯片驱动七段数码管进行显示。

1. 主函数例程(主函数流程框图如图 11－4 所示)

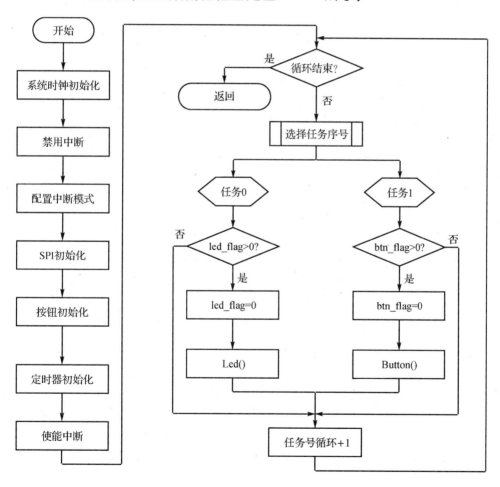

开始
系统时钟初始化
禁用中断
配置中断模式
SPI初始化
按钮初始化
定时器初始化
使能中断
循环结束?
是
返回
否
选择任务序号
任务0
任务1
led_flag>0?
否
是
led_flag=0
Led()
btn_flag>0?
否
是
btn_flag=0
Button()
任务号循环+1

图 11－4　主函数流程框图

```
int main(void)
{
```

```
    int task = 0;
  SYSTEMConfig(SYS_FREQ, SYS_CFG_WAIT_STATES | SYS_CFG_PCACHE);
  INTDisableInterrupts();
  INTConfigureSystem(INT_SYSTEM_CONFIG_MULT_VECTOR);
    SpiInitDevice();
    BtnInit();
  Timer1Init();
  INTEnableInterrupts();
  while(1)
  {
    switch(task)
    {
      case 0:
        if(led_flag > 0)
        {
          led_flag = 0;
          Led();
        }
        break;
      case 1:
        if(btn_flag > 0)
        {
          btn_flag = 0;
          ButtonScan();
        }
      default:
        break;
    }
    task ++;
    if(task > 1) task = 0;
  }
  return 1;
}
```

2. 数码管显示函数例程(数码管显示函数流程框图如图 11－5 所示)

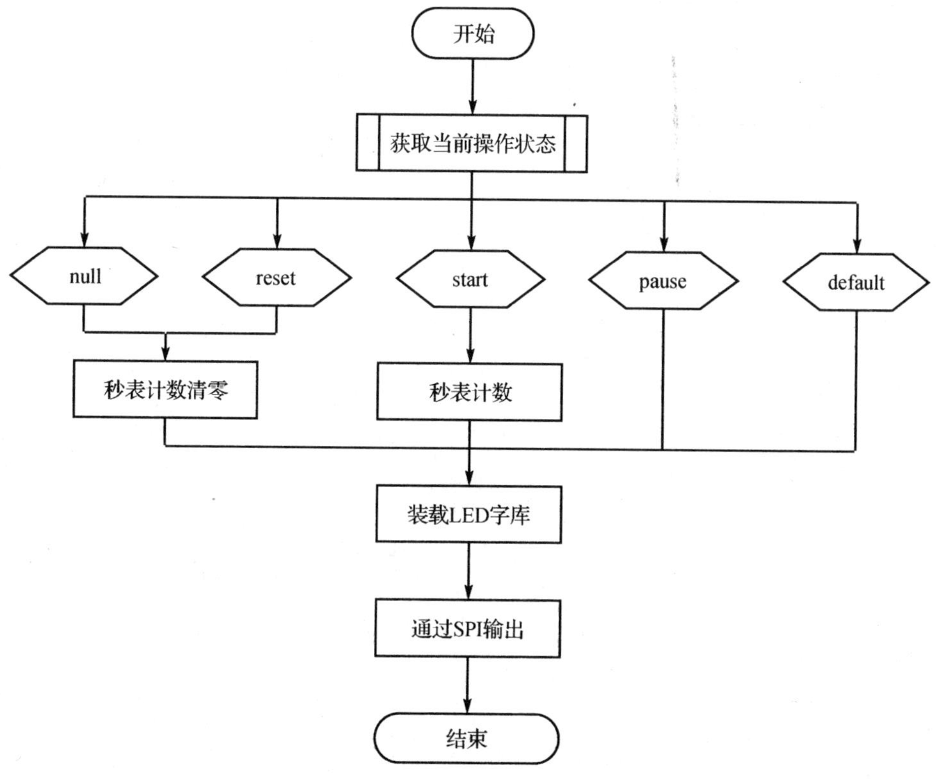

图 11－5　数码管显示函数流程框图

```
void Led()
{
    unsigned char ledBuff[4] = {0x00, 0x00, 0x00, 0x00};
  static unsigned char ledcnt[4] = {0x00, 0x0A, 0x00, 0x00};
  int i;
  switch(op)
  {
    case null:
    case reset:
      for(i = 0;i<4;i++)
      {
        ledcnt[i] = 0;
      }
      ledcnt[1] = 10;
      break;
    case start:
```

```
        ledcnt[2] + + ;
        if(ledcnt[2] > 9)
        {
          ledcnt[2] = 0;
          ledcnt[1] + + ;
          if(ledcnt[1] > 19)
          {
            ledcnt[1] = 10;
            ledcnt[0] + + ;
            if(ledcnt[0] > 9)
            {
              ledcnt[0] = 0;
              ledcnt[3] + + ;
              if(ledcnt[3] > 9)
              {
                ledcnt[3] = 0;
              }
            }
          }
        }
      break;
    case pause:
      break;
    default:
      break;
  }
  for (i = 0; i < 4; i+ + )
    ledBuff[i] = Led_lib[ledcnt[i]];
    SpiDoBurst(ledBuff, 4);
}
```

3. 定时器中断函数例程(定时器中断函数流程框图如图 11-6 所示)

```
void __ISR(_TIMER_1_VECTOR, ipl2) Timer1Handler(void)
{
  // Clear the interrupt flag
  INTClearFlag(INT_T1);
  led_cnt + + ;
  if(led_cnt > 100)     //0.1 s
  {
    led_cnt = 0;
    led_flag = 1;
  }
```

```
    btn_cnt++;
    if(btn_cnt > 5)    //5 ms
    {
      btn_cnt = 0;
      btn_flag = 1;
    }
}
```

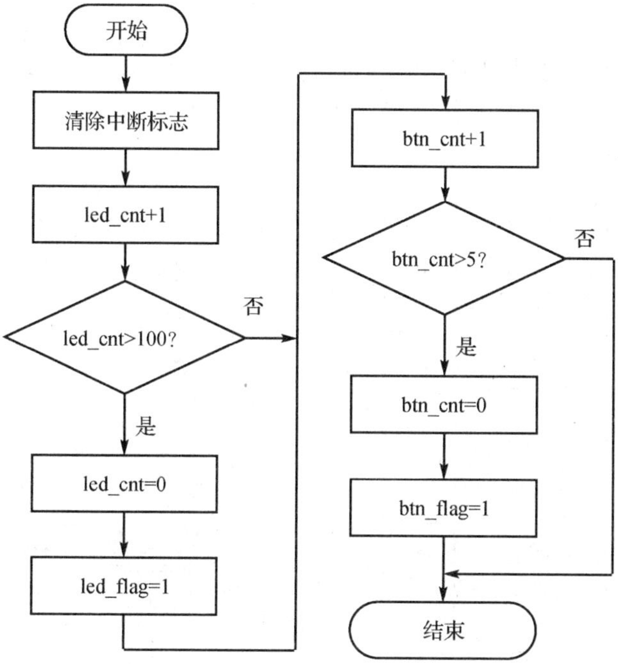

图 11-6　定时器中断函数流程框图

思考题

问 1:32 位定时器的低半部分是否可以产生中断?

答 1:不能。当两个 16 位定时器在 32 位模式下组合时,TGATE 位置为 1,将使用与高位的定时器模块相关的中断使能位 TxIE、中断标志位 TxIF、中断优先级位 TxIP 和中断子优先级位 TxIS。会禁止低位的定时器模块的中断功能。

问 2:如果不使用定时器模式的 TxCK 输入,该 I/O 引脚是否可用作通用 I/O 引脚?

答 2:可以。如果定时器模块配置为使用内部时钟,清零 TCS 位,并且不使用门控定时器模式清零 TGATE 位,则相关的 I/O 引脚可用作通用 I/O。即使 I/O 引脚用作通用 I/O 引脚,用户程序仍然需要将相关的 TRIS 寄存器配置为输入或输出。

第 12 章

输入捕捉

输入捕捉模块用于测量频率(周期)和脉冲,其框图如图 12-1 所示。当 ICx 引脚上发生事件时,输入捕捉模块捕捉所选时基寄存器的计数值。

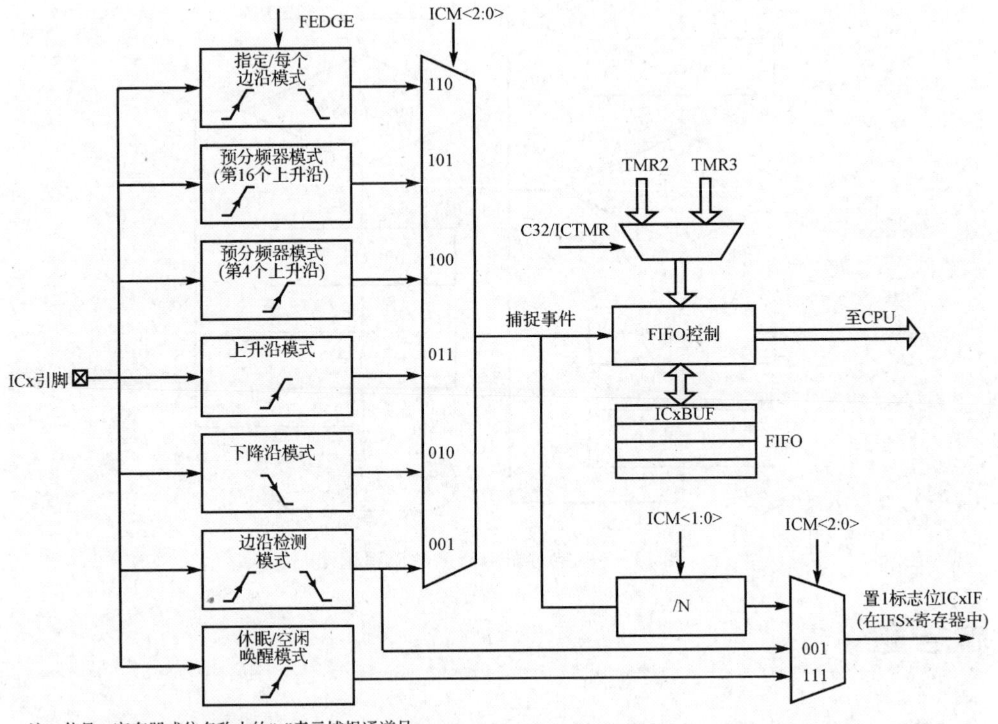

图 12-1 输入捕捉框图

以下事件可导致捕捉事件:

(1)简单捕捉模式:

- 在 ICx 引脚输入信号的每个下降沿捕捉定时器值;
- 在 ICx 引脚输入信号的每个上升沿捕捉定时器值。

(2)在每个边沿(上升沿和下降沿)捕捉定时器值。

(3)在每个边沿(上升沿和下降沿)捕捉定时器值,首先捕捉指定边沿。

(4)预分频器捕捉模式：

● 在ICx引脚输入信号的每4个上升沿捕捉一次定时器值；

● 在ICx引脚输入信号的每16个上升沿捕捉一次定时器值。

每路输入捕捉通道可以选择16位定时器Timer2或Timer3中的任意一个提供时基，或同时选择这两个16位定时器以构成一个32位定时器。所选的定时器可以使用内部时钟，也可以使用外部时钟。

其他操作特性包括：

● 在CPU休眠和空闲模式期间，可由捕捉引脚信号唤醒CPU；

● 输入捕捉事件发生时产生中断；

● 为捕捉值提供了4个字的FIFO缓冲区，可选择在1、2、3或4个缓冲区填满后产生中断；

● 还可以使用输入捕捉来提供额外的外部中断。

PIC32MX系列提供的每个输入捕捉模块都有特殊功能寄存器：输入捕捉控制寄存器ICxCON、输入捕捉缓冲寄存器ICxBUF。

每个输入捕捉模块还有用于中断控制的相关位：中断使能位ICxIE、中断标志位ICxIF、中断优先级位ICxIP和中断子优先级位ICxIS。

不同器件型号可能有一个或多个输入捕捉模块。每个模块可以选择两个16位定时器中的一个或一个32位定时器作为时基。定时器时钟可以置为使用内部外设时钟或在TxCK引脚上施加的同步外部时钟。

对于16位捕捉模式，ICTMR位ICxCON<7>清零时，将选择Timer3进行捕捉。ICTMR位置为1时，将选择Timer2进行捕捉。

将ICC32位ICxCON<8>置为1，配置为32位输入捕捉模式可以使用32位定时器进行输入捕捉。Timer2提供低16位，Timer3提供高16位。

将ON位ICxCON<15>置为1可以使能输入捕捉模块。当该位清零时，会复位输入捕捉模块。无论ON位状态如何，都使能读/写寄存器。将模块复位影响为：清零溢出条件标志位、将FIFO复位为空状态、复位事件计数、复位预分频器。

12.1　输入捕捉模式

当ICx引脚上发生事件时，输入捕捉模块捕捉选定时基寄存器的值。可设置ICM<2∶0>字段ICxCON<2∶0>来配置输入捕捉模式。当ICM<2∶0>位置为000时禁止输入捕捉模块，输入捕捉会忽略传入的捕捉边沿，并且不会产生进一步的捕捉事件或中断。FIFO仍然可供读取。将模块恢复为任何其他模式时，它会继续开始工作。在输入捕捉模块处于捕捉禁止模式时，预分频器会继续运行。

简单捕捉事件：输入捕捉模块可以基于ICx引脚上输入的选定边沿捕捉定时计数值。在简单捕捉模式下，将不使用预分频器。输入捕捉根据外设时钟检测和同步捕捉引脚信号的上升沿或下降沿，输入捕捉模块会将当前时基值写入捕捉缓冲区并产生中断。

由于捕捉输入必须与外设时钟进行同步，所以模块捕捉的是在捕捉事件后的2～3个外设时钟有效的定时计数值。第一个捕捉事件在定时器值为“n”时发生。由于同步延时的原因，捕捉缓冲区中存储的定时器值是“n＋2”。第二个捕捉事件在定时器值为“m”时发生。由于传播延时以及同步延时的原因，捕捉缓冲区中存储的值是“m＋3”。

可以在进行 1、2、3 或 4 次定时计数捕捉之后产生输入捕捉中断事件，捕捉次数由 ICI<1：0>字段 ICxCON<6：5>配置。由于捕捉引脚按照外设时钟进行采样，所以捕捉脉冲高电平和低电平宽度必须大于外设时钟。

预分频捕捉模式：在预分频捕捉模式下，输入捕捉模块会在每 4 个或每 16 个上升沿触发一次捕捉事件。捕捉预分频器在捕捉输入的每个上升沿递增。当预分频器等于 4 或 16 时，会输出捕捉信号。然后，捕捉信号与外设时钟进行同步。同步后的捕捉事件信号会触发捕捉。

建议用户程序先禁止捕捉模块，清零 ON 位，然后再切换为预分频捕捉模式。简单地从另一种工作模式切换为预分频捕捉模式不会复位预分频器，但可能导致意外的捕捉事件。当清零 ON 位，关闭输入捕捉模块或输入捕捉模块复位时，预分频器计数器清零。

由于捕捉引脚会触发内部触发器，所以输入捕捉脉冲高电平和低电平宽度不受外设时钟限制。

边沿检测(霍尔传感器)模式：在边沿检测模式下，输入捕捉模块会在捕捉输入的每个边沿处捕捉定时计数值。将 ICM<2：0>位置为 101 选择边沿检测模式。在该模式下，不会使用捕捉预分频器，也不会更新输入捕捉溢出 ICOV 位，会忽略中断控制 ICI<1：0>字段，在每次定时计数捕捉时产生中断事件。

捕捉输入必须与外设时钟进行同步，所以模块捕捉是在捕捉事件后 2～3 个外设时钟的定时计数值。捕捉引脚按照外设时钟进行采样，所以捕捉脉冲高电平和低电平宽度必须大于外设时钟。

仅中断模式：仅中断模式在器件运行时不工作，它仅在器件处于休眠或空闲模式时工作；但是，在程序运行期间，当器件处于休眠或空闲模式，并且输入捕捉模块置为仅中断模式 ICM<2：0>字段置为 111。输入捕捉引脚上的任何上升沿都会触发中断，该中断唤醒器件。模块不会捕捉任何定时器值，并且 FIFO 缓冲区也不会进行更新。由于不捕捉任何定时器值，会忽略定时器选择位 ICTMR，也不需要配置定时器的时钟源。因为唤醒中断在第一个上升沿产生，该模式下也不会使用预分频器。当器件退出休眠或空闲模式时，中断信号会置为无效。该模式只是用作外部唤醒功能使用。

由于输入捕捉引脚会触发内部触发器，所以输入捕捉脉冲高电平和低电平宽度不受外设时钟限制。

12.2 捕捉缓冲区

每个输入捕捉模块都有一个4级深的FIFO缓冲区。用户程序可以由缓冲寄存器(ICxBUF)访问缓冲区。输入捕捉写入ICxBUF,用户程序只能读取,会忽略对ICxBUF的写操作。有两个状态标志位提供FIFO缓冲区的状态,输入捕捉缓冲区非空ICBNE位ICxCON＜3＞和输入捕捉溢出ICOV位ICxCON＜4＞。当禁止输入捕捉模块(清零ON位或发生复位)时,状态标志位会清零,缓冲区会清为空状态。

输入捕捉缓冲区非空标志位ICBNE在第一个输入捕捉事件发生时置为1,并且一直保持为1状态,直到所有捕捉事件都已从FIFO中读出。例如,如果发生了3个捕捉事件,则必须对捕捉FIFO缓冲区执行3次读操作后才能将非空标志位ICBNE清零。如果发生了4个捕捉事件,则必须执行4次读操作后才能将非空标志位ICBNE清零。每次读取FIFO缓冲区都会调整读指针,使余下的条目移动到FIFO下一个可用的顶部单元。在32位捕捉模式下,如果每次读取16位,则高16位必须最后读取。FIFO读指针会在读取最高有效字节时递增。

如果FIFO已满,在读取FIFO之前发生了第5个捕捉事件,会产生溢出条件,ICOV位置为1。不会记录第5个捕捉事件,在溢出条件清除之前,后续的捕捉事件不会改变当前FIFO内容,并且会产生输入捕捉错误中断。PIC32MX3XX和PIC32MX4XX系列单片机不支持ICxE中断。

溢出条件可以通过清零ON位,禁止模块、读取捕捉缓冲区,直到清零ICBNE位为止、复位器件方式清除溢出条件。如果禁止输入捕捉模块,并在某个时间重新使能,则FIFO缓冲区内容是不确定的,读取时可能获得不确定的结果。如果在未接收到任何捕捉事件时执行FIFO读操作,则读取时会获得不确定的结果。

12.3 输入捕捉中断

输入捕捉模块能根据选定的捕捉事件数来产生中断。将定时器值写入FIFO中来确定捕捉事件。触发中断所需的捕捉事件数量由ICI＜1：0＞字段设置。如果清零ICBNE位,中断计数会清零。这使用户程序可将中断计数与FIFO状态同步。

例如,假设ICI＜1：0＞置为01(指定在每次发生第二个捕捉事件时产生中断),则可能发生以下序列:

(1)开启模块,中断计数为0。

(2)捕捉事件。FIFO包含1个条目,中断计数为1。

(3)读取FIFO。FIFO为空,中断计数为0。

(4)捕捉事件。FIFO包含1个条目,中断计数为1。

(5)捕捉事件。FIFO包含2个条目,中断计数为2。

(6)发出中断。中断计数为0。

(7)捕捉事件。FIFO包含3个条目,中断计数为1。

(8)读取FIFO 3次。FIFO变为空,中断计数为0。

(9)捕捉事件。FIFO包含1个条目,中断计数为1。

(10)读取FIFO。FIFO变为空,中断计数为0。

第一个捕捉事件定义为在模式改变之后或在ICBNE位清零之后发生的捕捉事件。在发生溢出时,中断捕捉模块将停止输入捕捉事件,改为产生输入捕捉错误事件。该中断将一直产生,直到溢出条件清除为止。

用户程序通常指定使用输入捕捉引脚作为附属外部中断。当ICI<1:0>置为00或ICM<2:0>置为001时,无论FIFO是否溢出,都会发生中断事件。不需要对捕捉缓冲区执行假读操作来清除事件和防止溢出,从而确保不会禁止未来的中断事件。对于溢出条件,ICOV标志位仍然会置为1。

中断控制位:每个输入捕捉模块都有中断标志位ICxIF、中断错误状态位ICxE、中断使能位ICxIE、中断优先级位ICxIP和辅助中断优先级位ICxIS。

中断持久性:只要导致输入捕捉中断的条件一直存在,中断就会一直发生。如果条件未清除,它们会立即再次发生。

12.4 节能模式下的输入捕捉操作

休眠模式下的输入捕捉操作:当器件进入休眠模式时,禁止外设时钟。在休眠模式下,输入捕捉模块只能用作外部中断。该模式可以通过设置ICM<2:0>字段置为111进行使能(对于仅中断模式)。在该模式下,捕捉引脚的上升沿将使器件从休眠状态唤醒。如果使能中断,并且模块优先级达到要求,将产生中断。如果输入捕捉模块配置为除ICM<2:0>为111以外的模式,并且器件进入休眠模式,则外部引脚的任何上升沿或下降沿都不会产生从休眠模式唤醒条件。

空闲模式下的输入捕捉操作:当器件进入空闲模式时,外设时钟保持工作,但CPU停止执行代码。空闲模式停止控制SIDL位ICxCON<13>决定模块在空闲模式下是否继续工作。如果SIDL为0,模块在空闲模式下会继续工作。虽然仅中断模式ICM<2:0>为111可能会在空闲模式下SIDL置为0时产生中断,但在CPU运行时它不会产生中断。如果SIDL为1,模块在空闲模式下会停止工作。模块在空闲模式下停止工作时执行与休眠模式下相同的程序。

器件从休眠或空闲模式唤醒:在使用仅中断模式,且器件处于休眠或空闲模式时,输入捕捉事件可将器件唤醒或产生中断。

I/O引脚控制:当输入捕捉模块使能时,用户程序必须将相关的TRIS位置为1,以确保I/O引脚方向配置为输入。而当输入捕捉模块使能时,不会设置引脚方向。此外,所有与输入引脚复用的其他外设也必须禁止。

思考题

问1:可以使用输入捕捉模块将器件从休眠模式唤醒吗?

答1:可以。当输入捕捉模块ICM<2:0>配置为111,并且相关模块的中断使能位ICIE置为1时,捕捉引脚的上升沿会将器件从休眠模式唤醒。

第13章

输出比较

输出比较模块主要用于在响应选定时基事件时产生单脉冲信号或一连串脉冲信号，实现脉宽调制(Pulse－WidthModulation，PWM)模式以实现电机的功率驱动控制。高性能的PWM外设必须能够用尽可能少的CPU时间来产生复杂的PWM波形，而且使用要非常简单方便。脉宽调制器PWM是许多工业电力电子装置控制应用的关键部件。这些系统包括数字电机的控制、开关电源的控制、不间断电源(UPS)以及多种能量转换装置的控制。PWM可以实现数模转换(DAC)功能，数模转换的占空比与DAC模拟值对应，由于可以实现较大功率输出，也可当作功率型DAC使用。输出比较模块框图如图13-1所示。

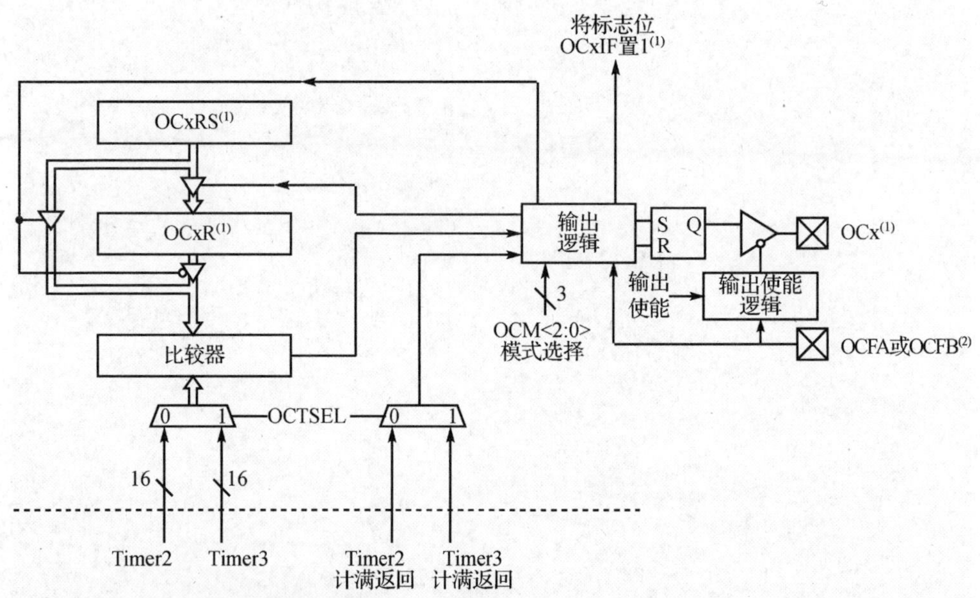

图13-1 输出比较模块框图

下面列出了输出比较模块的主要特性：

- 一个器件中可以有多个输出比较模块。
- 单比较模式和双比较模式。
- 产生单脉冲和连续脉冲输出。
- 脉宽调制模式 PWM。
- 在发生比较事件时产生可编程中断。
- 基于硬件的 PWM 故障检测和自动输出禁止。
- 可通过编程选择 16 位或 32 位时基，可通过两个可用 16 位时基中的任意一个工作，也可通过一个 32 位时基工作。

不同器件型号可能有一个或多个输出比较模块。在引脚、控制/状态位和寄存器的名称中使用的“x”表示特定的模块。每个输出比较模块都包含以下特殊功能寄存器 SFR：

- 控制寄存器 OCxCON，其位操作只写寄存器包含 OCxCONCLR、OCxCONSET 和 OCxCONINV。
- 数据寄存器 OCxR，其位操作只写寄存器包含 OCxRCLR、OCxRSET 和 OCxRINV。
- 辅助数据寄存器 OCxRS，其位操作只写寄存器包含 OCxRSCLR、OCxRSSET 和 OCxRSINV。
- 时基 2 寄存器 T2CON，其位操作只写寄存器包含 T2CONCLR、T2CONSET 和 T2CONINV。
- 时基 3 寄存器 T3CON，其位操作只写寄存器包含 T3CONCLR、T3CONSET 和 T3CONINV。
- 定时器寄存器 TMR2，其位操作只写寄存器包含 TMR2CLR、TMR2SET 和 TMR2INV。
- 定时器寄存器 TMR3，其位操作只写寄存器包含 TMR3CLR、TMR3SET 和 TMR3INV。
- 周期 2 寄存器 PR2，其位操作只写寄存器包含 PR2CLR、PR2SET 和 PR2INV。
- 周期 3 寄存器 PR3，其位操作只写寄存器包含 PR3CLR、PR3SET 和 PR3INV。

每个定时器模块都有用于中断控制的相关位：

- 中断标志位（在 IFS0INT 寄存器中）OC5IF、OC4IF、OC3IF、OC2IF 和 OC1IF。
- 中断使能位（在 IEC0INT 寄存器中）OC5IE、OC4IE、OC3IE、OC2IE 和 OC1IE 。
- 中断优先级位（在 IPC1INT 寄存器中）OC1IP<2：0>。
- 中断子优先级位（在 IPC1INT 寄存器中）OC1IS<1：0>。

● 中断优先级位(在IPC2INT寄存器中)OC2IP<2:0>。

● 中断子优先级位(在IPC2INT寄存器中)OC2IS<1:0>。

● 中断优先级位(在IPC3INT寄存器中)OC3IP<2:0>。

● 中断子优先级位(在IPC3INT寄存器中)OC3IS<1:0>。

● 中断优先级位(在IPC4INT寄存器中)OC4IP<2:0>。

● 中断子优先级位(在IPC4INT寄存器中)OC4IS<1:0>。

● 中断优先级位(在IPC5INT寄存器中)OC5IP<2:0>。

● 中断子优先级位(在IPC5INT寄存器中)OC5IS<1:0>。

13.1 工作原理

每个输出比较模块都有以下工作模式：

● 单比较匹配模式：输出驱动为高电平、输出驱动为低电平、输出驱动为翻转电平；

● 双比较匹配模式：单输出脉冲、连续输出脉冲；

● 简单脉宽调制模式：不带故障保护输入、带故障保护输入；

用户程序在切换到新模式之前，必须关闭输出比较模块，清零OCM<2:0>位OCxCON<2:0>。在模块处于工作状态时更改模式可能会产生不可预料的结果。

对选定定时器相关的任何特殊功能寄存器SFR的引用，均用“y”后缀表示。例如，PRy是选定定时器的周期寄存器，而TyCON是选定定时器的定时器控制寄存器。

13.2 单比较匹配模式

当控制位OCM<2:0>置为001、010或011时，选定的输出比较通道将配置为3种单输出比较匹配模式中的一种。同时，必须使能比较时基。

在单比较模式下，将OCxR寄存器中装载的值与选定的递增定时器寄存器TMRy中的值作比较。

在发生比较匹配事件时，将发生以下事件之一：

● 比较匹配事件强制OCx引脚为高电平，该引脚的初始状态为低电平。在发生单比较匹配事件时，产生中断。

● 比较匹配事件强制OCx引脚为低电平，该引脚的初始状态为高电平。在发生单比较匹配事件时，产生中断。

● 比较匹配事件使OCx引脚电平翻转。翻转事件是连续的，且每次翻转事件都会产生一次中断。

比较模式输出驱动为高电平：要将输出比较模块配置为该模式，需设置控制

OCM<2：0>字段为 001。同时，必须使能比较时基。一旦使能了该比较模式，输出引脚 OCx 将驱动为低电平，并保持低电平直到 TMRy 和 OCxR 寄存器之间发生匹配为止。以下关键时序事件：

● 在比较时基和 OCxR 寄存器之间发生比较匹配后的一个外设时钟，OCx 引脚驱动为高电平。OCx 引脚将保持高电平直到模式发生改变或禁止模块。

● 比较时基将计数到与关联周期寄存器中包含的值相等为止，然后在下一个 PBCLK 复位为 0x0000。

● 当 OCx 引脚驱动为高电平时，相关的通道中断标志位 OCxIF 会置为有效。

比较模式输出驱动为低电平：要将输出比较模块配置为该模式，需设置控制 OCM<2：0>字段为 010。同时，必须使能比较时基。一旦使能了该比较模式，输出引脚 OCx 将驱动为高电平，并保持高电平直到定时器和 OCxR 寄存器之间发生匹配为止。以下是关键时序事件：

● 在比较时基和 OCxR 寄存器之间发生比较匹配后的一个 PBCLK，OCx 引脚驱动为低电平。OCx 引脚将保持低电平直到模式发生改变或禁止模块。

● 比较时基将计数到与关联周期寄存器中包含的值相等为止，然后在下一个 PBCLK 复位为 0x0000。

● 当 OCx 引脚驱动为低电平时，相关通道的中断标志位 OCxIF 会置为有效。

单比较模式翻转输出：要将输出比较模块配置为该模式，需设置控制 OCM<2：0>字段为 011。此外，必须选择并使能 Timer2 或 Timer3。一旦使能了该比较模式，输出引脚 OCx 最初将驱动为低电平，并在随后每当定时器和 OCxR 寄存器之间发生匹配事件时，交替输出高低电平。以下是关键时序事件：

● 在比较时基和 OCxR 寄存器之间发生比较匹配后的一个 PBCLK 周期，OCx 引脚电平翻转。OCx 引脚将保持此新状态直到发生下一次翻转事件、模式发生改变或禁止模块。

● 比较时基将计数到与周期寄存器中的值相等为止，然后在下一个 PBCLK 复位为 0x0000。

● 当 OCx 引脚电平翻转时，相关通道的中断标志位 OCxIF 会置为有效。

器件复位时，内部 OCx 引脚输出置为 0。但是，在翻转模式下，OCx 引脚的工作状态可以通过用户程序设置。

13.3 双比较匹配模式

当控制位 OCM<2：0>置为 100 或 101 时，选定输出比较通道配置为两种双比较匹配模式之一：单输出脉冲模式或连续输出脉冲模式。

在双比较模式下，模块在处理比较匹配事件时使用 OCxR 和 OCxRS 这两个寄存器。将 OCxR 寄存器的值与递增定时器 TMRy 计数的值作比较，并且在发生比较匹配事件时，在OCx引脚上产生脉冲的前沿（上升）。然后OCxRS寄存器的值与同一个递增定时器TMRy计数的值作比较，并且在发生比较匹配事件时，在OCx引脚上产生脉冲的后沿（下降）。

单输出脉冲：要将输出比较模块配置为单输出脉冲模式，需设置控制字段OCM＜2：0＞为100。此外，必须选择并使能比较时基。一旦使能了该模式，输出引脚OCx将驱动为低电平，并保持低电平直到时基和OCxR寄存器之间发生匹配为止。以下是关键时序事件：

● 在比较时基和OCxR寄存器之间发生比较匹配后的一个外设时钟，OCx引脚驱动为高电平。OCx引脚将保持高电平直到时基和OCxRS寄存器之间发生下一次匹配事件为止。此时，OCx引脚将驱动为低电平。OCx引脚将保持低电平直到模式发生改变或禁止模块。

● 比较时基将计数到与关联周期寄存器中包含的值相等为止，然后在下一个指令时钟复位为0x0000。

● 如果时基周期寄存器的内容小于OCxRS寄存器的内容，则不会产生脉冲的下降沿。OCx引脚将保持高电平直到OCxRS小于等于PR2、模式改变或复位条件产生为止。

● 当OCx引脚驱动为低电平（单脉冲的下降沿）时，相关通道的中断标志位OCxIF会置为有效。

产生单输出脉冲的设置：当控制字段OCM＜2：0＞置为100时，选定的输出比较通道将OCx引脚初始化为低电平状态并产生单输出脉冲。

若要产生单输出脉冲，需要遵循以下步骤（这些步骤假设定时器在开始时是关闭的，但在模块工作时无此要求）：

(1)确定外设时钟时间。

(2)计算从TMRy起始值(0x0000)到输出脉冲上升沿所需的时间。

(3)根据所需的脉冲宽度和到脉冲上升沿的时间，计算出现脉冲下降沿的时间。

(4)将以上步骤2和步骤3中计算出的值分别写入比较寄存器OCxR和辅助比较寄存器OCxRS。

(5)将定时器周期寄存器PRy的值置为等于或大于辅助比较寄存器OCxRS中的值。

(6)设置OCM＜2：0＞字段为100，并将OCTSEL位OCxCON＜3＞置为所需定时器的对应值。此时OCx引脚状态驱动为低电平。

(7)将ON位TyCON＜15＞置为1以使能定时器。

(8)在TMRy和OCxR第一次匹配时，OCx引脚将驱动为高电平。

(9)当递增定时器TMRy和辅助比较寄存器OCxRS发生匹配时，在OCx引脚上驱动脉冲的第二个边沿（即后沿，从高电平到低电平）。OCx引脚上不会驱动输出额外的脉冲，它将保持为低电平。第二次比较匹配事件会导致OCxIF中断标志位置为 1，OCxIE 位置为 1 将使能并产生中断。

(10)要启动另一个单脉冲输出，根据需要更改定时器和比较寄存器的设置，然后进行写操作将 OCM＜2：0＞位置为 100。不需要禁止和重新使能定时器并清零 TMRy 寄存器，而且这样做有利于从已知事件时间边界定义脉冲。

在输出脉冲下降沿后不一定要禁止输出比较模块。通过重写 OCxCON 寄存器的值可以启动另一个脉冲。

连续输出脉冲：要将输出比较模块配置为该模式，需设置控制 OCM＜2：0＞字段为 101。此外，必须选择并使能比较时基。一旦使能了该模式，输出引脚 OCx 将驱动为低电平，并保持低电平直到比较时基和 OCxR 寄存器之间发生匹配为止。以下是关键时序事件：

● 在比较时基和 OCxR 寄存器之间发生比较匹配后的一个 PBCLK 周期，OCx 引脚驱动为高电平。OCx 引脚将保持高电平直到时基和 OCxRS 寄存器之间发生下一次匹配事件为止，此时引脚将驱动为低电平。OCx 引脚将重复这种脉冲发生序列(即，从低电平变为高电平边沿，然后是从高电平变为低电平边沿)，而无须用户程序进一步干预。

● OCx 引脚将产生连续脉冲，直到模式发生改变或禁止模块为止。

● 比较时基将计数到与关联周期寄存器中的值相等为止，然后在下一个指令时钟复位为 0x0000。

● 如果比较时基周期寄存器的值小于 OCxRS 寄存器的值，则不会产生下降沿。OCx 引脚将保持高电平，直到 OCxRS 小于等于 PRy、模式发生改变或器件复位。

● 当 OCx 引脚驱动为低电平(单脉冲的下降沿)时，相关通道的中断标志位 OCxIF 会置为有效。

产生连续输出脉冲的设置：当控制 OCM＜2：0＞位置为 101 时，选定的输出比较通道将 OCx 引脚初始化为低电平状态，并在每次发生比较匹配事件时产生输出脉冲。

用户程序若要将模块配置为产生连续的输出脉冲，需要遵循以下步骤(这些步骤假设定时器在开始时是关闭的，但在模块工作时无此要求)：

(1)确定外设时钟时间。考虑定时器的外部时钟频率和定时器预分频比的设置。

(2)计算从 TMRy 起始值(0x0000)到输出脉冲上升沿所需的时间。

(3)根据所需的脉冲宽度和到脉冲上升沿的时间，计算出现脉冲下降沿的时间。

(4)将以上步骤 2 和步骤 3 中计算出的值分别写入比较寄存器 OCxR 和辅助比较寄存器 OCxRS。

(5)将定时器周期寄存器 PRy 的值置为等于或大于辅助比较寄存器 OCxRS 中的值。

(6)设置 OCM＜2：0＞字段为 101，并将 OCTSEL 位 OCxCON＜3＞置为所需定时器的对应值(仅适用于 16 位模式)。此时 OCx 引脚状态驱动为低电平。

(7)将 TON 位 TyCON<15>置为1使能比较时基。

(8)在 TMRy 和 OCxR 第一次匹配时,OCx 引脚驱动为高电平。

(9)当比较时基 TMRy 和辅助比较寄存器 OCxRS 发生匹配时,在 OCx 引脚上驱动脉冲的第二个边沿(即后沿,从高电平到低电平)。

(10)第二次比较匹配事件会导致 OCxIF 中断标志位置为1。

(11)当比较时基和相关周期寄存器中的值匹配时,TMRy 寄存器复位为 0x0000,并重新开始计数。

(12)重复步骤8到步骤11,可无限制地产生连续脉冲。在每次发生 OCxRS-TMRy 比较匹配事件时,OCxIF 标志位会置为1。

13.4 脉宽调制模式

当控制位 OCM<2:0>置为110或111时,选定的输出比较通道配置为 PWM(脉宽调制)工作模式。

有两种 PWM 模式可供使用:不带故障保护输入的 PWM 和带故障保护输入的 PWM。

第二种 PWM 模式需使用 OCFA 或 OCFB 故障输入引脚。在该模式下,OCFx 引脚上的异步低电平会使选定的 PWM 通道关闭。

在 PWM 模式下,OCxR 寄存器是只读占空比寄存器,OCxRS 是缓冲寄存器,由用户程序写入数据来更新 PWM 占空比。在每次发生定时器与周期寄存器的匹配事件时(PWM 周期结束),占空比寄存器 OCxR 会装入 OCxRS 的内容。TyIF 中断标志位在每个 PWM 周期边界处置为有效。

当将输出比较模块配置为 PWM 操作时,需要遵循以下步骤:

(1)通过写选定的定时器周期寄存器 PRy,设置 PWM 周期。

(2)通过写 OCxRS 寄存器设置 PWM 占空比。

(3)向 OxCR 寄存器中写入初始占空比。

(4)如果需要,使能定时器和输出比较模块的中断。如果要使用 PWM 故障引脚,则必须设置输出比较中断。

(5)通过写输出比较模式 OCM<2:0>位,将输出比较模块配置为两种 PWM 工作模式中的一种。

(6)设置 TMRy 预分频值,并由设置 TON 位置为1使能时基。

在第一次使能输出比较模块之前,必须先初始化 OCxR 寄存器。当模块工作于 PWM 模式时,OCxR 寄存器变为只读占空比寄存器。OCxR 中保存的值成为第一个 PWM 周期的 PWM 占空比。占空比缓冲寄存器 OCxRS 的内容在发生时基周期匹配之后才会传送到 OCxR。

带故障保护输入引脚的 PWM:当输出比较模式位 OCM<2:0>置为111时,

选定的输出比较通道配置为 PWM 工作模式。此时通道具有“脉宽调制模式”中的所有功能，同时还有输入故障保护功能。

故障保护通过 OCFA 和 OCFB 引脚提供。OCFA 引脚与输出比较通道 1～4 关联，而 OCFB 引脚与输出比较通道 5 关联。

如果在 OCFA/OCFB 引脚检测到 0，则选定的 PWM 输出引脚置为高阻抗状态。用户程序可以选择在 PWM 引脚连接弱下拉电阻或弱上拉电阻，使得在发生故障条件时提供所需的状态。PWM 输出立即关闭，不连接到器件时钟。该状态将保持直到满足以下条件：

- 外部故障条件已经消除。
- 写模式 OCM＜2：0＞位将重新使能 PWM 模式，发生故障条件后，相关的中断标志位 OCxIF 会置为有效，在使能中断的情况下将产生中断。在检测到故障条件时，OCFLT 位 OCxCON＜4＞驱动为高电平。该位是只读位，只有在以下情况下才会清零：外部故障条件已经消除，写入相关的模式 OCM＜2：0＞位重新使能 PWM 模式。

在器件处于休眠或空闲模式时，外部故障引脚将继续控制 OCx 输出引脚。

PWM 周期：PWM 周期可由写入 PRy（Timery 周期寄存器）指定。PWM 周期一定不能超出所选定模式的周期寄存器宽度（对于 16 位模式为 16 位，对于 32 位模式为 32 位）。如果计算得到的周期太大，选择较大的预分频比，以防止溢出。为了维持最大的 PWM 分辨率，选择不会导致溢出的最小预分频比。

如果 PRy 的值为 N，则会使 PWM 周期为 N＋1 个时基计数周期。例如，如果写入 PRy 寄存器的值为 7，则将产生由 8 个时基周期组成的 PWM 周期。

PWM 占空比：写入 OCxRS 寄存器指定 PWM 占空比。可以在任何时候写 OCxRS 寄存器，但是在 PRy 和 TMRy 发生匹配（即周期结束）前占空比值不会锁存到 OCxR 中。这可以为 PWM 占空比提供双重缓冲，对于 PWM 的无毛刺操作是极其重要的。在 PWM 模式下，OCxR 是只读寄存器。

PWM 占空比有一些重要的边界参数，包括：

- 如果占空比寄存器 OCxR 中装入 0x0000，则 OCx 引脚将保持低电平（占空比为 0％）。
- 如果 OCxR 大于 PRy（定时器周期寄存器），则引脚将保持高电平（占空比为 100％）。
- 如果 OCxR 等于 PRy，则 OCx 引脚在一个时基计数值内为低电平，而在所有其他计数值内均为高电平。

13.5　中　断

每个可用的输出比较通道都有专用的中断位 OCxIF，以及相关的中断使能位

OCxIE。这些位决定中断和使能各个中断。每个通道的优先级还可以独立于其他通道进行设置。

当输出比较通道检测到匹配条件时,OCxIF 位置为 1。OCxIF 位是否置为 1 与相关 OCxIE 位的状态无关。如果 OCxIE 位置为 1,则向量中断控制器(Vector Interrupt Controller,VIC)模块会在相关的 OCxIF 位置为 1 时向 CPU 产生中断。中断服务程序需要在程序完成之前清零相关的中断标志位。

OCxIP<2：0>位设置每个输出比较通道的优先级。子优先级 OCxIS<1：0>值范围为 3～0。

产生使能的中断之后,CPU 将跳转到为该中断分配的向量处。CPU 将在向量地址处开始执行代码。该向量地址处的用户程序应执行所需的操作,如重新装入占空比和清零中断标志位,然后退出中断服务程序。

I/O 引脚控制:当输出比较模块使能时,I/O 引脚方向由比较模块控制。当禁止比较模块时,它会将 I/O 引脚控制权归还给相关的 LAT 和 TRIS 寄存器。

当使能具有故障保护输入模式的 PWM 时,必须将相关的 TRISSFR 位置为 1 以将 OCFx 故障引脚配置为输入。选择 PWM 故障模式时,OCFx 故障输入引脚不会自动配置为输入。

13.6　节能和调试模式下的操作

休眠模式下的输出比较操作:器件进入休眠模式时,禁止系统时钟。在休眠模式期间,输出比较模块会将引脚驱动为与进入休眠模式之前相同的有效状态,然后模块将暂停在该状态。

当模块在 PWM 故障模式下工作时,故障电路的异步部分将保持工作状态。如果检测到故障,比较输出使能信号会置为无效,OCFLT 位置为 1。如果使能了相关中断,还将产生中断,并且将器件从休眠模式唤醒。

空闲模式下的输出比较操作:器件进入空闲模式时,系统时钟保持工作,但 CPU 停止执行代码。SIDL 位 OCxCON<13>用于选择比较模块在器件进入空闲模式时是停止工作还是继续正常工作。

● 如果 SIDL 位置为 1,则在空闲模式下模块将停止工作,将执行与休眠模式下相同的程序。

● 如果清零 SIDL 位,则只有选定时基置为在空闲模式下工作时,模块才能继续工作,输出比较通道将在 CPU 空闲模式期间工作。此外,还必须使能时基。

在器件处于休眠或空闲模式时,外部故障引脚将继续控制相关的 OCx 输出引脚。当模块在 PWM 故障模式下工作时,故障电路的异步部分将保持工作状态。如果检测到故障,比较输出使能信号会置为无效,OCFLT 位置为 1。如果使能了相关中断,还将产生中断,并且将器件从空闲模式唤醒。

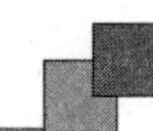

调试模式下的输出比较操作:FRZ 位 OCxCON<14>决定 CPU 在调试模式下执行调试异常代码时,输出比较模块是继续运行还是停止。如果清零 FRZ 位,则在调试模式下,即使用户程序暂停,输出比较模块也会继续工作。当 FRZ 位置为 1 且用户程序在调试模式下暂停时,模块将停止工作,并且不更改输出比较模块的状态。在 CPU 继续开始执行代码之后,模块将继续工作。

当模块在 PWM 故障模式下工作时,故障电路的异步部分将保持工作状态。如果检测到故障,比较输出使能信号会置为无效,OCFLT 位置为 1。如果使能了相关中断,还将产生中断。

复位的影响:在发生主复位 MCLR 事件之后,每个输出比较模块的 OCxCON、OCxR 和 OCxRS 寄存器会复位为 0x00000000。在发生上电 POR 事件之后,每个输出比较模块的 OCxCON、OCxR 和 OCxRS 寄存器会复位为 0x00000000。在发生看门狗定时器 WDT 事件之后,OCMP 控制寄存器的状态取决于 WDT 事件之前 CPU 的工作模式。如果器件不处于休眠模式,则 WDT 事件会将 OCxCON、OCxR 和 OCxRS 寄存器强制为复位为 0x00000000。如果在发生 WDT 事件时,器件处于休眠模式,则 OCxCON、OCxR 和 OCxRS 寄存器值不受影响。

13.7　PWM 输出方波的例程

本节描述了在微芯 PIC32MX220F032B 型芯片上的 PWM 输出示例。通过 4 个 PWM 输出通道输出循环变化占空比的 PWM 方波,调整 4 个 LED 灯的亮度,达到“呼吸灯”的效果。PWM 输出引脚选择硬件配置表如表 13－1 所列。PWM 输出硬件接口示意图如图 13－2 所示。

适用范围:本节所描述的代码适用于 PIC32MX220F032B 型芯片(28 引脚 SOIC 封装),对于其他型号或封装的芯片,未经测试,不确定其可用性。

表 13－1　PWM 输出引脚选择硬件配置表

序　号	功能符号	引脚号	复用端口选择指定功能所需代码	说　明
1	RPB7	16	RPB7Rbits.RPB7R=0b0101	复用引脚 RPB7,配置为 OC1 输出
2	RPB8	17	RPB8Rbits.RPB8R=0b0101	复用引脚 RPB8,配置为 OC2 输出
3	RPB9	18	RPB9Rbits.RPB9R=0b0101	复用引脚 RPB9,配置为 OC3 输出
4	RPB13	24	RPB13Rbits.RPB13R=0b0101	复用引脚 RPB13,配置为 OC4 输出

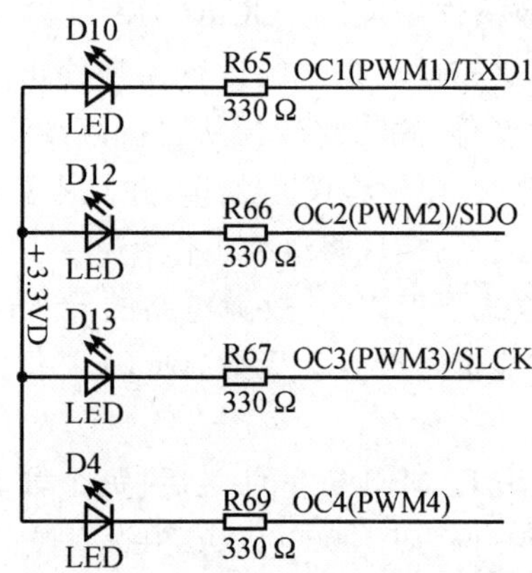

图 13－2　PWM 输出硬件接口示意图

1. 主函数例程(程序流程框图如图 13－3 所示)

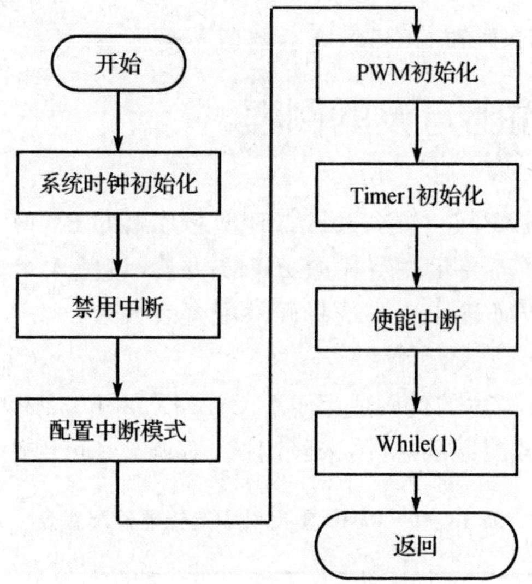

图 13－3　主函数流程框图

```
int main(void)
{
  SYSTEMConfig(SYS_FREQ, SYS_CFG_WAIT_STATES | SYS_CFG_PCACHE);
  INTDisableInterrupts();
  INTConfigureSystem(INT_SYSTEM_CONFIG_MULT_VECTOR);
  PWMinit();
  Timer1Init();
  INTEnableInterrupts();
  while(1)
```

```
    ;
  return 0;
}
```

2. PWM 初始化函数例程(程序流程框图如图 13－4 所示)

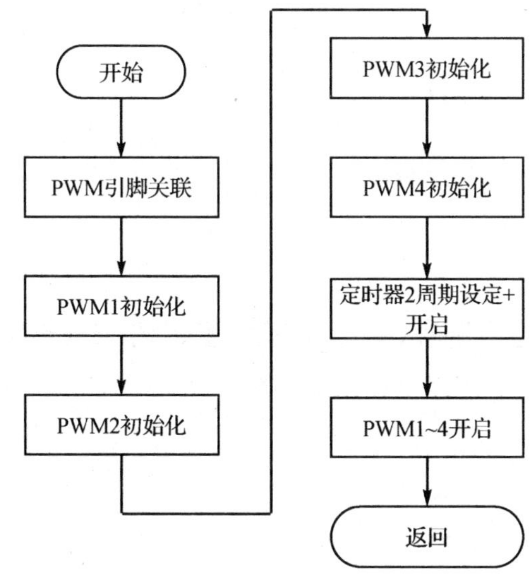

图 13－4　PWM 初始化函数流程框图

```
void PWMinit()
{
  //PWM 引脚关联
  RPB7Rbits.RPB7R = 0b0101;            //PWM1
  RPB8Rbits.RPB8R = 0b0101;            //PWM2
  RPB9Rbits.RPB9R = 0b0101;            //PWM3
  RPB13Rbits.RPB13R = 0b0101; //PWM4
  //PWM1 初始化
  OC1CON = 0x0000;                     // Turn off OC1 while doing setup.
  OC1RS = pwm1;                        // Initialize secondary Compare Register
  OC1CON = 0x0006;                     // Configure for PWM mode
  //PWM2 初始化
  OC2CON = 0x0000;                     // Turn off OC1 while doing setup.
  OC2RS = pwm1;                        // Initialize secondary Compare Register
  OC2CON = 0x0006;                     // Configure for PWM mode
  //PWM3 初始化
  OC3CON = 0x0000;                     // Turn off OC1 while doing setup.
  OC3RS = pwm1;                        // Initialize secondary Compare Register
  OC3CON = 0x0006;                     // Configure for PWM mode
```

```
    //PWM4 初始化
    OC4CON = 0x0000;                    // Turn off OC1 while doing setup.
    OC4RS = pwm1;                       // Initialize secondary Compare Register
    OC4CON = 0x0006;                    // Configure for PWM mode
    //定时器 2 周期设定 + 开启
    PR2 = PWM_PR;                       // Set period
    T2CONSET = 0x8000;                  // 使能 Timer2
    //PWM1～4 开启
    OC1CONSET = 0x8000;                 // 使能 OC1
    OC2CONSET = 0x8000;                 // 使能 OC2
    OC3CONSET = 0x8000;                 // 使能 OC3
    OC4CONSET = 0x8000;                 // 使能 OC4
}
```

3. 定时器中断函数例程(程序流程框图如图 13－5 所示)

```
void __ISR(_TIMER_1_VECTOR, ipl2) Timer1Handler
(void)
{
    //清除中断标志
    INTClearFlag(INT_T1);
      if(pwm1_d == 0)
    {
      pwm1 ++;
      if(pwm1 > PWM_PR)
      {
        pwm1 = PWM_PR;
        pwm1_d = 1;
      }
    }
    else
    {
      if(pwm1 == 0)
      {
        pwm1 = 0;
        pwm1_d = 0;
      }
      else
        pwm1 --;
    }
    OC1RS = pwm1;
    OC2RS = pwm1;
      OC3RS = pwm1;
```

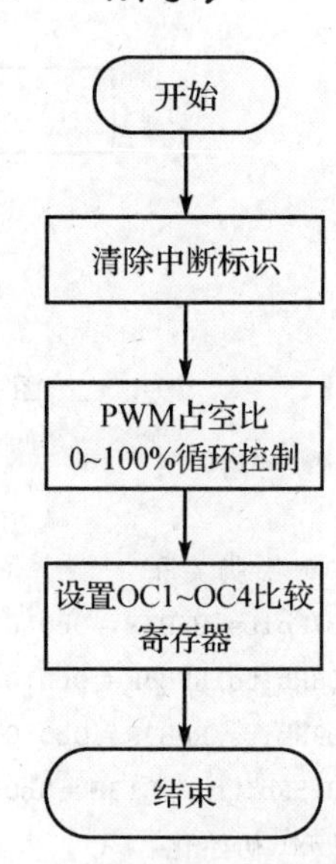

图 13－5　定时器中断函数流程框图

```
    OC4RS = pwm1;
}
```

13.8 由 PWM 输出构成 D/A 模拟量输出和将其采样的 A/D 例程

本节描述了微芯 PIC32MX220F032B 型芯片上的 D/A－A/D 综合示例。通过 PWM 输出占空比从 0～100%渐变循环变化的数字信号,该信号通过 RC 滤波后,接入 10 位 A/D 接口 AN1～AN4,并将 A/D 采样结果通过 SPI 接口输出给 8 段数码管显示(0～1 023)。SPI 引脚和 A/D 引脚选择硬件配置表如表 13－2 所列。

适用范围:本节所描述的代码适用于 PIC32MX220F032B 型芯片(28 引脚 SOIC 封装),对于其他型号或封装的芯片,未经测试,不确定其可用性。

表 13－2　SPI 引脚和 A/D 引脚选择硬件配置表

序　号	功能描述	引脚号	复用端口选择指定功能所用代码	说　明
1	SCK2	26	由 SPI 模块自动选择(SCK2 只能选这个引脚)	SPI 数据时钟
2	SDO2	17	PPSOutput(2, RPB8, SDO2)	SPI 数据输出
3	SLCK	18	PORTSetPinsDigitalOut(IOPORT_B, BIT_9)	外部移位寄存器数据锁存
4	RPB7	16	RPB7Rbits. RPB7R＝0b0101	复用引脚 RPB7,配置为 OC1 输出
5	AN0	2	ANSELAbits. ANSA0＝1	PORTA. 0,使能为模拟通道 0

基于 PWM 的 D/A 变换电路:采用 PIC32MX220F032B 型芯片所具有的脉宽调制 PWM 通道输出可变占空比的 PWM 波形,PWM 波形通过 RC 滤波电路将其形成大小可调的模拟量,即可实现 D/A 转换,如图 13－6 所示。

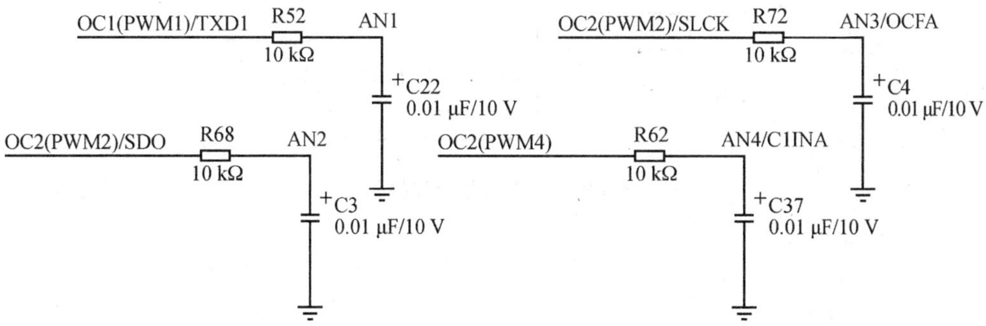

图 13－6　PWM 滤波电路

图 13－6 中所示的为较简单的 RC 电路构成的一阶滤波电路,电阻的阻值采用 10 kΩ,电容的大小采用 0.01 μF/10 V,滤波电路的输出引脚 AN1～AN4 与芯片的

模拟输入引脚连接，可以用万用表直流电压挡检测 D/A 输出的电压值，也可以用 A/D 转换模块将其电压值转换成数字量送到 LED 七段数码显示器显示出转换值。

1. 主函数例程（程序流程框图如图 13-7 所示）

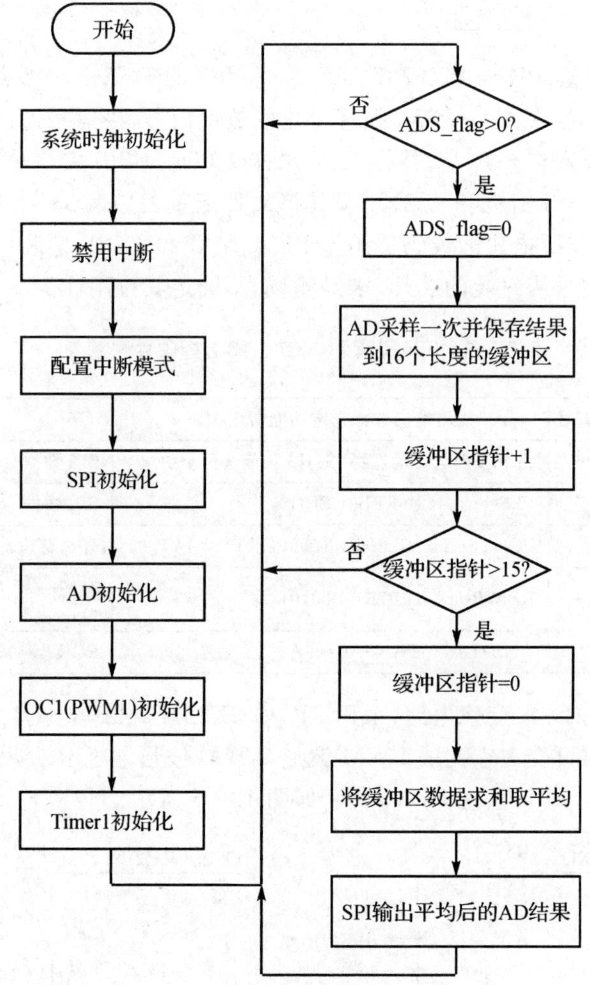

图 13-7 主函数流程框图

```
int main(void)
{
  int i,ads;
  SYSTEMConfig(SYS_FREQ, SYS_CFG_WAIT_STATES | SYS_CFG_PCACHE);
  INTDisableInterrupts();
  INTConfigureSystem(INT_SYSTEM_CONFIG_MULT_VECTOR);
  SpiInitDevice();
  AD10init();
```

```
    PWMinit();
    Timer1Init();
    INTEnableInterrupts();
    while(1)
    {
      if(ADS_flag > 0)
      {
        ADS_flag = 0;
        adrst[adptr] = AD10Sample();
        adptr++;
        if(adptr > 15)
        {
          adptr = 0;
          ads = 0;
          for(i = 0;i<16;i++)
            ads += adrst[i];
          ads = ads >> 4;
          AD10DispRst(ads);
        }
      }
    }
    return 0;
}
```

2. PWMinit 函数例程(PWMinit 函数流程框图如图 13-8 所示)

```
void PWMinit()
{
  //PWM 引脚关联
  RPB7Rbits.RPB7R = 0b0101;   //PWM1
  //PWM1 初始化
  OC1CON = 0x0000;            //初始化时关闭 OC1
  OC1RS = pwm1;  //初始化比较寄存器
  OC1CON = 0x0006;            //配置 PWM 模式
  //定时器 2 周期设定 + 开启
  PR2 = PWM_PR;               //设置周期值
  T2CONSET = 0x8000;          //使能 Timer2
  //PWM1 开启
  OC1CONSET = 0x8000;         //使能 OC1
}
```

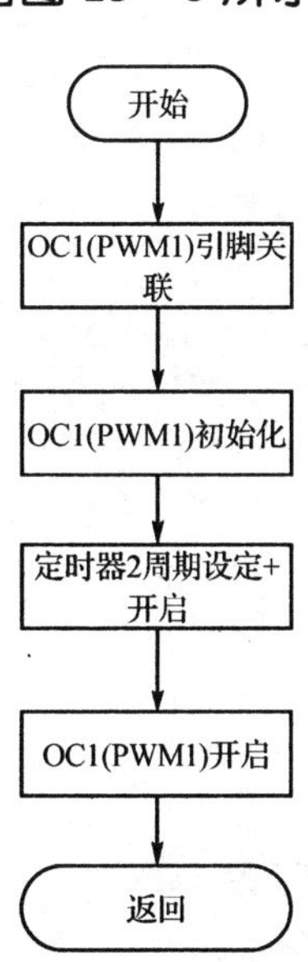

图 13-8　PWMinit 函数流程框图

3. 定时器中断函数例程(定时器中断函数流程框图如图 13－9 所示)

```
//配置 Timer1 中断处理函数
void __ISR(_TIMER_1_VECTOR, ipl2) Timer1Handler
(void)
{
  // Clear the interrupt flag
  INTClearFlag(INT_T1);

  ADS_cnt++;
  if(ADS_cnt > 10) //0.01s
  {
    ADS_cnt = 0;
    ADS_flag = 1;
  }
  pwm_cnt++;
  if(pwm_cnt > 1)
  {
    pwm_cnt = 0;
    if(pwm1_d == 0)
    {
      pwm1 ++;
      if(pwm1 > DUTYMAX )
      {
        pwm1 = DUTYMAX;
        pwm1_d = 1;
      }
    }
    else
    {
      if(pwm1 == 0)
      {
        pwm1 = 0;
        pwm1_d = 0;
      }
      else
        pwm1 --;
    }
    OC1RS = pwm1;
  }
}
```

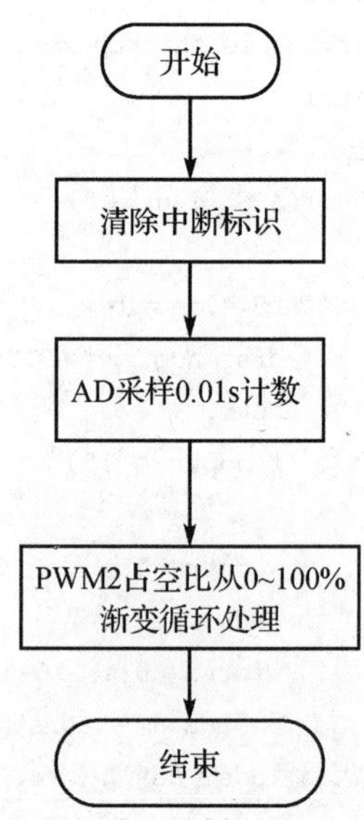

图 13－9　定时器中断函数流程框图

4. A/D 采样函数例程(程序流程框图如图 13-10 所示)

```
UINT16 AD10Sample(void)
{
    AD1CON1bits.ASAM = 1;   // 自动采样:31 个 Tad 后自动转换
    while (! AD1CON1bits.DONE);   // 等待转换完成
    AD1CON1bits.ASAM = 0;   // 结束本次采样/转换操作
    return ADC1BUF0;   //返回采样结果
}
```

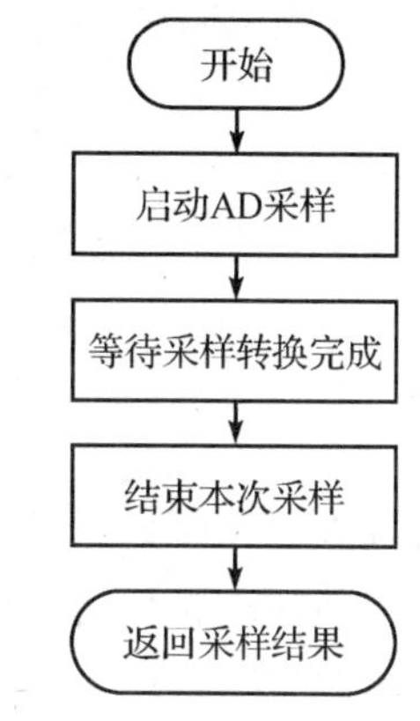

图 13-10　AD 采样函数流程框图

思考题

问 1:即使当 SIDL 位未置为 1 时,输出比较引脚仍停止工作,这是什么原因?

答 1:当相关定时器的 SIDL 位 TxCON<13>置为 1 时,最可能发生此问题。因此,当执行 PWRSAV 指令时,实际上是定时器进入了空闲模式。

问 2:是否能在选定时基配置为 32 位模式时使用输出比较模块?

答 2:可以。定时器可以在 32 位模式下使用,用作输出比较模块的时基,方法是将 T32 位置为 1。为了正确工作,输出比较模块必须配置为 32 位比较模式,方法是将 OC32 位 OCxCON<5>置为 1,使所有输出比较模块都使用 32 位定时器作为时基。

第 14 章

串行外设接口

串行外设接口(Serial Peripheral Interface,SPI)模块是用于与器件和其他单片机进行通信的同步串行通信接口,是一个高速同步串行输入/输出端口,允许 1～32 位字符长度的可编程数据流以可编程的位传送速率移入或移出器件。这些器件可以是串行 EEPROM、移位寄存器、显示驱动器和模数转换器(ADC)或音频编/解码器等。图 14-1 显示了 SPI 模块的框图。

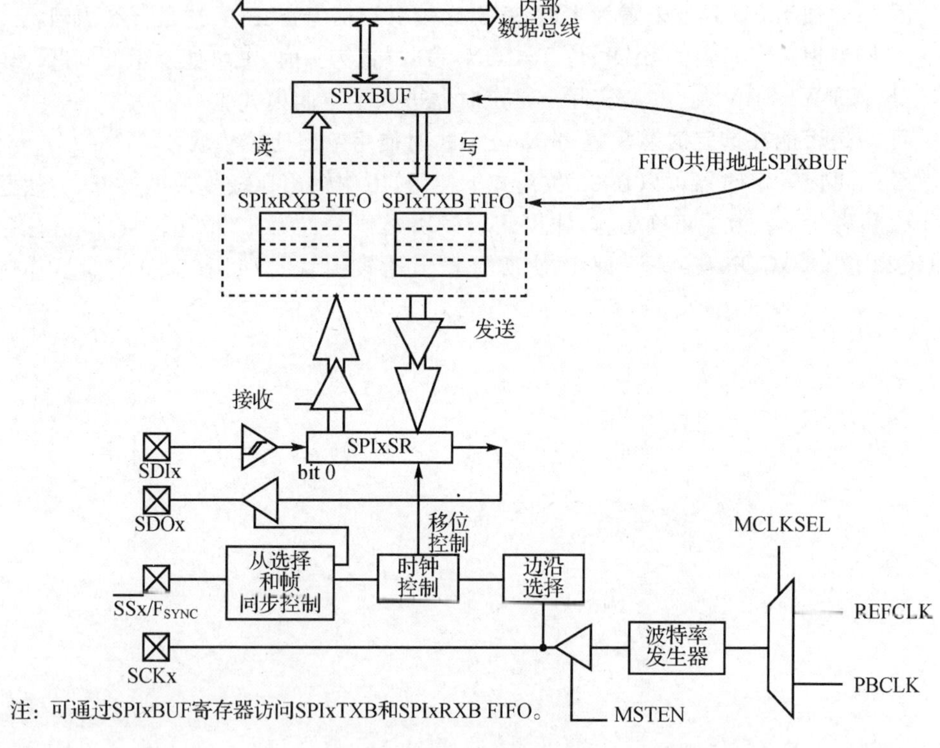

图 14-1 SPI 模块框图

该模块的主要特性有:

- 支持主/从模式;
- 4 种不同的时钟格式;

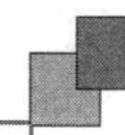

- 支持帧 SPI 协议；
- 标准和增强型缓冲模式；
- 用户程序可配置的 8 位、16 位和 32 位数据宽度；
- SPI 接收和发送缓冲区是 FIFO 缓冲区，在增强型缓冲模式下为 4/8/16 级深；
- 针对每个 8 位、16 位和 32 位数据传送的可编程中断；
- 音频协议接口模式：一些 PIC32MX 系列器件支持音频编/解码器串行协议，如用于 16、24 和 32 位音频数据的 I^2S、左对齐、右对齐和 PCM/DSP 模式。

SPIx 串行接口由以下 4 个引脚组成：SDIx 串行数据输入、SDOx 串行数据输出、SCKx 移位时钟输入或输出、SSx 低功耗从选择或帧同步 I/O 脉冲。

SPI 模块包含特殊功能寄存器：SPI 控制寄存器 SPIxCON、SPI 控制寄存器 2SPIxCON2、SPI 状态寄存器 SPIxSTAT、SPI 缓冲寄存器 SPIxBUF、SPI 波特率寄存器 SPIxBRG。

14.1　SPI 工作模式

两个控制 MODE32 位和 MODE16 位 SPIxCON<11：10>用于定义工作模式。要在线更改工作模式，SPI 模块必须处于空闲状态。清零 ON 位 SPIxCON<15>，关闭 SPI 模块，则新模式将在模块再次开启时可用。应注意：在执行过程时，不应更改 MODE32 位和 MODE16 位，从 SPIxSR 移出的第一位会因所选工作模式而不同：8 位模式，第 7 位；16 位模式，第 15 位；32 位模式，第 31 位。在每种模式下，数据都会移入 SPIxSR 的第 0 位，SCKx 引脚上的时钟脉冲数量也取决于所选工作模式：8 位模式，8 个时钟；16 位模式，16 个时钟；32 位模式，32 个时钟。

SPI 模块提供以下 4 种工作模式：

(1)8 位、16 位和 32 位数据发送模式和接收模式：当 SPI 总线发送和接收数据时，SPI 模块支持 3 种数据宽度。数据宽度的选择决定 SPI 数据的最小长度。例如，当选择的数据宽度为 32 时，所有发送和接收都按 32 位执行。来自 CPU 的所有读/写操作也都按 32 位执行。相应地，用户程序应选择适当的数据宽度，以最大程度提高它的数据吞吐量。

(2)主/从模式。

(3)帧 SPI 模式：在帧 SPI 模式下，使用 4 个引脚：SDIx、SDOx、SCKx 和 SSx。如果使用从选择功能，则使用这 4 个引脚。如果使用标准 SPI 模式，但 CKE 位置为 1，同时强制使能从选择功能，则使用这 4 个引脚。如果使用标准 SPI 模式，但 DISSDO 位置为 1，则只使用 2 个引脚：SDIx 和 SCKx；除非还使能了从选择功能。其他情况下，使用 3 个引脚：SDIx、SDOx 和 SCKx。

(4)音频协议接口模式。

标准缓冲模式：SPI 数据接收/发送缓冲寄存器 SPIxBUF 是两个独立的内部寄存器，发送缓冲区 SPIxTXB 和接收缓冲区 SPIxRXB 共用一个 SPIxBUF 地址。

当接收到完整字节/字时，它会从 SPIxSR 传送到 SPIxRXB，并且 SPIxRBF 标志位会置为 1。如果用户程序读取 SPIxBUF 缓冲区，SPIxRBF 标志位会清零。

在用户程序写入 SPIxBUF 时，数据会装入 SPIxTXB，SPIxTBF 标志位会由硬件置为 1。在数据从 SPIxSR 中发送出去时，SPIxTBF 标志位会清零。

SPI 模块对发送/接收操作进行了双重缓冲，使能在后台连续地传送数据。发送和接收在 SPIxSR 中同时进行。

增强型缓冲模式：可以将 SPI 控制寄存器中的增强型缓冲使能 ENHBUF 位 SPIxCON<16>置为 1，使能增强型缓冲模式。在增强型缓冲模式下，将使用 2 个 128 位的 FIFO 缓冲区来作为发送缓冲区 SPIxTXB 和接收缓冲区 SPIxRXB。SPIxBUF 可用于访问接收和发送 FIFO，并且在该模式下，SPIxSR 缓冲区中的数据发送和接收与标准缓冲模式下的相同。FIFO 深度取决于 SPI 控制寄存器中的字/半字字节通信模式选择位 MODE32 和 MODE16 位选择的数据宽度。如果选择 32 位数据长度，则 FIFO 为 4 级深；如果选择 16 位数据长度，则 FIFO 为 8 级深；或者如果选择 8 位数据长度，则 FIFO 为 16 级深。

当发送 FIFO 缓冲区中的单元全满时，SPIxTBF 状态位会置为 1，其中一个或多个单元为空时，该位会清零。当接收 FIFO 缓冲区中的单元全满时，SPIxRBF 状态位会置为 1，在用户程序读取 SPIxBUF 缓冲区时，该位会清零。如果发送 FIFO 缓冲区中的单元全为空，SPIxTBE 状态位会置为 1，否则该位会清零。如果接收 FIFO 缓冲区中的单元全为空，SPIxRBE 位会置为 1，否则该位会清零。只有在增强型缓冲模式下，移位寄存器空 SRMT 位才有效，该位在移位寄存器为空时置为 1，其他情况下则清零。

模块没有用于防止以下操作的数据不足或溢出保护，读取为空的接收 FIFO 单元或写入已满的发送 FIFO 单元。然而，SPIxSTAT 寄存器提供了发送数据不足状态位 SPITUR 和接收数据溢出状态位 SPIROV，它们可以与其他状态位一起用于进行监视。

SPI 状态寄存器中的接收缓冲区单元计数 RXBUFELM<4：0>位 SPIxSTAT<28：24>用于指示接收 FIFO 中未读单元的数量。SPI 状态寄存器中的发送缓冲区单元计数 TXBUFELM<4：0>位 SPIxSTAT<20：16>用于指示发送 FIFO 中未发送单元的数量。

主模式工作：在主模式下，分频 PBCLK 用作串行时钟。分频值由 SPIxBRG 寄存器设置。串行时钟从 SCKx 引脚输出到从器件。只有存在待发送数据时，才会产生时钟脉冲；处于帧模式时除外，此时会连续产生时钟。在将模式从从模式更改为主模式之前，必须先关闭 SPI 器件。使用从模式时，SSx 或另一个 GPIO 引脚用于控制从器件的 SSx 输入，引脚必须用户程序进行控制。

在主模式下，可以将SPI控制寄存器中的主模式从选择使能MSSEN位SPIxCON＜28＞置为1自动驱动从选择信号SS，清零该位会禁止主模式下的从选择信号支持。FRMPOL位SPIxCON＜29＞决定主模式下从选择信号的极性。

MSSEN位并非在所有器件上都可用，SPI帧模式使能位FRMEN置为1时不应将MSSEN位置为1。对于没有MSSEN位的器件，在非帧SPI模式下，SSx引脚或其他I/O引脚在用户程序的控制下产生从选择信号。

CKP位SPIxCON＜6＞和CKE位SPIxCON＜8＞决定数据在时钟的哪个边沿发送。在更改CKE或CKP位之前，用户程序必须先关闭SPI器件，否则将无法保证器件行为的正确性。

要发送的数据写入SPIxBUF寄存器，接收到的数据也是从SPIxBUF寄存器读取。

主模式下SPI模块的工作原理如下：

(1)一旦模块置为主模式，待发送数据就会写入SPIxBUF寄存器，SPITBE位SPIxSTAT＜3＞清零。

(2)SPIxTXB的内容移入移位寄存器SPIxSR，且硬件将SPITBE位清零。

(3)一组8/16/32个时钟脉冲将8/16/32位发送数据从SPIxSR移出到SDOx引脚，同时将SDIx引脚的数据移入SPIxSR。

(4)当传送结束时，将发生以下事件：

a)中断标志位SPIxRXIF置为1。将中断使能位SPIxRXIE置为1，使能SPI中断。硬件不会自动清零SPIxRXIF标志位。

b)当正在进行的发送和接收操作结束时，SPIxSR的内容将移入SPIxRXB。

c)模块将SPIRBF位SPIxSTAT＜0＞置为1，指示接收缓冲区已满。一旦用户程序读取了SPIxBUF，硬件就会将SPIRBF位清零。在增强型缓冲模式下，SPIRBE位SPIxSTAT＜5＞会在SPIxRXBFIFO缓冲区全空时置为1，在不全空时清零。

(5)当SPI模块需要将数据从SPIxSR传送到SPIxRXB时，如果SPIRBF位置为1(接收缓冲区满)，模块将SPIROV位置为1，指示产生了溢出。

(6)只要SPITBE位置为1，用户程序就可以在任何时候将待发送数据写入SPIxBUF。写操作可以与SPIxSR移出先前写入的数据同时发生，因此可以使能连续发送。

在增强型缓冲模式下，SPITBF位SPIxSTAT＜1＞会在SPIxTXBFIFO缓冲区全满时置为1，在不全满时清零。

用户程序不能直接写入SPIxSR寄存器。对SPIxSR寄存器的所有写操作均通过SPIxBUF寄存器执行。

从模式工作：在将模式从主模式更改为从模式之前，必须先关闭SPI模式。在从模式下，当SCKx引脚上出现外部时钟脉冲时开始发送和接收数据。CKP位和CKE位决定数据在时钟的哪个边沿发送。要发送的数据写入SPIxBUF寄存器，接收到的数据也是从 SPIxBUF 寄存器读取。从模式下模块的其余操作与主模式下的操作相同(包括增强型缓冲模式)。

工作于帧模式时,不能使用从选择信号。

如果一个新的数据字已经移入移位寄存器 SPIxSR,但是接收寄存器 SPIxRXB 的先前内容尚未被用户程序读取,则 SPIROV 位置为 1。此时模块不会将接收到的数据从 SPIxSR 传送到 SPIxRXB 中。禁止后续的数据接收,直到 SPIROV 位清零。模块不会自动清零 SPIROV 位,它必须由用户程序清零。

将 DISSDO 位 SPIxCON<12>置为 1 可以禁止 SDOx 引脚上的发送。将 SPIx 模块配置为只接收工作模式。如果 DISSDO 位置为 1,SDOx 引脚可以用作其他端口功能使用。

帧 SPI 模式:当工作于主模式或从模式时,模块支持一个基本的帧 SPI 协议。SPI 模块中提供了以下特性来支持帧 SPI 模式:

● FRMEN 位 SPIxCON<31>用于使能帧 SPI 模式并使 SSx 引脚用作帧同步脉冲输入或输出引脚。忽略 SSEN 位状态。

● FRMSYNC 位 SPIxCON<30>决定 SSx 引脚是输入还是输出。

● FRMPOL 位决定单个 SPI 时钟的帧同步脉冲极性。

● 可将 FRMSYPW 位 SPIxCON<27>置为 1,将帧同步脉冲宽度配置为一个字符宽。FRMSYPW 位并非在所有器件上都有。

● 可设置 FRMCNT<2:0>位 SPIxCON<26:24>来配置每个帧同步脉冲发送的数据字符数。

SPI 模块支持的帧 SPI 模式分为帧主模式(SPI 模块产生帧同步脉冲并在 SSx 引脚上为其他器件提供此脉冲)和帧从模式(SPI 模块使用 SSx 引脚上接收到的帧同步脉冲)。也可同时支持帧 SPI 模式和主/从模式的 4 种配合方式:SPI 主模式和帧主模式、SPI 主模式和帧从模式、SPI 从模式和帧主模式、SPI 从模式和帧从模式;这 4 种模式决定 SPIx 模块是否产生串行时钟和帧同步脉冲。在帧 SPI 模式下,可配置 ENHBUF 位来使用标准缓冲模式或增强型缓冲模式。在帧 SPI 模式下可将 SPI 模块用于连接外部音频 DAC/ADC 和编/解码器。

帧 SPI 模式下的 SCKx:当 FRMEN 位置为 1 且 MSTEN 位置为 1 时,SCKx 引脚变为输出引脚,且 SCKx 上的 SPI 时钟变为自由运行的时钟。

当 FRMEN 位置 1 且清零 MSTEN 位时,SCKx 引脚变为输入引脚。假设提供给 SCKx 引脚的时钟是自由运行的时钟。

时钟的极性由 CKP 位选择。在帧 SPI 模式下不使用 CKE 位。

当清零 CKPx 和 CKE 位时,帧同步脉冲输出和 SDOx 数据输出在 SCKx 引脚的时钟脉冲上升沿改变。在串行时钟的下降沿,SDIx 输入引脚采样输入数据。

当 CKPx 和 CKE 置为 1 时,帧同步脉冲输出和 SDOx 数据输出在 SCKx 引脚的时钟脉冲下降沿改变。在串行时钟的上升沿,SDIx 输入引脚采样输入数据。

帧 SPI 模式下的 SPI 缓冲区：当清零 FRMSYNC 位时，SPIx 模块处于帧主模式工作。在该模式下，当用户程序将发送数据写入 SPIxBUF 存储单元（从而将发送数据写入 SPIxTXB 寄存器）时，模块发出帧同步脉冲。在帧同步脉冲的末尾，SPIx-TXB 中的数据传送到 SPIxSR，同时开始发送/接收数据。

当 FRMSYNC 置为 1 时，模块处于帧从模式时，帧同步脉冲由外部时钟产生。当模块采样到帧同步脉冲时，它会将 SPIxTXB 寄存器的内容传送到 SPIxSR，同时开始发送/接收数据。在接收到帧同步脉冲之前，用户程序必须确保 SPIxBUF 中装入了正确的发送数据。

无论数据是否写入 SPIxBUF，接收到帧同步脉冲时都将启动发送。如果未执行写操作，则会发送 0。

SPI 主模式和帧主模式：将 MSTEN 位和 FRMEN 位置为 1，并将 FRMSYNC 位清零使能该帧 SPI 模式。在该模式下，无论模块是否正在进行发送，都将在 SCKx 引脚上连续输出串行时钟。当写入 SPIxBUF 时，SSx 引脚将在 SCKx 时钟的下一个发送边沿驱动为有效（高电平或低电平，取决于 FRMPOL 位。SSx 引脚将为高电平，保持一个 SCKx 时钟，模块在 SCKx 的下一个发送边沿开始发送数据。

SPI 主模式和帧从模式：将 MSTEN 位、FRMEN 位和 FRMSYNC 位置为 1 使能该帧 SPI 模式。SSx 引脚为输入引脚，并且在 SPI 时钟的采样边沿对其进行采样。当采样到它为有效时，是否是高电平或低电平有效，取决于 FRMPOL 位，数据将在 SPI 时钟的后续发送边沿发送。当发送完成时，中断标志位 SPIxIF 置为 1。在 SSx 引脚上接收到信号之前，用户程序必须确保 SPIxBUF 中装入了正确的发送数据。

SPI 从模式和帧主模式：将 MSTEN 位清零，FRMEN 位置为 1，并将 FRM-SYNC 位清零以使能该帧 SPI 模式。在从模式下，输入 SPI 时钟是连续的。当 FR-MSYNC 位为低电平时，SSx 引脚是输出引脚。因此，当写入 SPIBUF 时，模块会在 SPI 时钟的下一个发送边沿将 SSx 引脚驱动为有效，是否是高电平或低电平有效，取决于 FRMPOL 位。SSx 引脚将驱动为高电平，保持一个 SPI 时钟。在下一个 SPI 时钟发送边沿开始发送数据。

SPI 从模式和帧从模式：将 MSTEN 位清零，FRMEN 位置为 1，并将 FRM-SYNC 位置为 1 使能该帧 SPI 模式。SCKx 和 SSx 引脚都是输入引脚。在 SPI 时钟的采样边沿对 SSx 引脚进行采样。当采样到 SSx 有效时，是否是高电平或低电平有效，取决于 FRMPOL 位，数据将在 SCKx 的下一个发送边沿发送。

SPI 主模式时钟频率：SPI 模块采用 9 位 SPIxBRG 寄存器来灵活地产生波特率。SPIxBRG 是可读/写寄存器，用于设定波特率。为 SPI 模块提供的外设时钟 PBCLK 是 CPU 内核时钟的分频。该时钟根据装入 SPIxBRG 的值进行分频，PB-CLK 分频获得的 SCKx 时钟的占空比为 50%，经 SCKx 引脚提供给外部器件。

14.2 音频协议接口模式

SPI模块可以与目前大多数的编/解码器连接以提供基于PIC32MX系列单片机的音频解决方案。SPI模块采用4个标准I/O引脚提供对音频协议功能的支持,这4个引脚为:SDIx用于接收采样数字音频数据的串行数据输入ADCDAT、SDOx用于发送数字音频数据的串行数据输出DACDAT、SCKx串行时钟,也称为位时钟BCLK、SSx左/右通道时钟LRCK;BCLK提供将数据输出或输入模块所需的时钟,而LRCK根据所选协议模式提供帧同步。

在某些编/解码器中,串行时钟SCK指的是位时钟BCLK。为了符合编/解码器命名约定,将信号SSx称为LRCK。SPI模块能够在音频协议主模式和音频协议从模式下工作。在主模式下,该模块在SCKx引脚上生成BCLK,在SSx引脚上生成LRCK。当处于从模式时,某些器件的模块从处在主模式的I^2S伙伴处接收这两个时钟。

当处于主模式时,SPI模块用各种内部(如基准时钟、PBCLK、USB时钟、FRC)的主时钟MCLK生成时钟。SPI模块还能为编/解码器提供时钟MCLK。

要启动音频协议模式,首先将ON位清零禁止外设,再将AUDEN位SPIxCON2<7>置为1,然后将ON位置为1来重新使能外设。

在主模式下配置时,SCK和LRCK的前沿在启动音频协议后的一个SCK周期内出现。以AUDMOD<1:0>字段SPIxCON2<1:0>设置的协议模式所确定的时序移入或移出串行数据。如果发送FIFO为空,则发送零。

在从模式下,外设在SDO上输出零,但直到出现LRCK的前沿才会将发送FIFO的内容发送出去,之后开始接收数据(如果未禁止SDI)。只要发送FIFO为空,就将继续发送零。

无论在主模式还是从模式下,SPI模块在启动后都不会发生TXFIFO数据不足的情况。这样用户程序就可以设置SPI、设置DMA、开启SPI音频协议,然后无错开启DMA。

在第一次写入TXFIFO(SPIxBUF)之后,SPI将使能数据不足检测和生成。要在使能DMA之前使RXFIFO保持为空,将DISSDI位SPIxCON<4>置为1。使能DMA之后,将DISSDI位清零以开始接收。

音频数据长度和帧长度:尽管编/解码器可生成字长度为8/16/20/24/32的音频数据采样,但SPI模块只支持发送/接收长度为16、24和32的音频数据。实际采样数据可以为任意长度,最多32位,数据必须打包成16/24/32这3种格式之一。

两个模式选择控制MODE32和MODE16位的参数有以下特性:

- 控制左/右通道数据长度和帧长度;
- 在16位采样模式下,支持32/64位帧长度;

● 在 24/32 位采样模式下，支持 64 位帧长度；

● 定义 FIFO 宽度和深度(例如，24 位数据具有 32 位宽和 4 个存储单元深的 FIFO)；

● 如果写入数据的长度大于所选数据的长度，则忽略高字节；

● 如果写入数据的长度小于所选数据的长度，则在写入所选长度的最高字节时，FIFO 指针将发生变化。

如果分多次将此数据写入发送 FIFO，则写入顺序必须是从最低字节到最高字节。

帧错误/LRCK 错误：SPI 模块为调试提供帧/LRCK 错误检测。如果用于定义通道开始的 LRCK 边沿出现在正确的位数之前，由 MODE32 位和 MODE16 位定义，将会发生帧/LRCK 错误。

SPI 模块会立即将 FRMERR 位 SPIxSTAT<12>置为 1，将数据从 SPIxSR 寄存器推入到 SPIxRXB 寄存器中，并将数据从 SPIxTXB 寄存器弹出到 SPIxSR 寄存器中。将 FRMERREN 位 SPIxCON2<12>置为 1 可将该模块配置为检测帧/LRCK 相关的错误。

在音频协议模式下，BCLK(SCKx 引脚上)和 LRCK(SSx 引脚上)是自由运行的，这意味着它们是连续的。通常，LRCK 的长度是固定数目的 BCLK。在所有情况下，SPI 模块都将与新帧的边沿重新对齐，并将 FRMERR 位置为 1。如果在非 PCM 模式下工作，当帧过短时，SPI 模块还会将缩简的数据推入到 FIFO 中。

音频协议模式：SPI 模块支持 4 种音频协议模式：I^2S 模式、左对齐模式、右对齐模式、PCM/DSP 模式。配置 AUDMOD<1：0>位可使能 4 种音频协议模式之一。这些模式需要与不同类型的编/解码器配合。

在所有协议模式中，都最先发送最高有效字节，然后发送次最高有效字节，以此类推，直到发送完最低字节。如果在发送最低字节之后存在剩余的 SCK 周期，则发送零填充帧。

与主模式相比，当处于从模式时，BCLK(SCKx 引脚上)与 LRCK(SSx 引脚上)的周期(或帧长度)之间的关系所受到的限制要小得多。在主模式下，帧长度等于 32 或 64 个 BCLK，具体取决于 MODE32 和 MODE16 位设置。然而在从模式下，帧长度可以大于或等于 32 或 64 个 BCLK，但如果帧 LRCK 的边沿提前到达，FRMERR 位置为 1。

I^2S 模式：并非所有器件均提供此功能。I^2S 协议通过单个串行接口传送两个通道的数字音频数据。I^2S 协议定义了 WS/LRCK 线处理立体声数据的 3 线接口。I^2S 规范定义了支持发送或接收的半双工接口，但不能同时发送和接收。当 SDO 和 SDI 都可用时，外设支持全双工操作。I^2S 模式有 I^2S 音频从模式和 I^2S 音频主模式之分，详见参考文献。

左对齐模式：左对齐模式与 I^2S 模式相似；但是，在此模式下，SPI 在第一个 SCK

边沿对音频数据的 MSb 移位，与 LRCK 的转变同时进行。在接收器侧，SPI 模块在下一个 SCK 边沿采样 MSb。通常，编/解码器默认使用对齐协议在 SCK 的上升沿发送数据，在 SCK 的下降沿接收数据。左对齐模式分为左对齐音频从模式和左对齐音频主模式。

右对齐模式：在右对齐模式下，SPI 模块在将数据与最后一个时钟对齐后对音频采样数据的 MSb 进行移位。将 DISSDO 位清零来将音频采样数据之前的位驱动为低电平。当清零 DISSDO 位时，模块将忽略未使用的位时隙。右对齐模式分为右对齐音频从模式和右对齐音频主模式。

PCM/DSP 模式：PCM/DSP 协议模式可用于与某些编/解码器和特定 DSP 器件通信。此模式会修改 LRCK 的行为以及音频数据间隔。在 PCM/DSP 模式下，LRCK 的宽度可以是单个位(即 1 个 SCK)，也可以与音频数据(16、24 和 32 位)的宽度相同。音频数据在帧中以左通道数据后面紧跟右通道数据的形式打包。当此器件是主器件时，帧长度仍为 32 或 64 个时钟。在 PCM/DSP 模式下，发送器在 SCK 的第一个或第二个发送边沿 SPIFE 位 SPIxCON<17>驱动音频数据的(左通道)MSb(在 LRCK 转变后)。紧随(左通道)LSb 之后，发送器驱动(右通道)MSb。PCM/DSP 模式分为 PCM/DSP 音频从模式和 PCM/DSP 音频主模式。

BCLK/SCK 和 LRCK 生成：BCLK 和 LRCK 的生成是主模式下的关键要求。SCK 和 LRCK 的帧频率由 MODE32 位和 MODE16 位定义。当帧为 64 位时，SCK 的频率是 LRCK 频率的 64 倍，同样，当帧为 32 位时，SCK 的频率是 LRCK 频率的 32 倍，SCK 的频率由 LRCK 的翻转率和帧大小得出。

主模式时钟和 MCLK：SPI 模块作为主器件能使用 PBCLK(清零 MCLKSEL 位)在内部生成 BCLK 和 LRCK 时钟。尽管一些编/解码器也可以由晶振生成自己的 MCLK 以提供准确的音频采样率，但是 SPI 模块还可通过参考输出 REFCLKO 功能为外部编/解码器生成时钟。

使用 REFCLKO 的 I^2S 音频主模式：可使用以下步骤将 SPI 模块置为 I^2S 音频主模式并使能 MCLK。SPI 模块初始化为生成 256 kbps 的 BCLK，参考振荡器输出配置寄存器控制从 PBCLK 得出 MCLK。当与从器件编/解码器连接时，典型应用可以是播放 PCM 数据(8 kHz 采样率，16 位数据，32 位帧)。使用参考时钟输出为编/解码器生成 MCLK 可能并不是最佳选择。将时钟输出驱动到 I/O 焊盘会引起抖动，这种抖动可能会降低编/解码器的音频保真度。对于编/解码器来说，最佳解决方案是使用晶振且编/解码器是主 I^2S/音频器件。

单声道模式与立体声模式：SPI 模块通过设置 AUDMONO 位 SPIxCON2<3>来使音频数据以单声道或立体声模式传送。当 AUDMONO 位清零(立体声模式)时，移位寄存器对每个 FIFO 存储单元使用一次，为每个通道提供了唯一的立体声数据流。当 AUDMONO 位置为 1(单声道模式)时，移位寄存器对每个 FIFO 存储单元使用两次，为每个通道提供了相同的单声道音频数据流。接收数据不受 AUD-

MONO 位设置的影响。

流数据支持和错误处理：大多数音频流应用会连续发送或接收数据，这是为了在程序运行期间使通道保持在活动状态并尽可能保证最佳精度。由于流音频的缘故，数据源可能出现数据突发或者数据包丢失，这会导致 SPI 模块遇到类似数据不足的情况。用户程序需要能够从数据不足的状态恢复。当忽略发送数据不足 IGNTUR 位 SPIxCON2<8>置为 1 时，将忽略数据不足的情况。当用户程序不理会或不需要了解数据不足情况时，这一设置是非常有用的。当遇到数据不足的情况时，如果 SPITUREN 位 SPIxCON2<10>置为 1，则 SPI 模块将 SPITUR 位 SPIxSTAT<8>置为 1，并且 SPI 模块将保持在错误状态，直到用户程序清除此状态或清零 ON 位为止。在数据不足期间，SPI 模块在 SPIxSR 寄存器中装入零，而不是 SPIxTXB 寄存器的数据，并且 SPI 模块将继续发送零。当错误情况清除(即，SPIxTXB 寄存器非空)后，SPI 模块在下一个 LRCK 帧的边界将发送缓冲区中的音频数据装入 SPIxSR 寄存器，用户程序必须确保左右音频数据始终成对传送到 FIFO。当忽略接收溢出 IGNROV 位 SPIxCON2<9>置为 1 时，将忽略接收溢出情况。当系统中存在用户程序必须适当处理的一般性问题时，这一设置是非常有用的。另一种处理接收溢出的方法是当系统不需要接收音频数据时将 DISSDI 位置为 1。在 LRCK 的前沿实时更改 DISSDI 位，接收移位寄存器将开始接收。

14.3　SPI 中断

SPI 模块能够产生一些中断，以反映在数据通信期间发生的事件。可以产生以下类型的中断：

- SPI1RXIF 和 SPI2RXIF 指示接收数据可用中断。在 SPIxBUF 接收缓冲区中汇集新数据时，将会发生该事件。
- SPI1TXIF 和 SPI2TXIF 指示发送缓冲区为空中断。在 SPIxBUF 发送缓冲区中有可用空间，可以写入新数据时，将会发生该事件。
- SPI1EIF 和 SPI2EIF 指示错误中断。当 SPIxBUF 接收缓冲区存在溢出条件(即，汇集了新的接收数据，但前一个数据尚未读取)、当发送缓冲区数据不足或发生 FRMERR 事件时，将会发生该事件。

所有这些必须用户程序清零的中断标志位均位于 IFSx 寄存器中。要使能 SPI 中断，使能相关 IECx 寄存器中的相关 SPI 中断使能位：SPIxRXIE、SPIxTXIE 和 SPIxFIE。此外，还必须用 SPIxIP 位和 SPIxIS 位来配置中断优先级位和中断子优先级位。

使用增强型缓冲模式时，SPI 控制寄存器 SPIxCON<3：2>中的 SPI 发送缓冲区为空中断模式位 STXISEL<1：0>可用于配置以下条件下发送缓冲区为空中断的操作：缓冲区未满、一半或更多单元为空、全空，或者最后一个传送数据移出。类似地，使用增强型缓冲模式时，SPI 控制寄存器 SPIxCON<1：0>中的 SPI 接收缓冲区为满中断模式位 SRXISEL<1：0>可用于配置以下条件下接收缓冲区为满中断的产生：缓冲区为满、一半或更多单元为满、不为空，或者读取了最后一个字。增强型缓冲模式并非在所有器件上都可用。

中断配置：每个 SPI 模块都有 3 个专用的中断标志位：SPIxEIF、SPIxRXIF 和 SPIxTXIF，以及相关的中断使能位 SPIxEIE、SPIxRXIE 和 SPIxTXIE。这些位决定中断和使能各个中断。特定 SPI 模块的所有中断共用一个中断向量。每个 SPI 模块有独立于其他 SPI 模块的优先级。

当 SPI 发送缓冲区为空，并且可以向 SPIxBUF 寄存器写入另一个字符时，SPIx-TXIF 会置为 1。当 SPIxBUF 中有接收字符可用时，SPIxRXIF 会置为 1。当发生接收溢出条件时，SPIxEIF 会置为 1。SPIxTXIF、SPIxRXIF 和 SPIxEIF 位是否置为 1 与相关使能位的状态无关。如果需要，可以查询这些中断标志位。

SPIxEIE、SPIxTXIE 和 SPIxRXIE 位用于定义在相关的 SPIxEIF、SPIxTXIF 或 SPIxRXIF 位置为 1 时，中断控制器的行为。当相关的中断使能位清零时，中断控制器不会为事件产生 CPU 中断。如果中断使能位置为 1，则中断控制器会在相关的中断标志位置为 1 时，向 CPU 产生中断。用户服务程序在程序完成之前清零相关的中断标志位。

每个 SPI 模块的优先级由 SPIxIP<2：0>位独立设置。每个错误中断由 SPIx-CON2 寄存器中的 FRMERREN、SPIROVEN 和 SPITUREN 位控制。子优先级 SPIxIS<1：0>值的范围为 3～0。

产生使能的中断之后，CPU 将跳转到为该中断分配的向量处。CPU 将在向量地址处开始执行代码。该向量地址处的用户程序应执行所需的操作，清零中断标志位 SPIxEIF、SPIxTXIF 或 SPIxRXIF，然后退出。

使用增强型缓冲模式的器件，用户程序应在处理中断条件之后清零中断请求标志位。如果发生了 SPI 中断，中断服务程序 ISR 应读取 SPI 数据缓冲寄存器 SPIx-BUF，然后清零 SPI 中断标志位。

14.4　节能和调试模式下 SPI 的操作

休眠模式：当器件进入休眠模式时，禁止系统时钟。休眠模式期间的 SPI 模块操作取决于当前工作模式。

休眠模式下的主模式：在休眠模式下，应注意以下事项：

- 波特率发生器停止并可能会复位。
- 中止正在进行的发送和接收序列。当退出休眠模式时，模块可能不会继续执行中止序列。
- 进入休眠模式后，模块不会发送或接收任何新数据。

为了防止发送和接收序列意外中止，先等待当前发送完成，然后再激活休眠模式。

休眠模式下的从模式：在从模式下，SPI 模块依靠外部 SPI 主器件提供的时钟 SCK 工作，所以模块在休眠模式下将继续工作。它将在进入休眠模式的转变期间完成所有事务处理。完成事务处理后，SPIRBF 标志位置为 1。因此，SPIxRXIF 位将置为 1。如果使能 SPI 中断，且 SPI 中断的优先级大于当前的 CPU 优先级，将从休眠模式唤醒器件，并且将从 SPIx 中断向量地址处恢复代码执行。如果 SPI 中断的优先级小于等于当前的 CPU 优先级，CPU 将保持在休眠模式。

模块作为从器件工作，则在进入休眠模式时它将不会复位。当 SPIx 模块进入或退出休眠模式时，寄存器内容不受影响。

空闲模式下的主/从模式：当器件进入空闲模式时，系统时钟继续保持工作。SIDL 位 SPIxCON<13>用于选择在空闲主模式下模块是停止还是继续工作。如果 SIDL 位置为 1，则模块将在空闲主模式下停止工作。模块在空闲主模式下停止工作时将执行与在休眠模式下相同的程序。如果 SIDL 位置为 0，则模块将在空闲模式下继续工作。

无论 SIDL 位设置如何，模块在空闲从模式下都会继续工作。其行为与处于休眠模式下的行为相同。

调试模式期间的读/写操作：在调试模式期间，可以读取 SPIxBUF；但读操作不会影响任何状态位。例如，如果 SPIRBF 位在进入调试模式时置为 1，则即使在调试模式下读取了 SPIxBUF 寄存器，从调试模式退出时该位也会保持为 1。

当 FRZ 置为 1 时，写操作取决于 SPI 是处于主模式还是从模式。在主模式下，写操作会将数据放入缓冲区，但只有在退出调试模式时，发送才会开始。在从模式下，写操作会将数据放入缓冲区，并且数据将在每次主器件启动新事务时送出，即使器件仍然处于调试模式。

复位的影响：在发生器件复位、上电复位、看门狗定时器复位时，所有 SPI 寄存器会强制设为复位状态。当异步复位输入变为有效时，SPIxCON 和 SPIxSTAT 寄存器中的所有位复位，发送和接收缓冲区 SPIxBUF 复位为空状态，波特率发生器复位。

14.5　SPI 例程

本节描述了在微芯 PIC32MX220F032B 型芯片上的 SPI 主控模式的示例代码。代码中实现了通过 SPI 主控模式下控制 8 段 LED 数码管序列输出一个 999.9 s 的秒表计时器。引脚选择硬件配置表如表 14－1 所列。

适用范围：本节所描述的代码适用于 PIC32MX220F032B 型芯片（28 引脚 SOIC 封装），对于其他型号或封装的芯片，未经测试。

表 14-1 SPI 引脚选择硬件配置表

序号	SPI 功能描述	引脚号	端口复用选择指定功能	说明
1	SCK2	26	由 SPI 模块自动选择(SCK2 只能选这个引脚)	SPI 数据时钟
2	SDO2	17	PPSOutput(2, RPB8, SDO2)	SPI 数据输出
3	SLCK	18	PORTSetPinsDigitalOut(IOPORT_B, BIT_9)	外部移位寄存器数据锁存

七段数码管显示模块如图 10-5 所示,采用 PIC32MX 的 SPI 口传送数据,并通过 74HC595 芯片驱动七段数码管进行显示。

1. 主函数例程(主函数流程框图如图 14-2 所示)

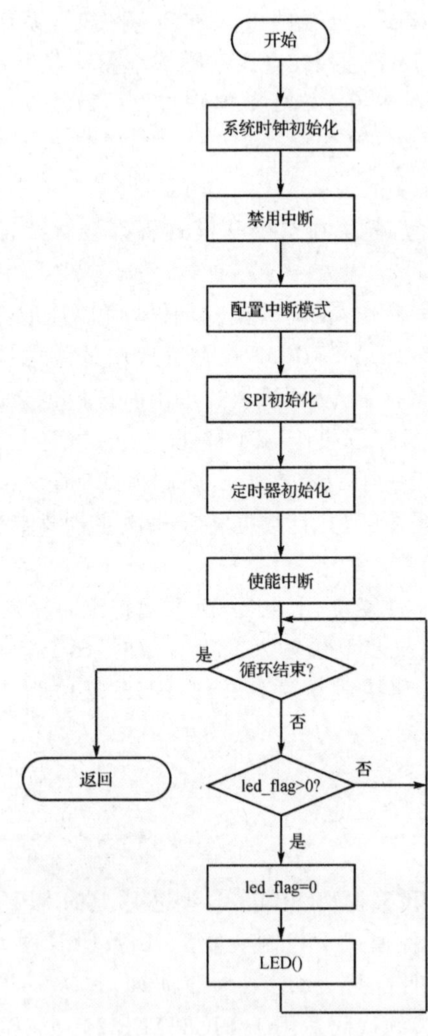

图 14-2 主函数流程框图

```
int main(void)
{
  SYSTEMConfig(SYS_FREQ, SYS_CFG_WAIT_STATES | SYS_CFG_PCACHE);
  INTDisableInterrupts();
  INTConfigureSystem(INT_SYSTEM_CONFIG_MULT_VECTOR);
  SpiInitDevice();
  Timer1Init();
  INTEnableInterrupts();
  while(1)
  {
    if(led_flag > 0)
      {
      led_flag = 0;
      Led();
    }
  }
  return 1;
}
```

2. 数码管显示函数例程(数码管显示函数流程框图如图 14－3 所示)

```
void Led()
{
  unsigned char ledBuff[4] = {0x00, 0x00, 0x00,
0x00};
  static unsigned char ledcnt[4] = {0x00, 0x0A,
0x00, 0x00};
  int i;
  for (i = 0; i < 4; i++)
    ledBuff[i] = Led_lib[ledcnt[i]];
  SpiDoBurst(ledBuff, 4);
  ledcnt[2]++;
  if(ledcnt[2] > 9)
  {
    ledcnt[2] = 0;
    ledcnt[1]++;
    if(ledcnt[1] > 19)
    {
      ledcnt[1] = 10;
      ledcnt[0]++;
      if(ledcnt[0] > 9)
      {
        ledcnt[0] = 0;
```

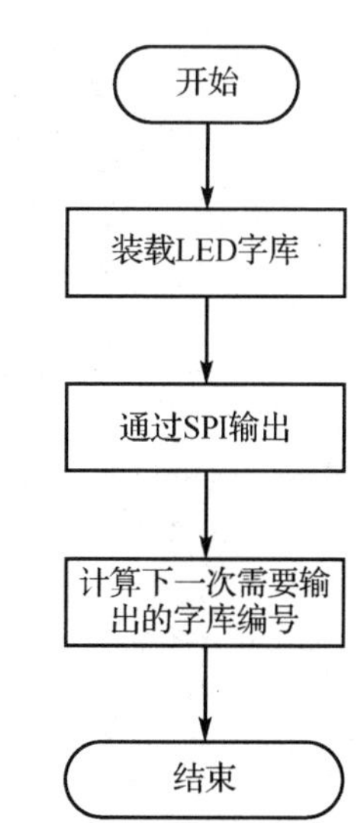

图 14－3 数码管显示函数流程框图

```
            ledcnt[3] + + ;
            if(ledcnt[3] > 9)
            {
              ledcnt[3] = 0;
            }
          }
        }
      }
    }
```

3. 定时器中断函数例程(定时器中断函数流程框图如图 14 - 4 所示)

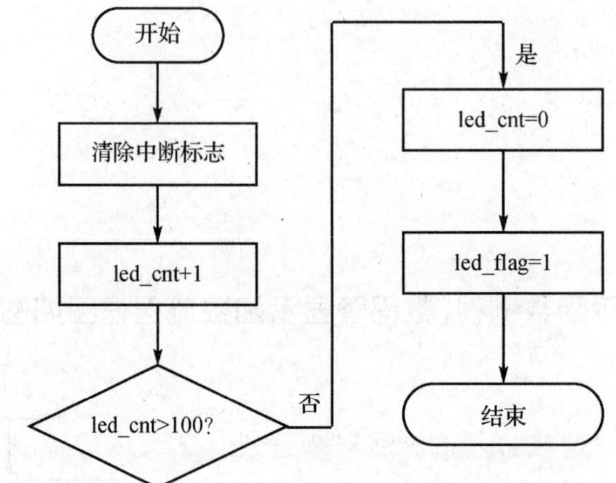

图 14 - 4　定时器中断函数流程框图

```
void __ISR(_TIMER_1_VECTOR, ipl2) Timer1Handler(void)
{
  // Clear the interrupt flag
  INTClearFlag(INT_T1);
  led_cnt + + ;
  if(led_cnt > 100) //0.1s
  {
    led_cnt = 0;
    led_flag = 1;
  }
}
```

第 15 章

I2C 总线接口

I2C 模块是用于同其他外设或单片机进行通信的串行接口。这些外设可以是串行 EEPROM、显示驱动器和 ADC 等。I2C 模块可以作为从器件、在单主机系统中作为主器件、在多主机系统中作为主/从器件(提供总线冲突检测和仲裁)。

I2C 模块包含相互独立的 I2C 主器件逻辑电路和 I2C 从器件逻辑电路,它们根据各自的事件产生中断。当 I2C 主器件逻辑电路工作时,从器件逻辑电路也保持在工作状态,检测总线的状态,并可从其自身(单主机系统中)或从其他主器件(多主机系统中)接收报文。在多主机总线仲裁期间,不会丢失任何报文。在多主机系统中,能检测到与系统中其他主器件之间的总线冲突,由 BCOL 中断方式报告给用户程序。用户程序可以终止报文,然后重新发送报文。

I2C 模块中包含一个波特率发生器(Baud Rate Generator,BRG)。I2C 波特率发生器并不耗用器件中的其他定时器资源。图 15-1 给出了 I2C 模块的框图。

I2C 模块有以下特性:

- 主器件和从器件逻辑电路相互独立;
- 支持多主机系统,可以防止在仲裁时丢失报文;
- 在从模式下可检测 7 位和 10 位器件地址,并可配置地址屏蔽位;
- 检测 I2C 协议中定义的广播呼叫地址;
- 具有自动 SCLx 时钟延长功能,为 CPU 提供延时以响应从器件的数据请求;
- 支持 100 kHz 和 400 kHz 总线规范;
- 支持严格 I2C 保留地址规则。

15.1 I2C 总线特性

I2C 总线是二线制串行接口。接口采用一个综合协议,以确保数据的可靠发送和接收。进行通信时,一个器件作为主器件启动总线上的数据传送,并产生时钟信号以使能传送,而另一个(几个)器件作为从器件对数据传送作出响应。时钟线 SCLx 为主器件的输出和从器件的输入,虽然从器件偶尔也可驱动 SCLx 线。数据线 SDAx 可以是主器件和从器件的输出和输入。

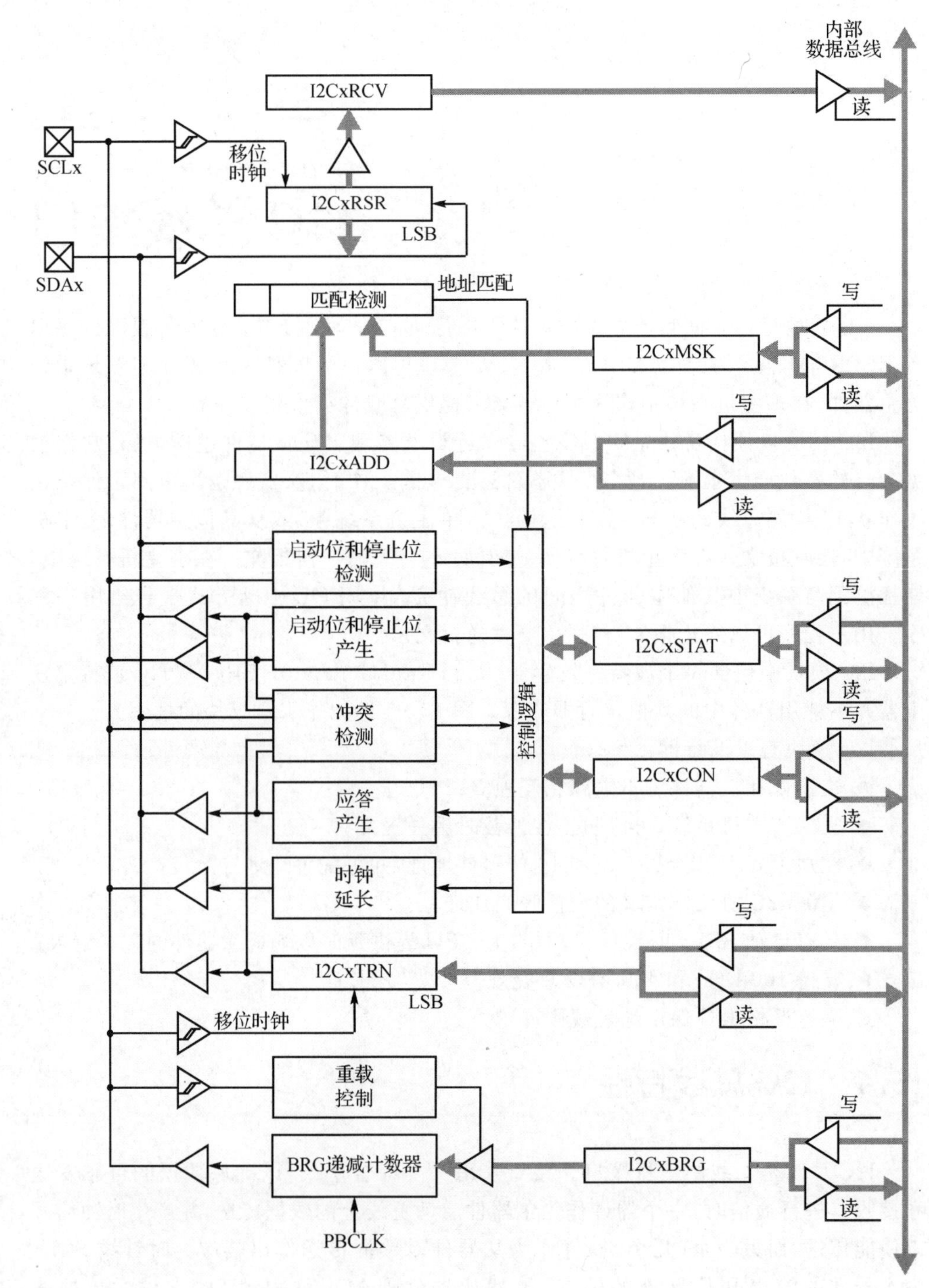

图 15－1　I2C 框图

因为 SDAx 和 SCLx 线是双向的，所以驱动 SDAx 和 SCLx 线的器件的输出级必须为漏极开路输出,以便执行总线的线"与"功能。使用外接弱上拉电阻以确保在没有器件将数据线拉低时线路能保持高电平。

在 I2C 接口协议中,每个器件都有一个地址。当某个主器件要启动数据传送时,它首先发送它要与之进行通信的器件地址。所有的器件均会监听,看是否是自己的地址。在该地址中,第 0 位指定主器件是要自从器件读数据还是向从器件写数据。在数据传送期间,主器件和从器件始终处于相反的工作模式(发送器/接收器)。可以看作是以下两种工作关系之一:

- 主器件——发送器,从器件——接收器;
- 从器件——发送器,主器件——接收器。

在两种工作关系中,均由主器件产生 SCLx 时钟信号。

15.2　总线协议

I2C 总线协议定义如下:

- 只有在总线不忙时才能启动数据传送;
- 在数据传送期间,只要 SCLx 时钟线为高电平,数据线就必须保持稳定。在 SCLx 时钟线为高电平时,数据线的电平变化将被解析为启动或停止条件。

启动数据传送(S):在总线空闲状态之后,当时钟(SCLx)为高电平时,SDAx 线从高电平跳变到低电平产生启动条件。所有数据传送都必须以启动条件开始。

停止数据传送(P):当时钟(SCLx)为高电平时,SDAx 线从低电平跳变到高电平产生停止条件。所有数据传送都必须以停止条件结束。

重复启动(R):在等待状态之后,当时钟(SCLx)为高电平时,SDAx 线从高电平跳变到低电平产生重复启动条件。重复启动条件使主器件可在不放弃总线控制的情况下更改所寻址从器件的总线方向。

数据有效(D):在启动条件之后,如果 SDAx 线在时钟信号的高电平期间保持稳定,则 SDAx 线的状态代表有效数据。每个 SCLx 时钟传送一位数据。

应答(A)或不应答(N):所有的数据字节传送都必须由接收器进行应答(ACK)或不应答(NACK)。接收器将 SDAx 线拉低则发出 ACK,释放 SDAx 线则发出 NACK。应答为一位周期,使用一个 SCLx 时钟。

等待/数据无效(Q):数据线上的数据必须在时钟信号的低电平期间改变。器件可以驱动 SCLx 为低电平来延长时钟的低电平时间,使得总线处于等待状态。

总线空闲(I):在停止条件之后、启动条件之前的时间内,数据线和时钟线都保持为高电平。

15.3　报文协议

以器件作为主器件，而 EEPROM(24LC256 器件)作为从器件为例，报文将从 24LC256 的 I2C 串行 EEPROM 读取指定字节。由主器件驱动的数据和由从器件驱动的数据，要考虑到组合 SDAx 线上的数据是将主器件数据和从器件数据线“与”后的数据。主器件控制协议并产生协议序列。从器件仅在特定时间驱动总线。

启动报文：每个报文均由启动条件启动并由停止条件终止。在启动和停止条件之间传送的数据字节数由主器件确定。根据系统协议的定义，报文中的字节可能具有特殊的含义，如“器件地址字节”或“数据字节”。

寻址从器件：第一个字节是器件地址字节，它必须是任何 I2C 报文的第一部分。它包含一个器件地址和一个 R/W 位。对于第一个地址字节，R/W 为 0 表示主器件作为发送器，而从器件作为接收器。

从器件应答：在接收每个字节之后，接收器件必须产生应答信号(ACK)。主器件必须产生与应答位相关的额外 SCLx 时钟。

主器件发送：紧接的 2 个字节是由主器件发送到从器件的数据字节，包含所请求的 EEPROM 数据字节的地址。从器件必须对每个数据字节作出应答。

重复启动：在该时序点，从器件 EEPROM 已有向主器件返回所请求数据字节所必需的地址信息。但是，第一个器件地址字节中的 R/W 位指定了主器件发送数据，而从器件接收数据。要让从器件向主器件发送数据，总线必须转换方向。

要执行该功能而不结束报文传送，主器件需发送“重复启动”条件。重复启动条件后面跟随一个器件地址字节，包含与先前相同的器件地址，其中 R/W 为 1，表示从器件发送数据，而主器件接收数据。

从器件答复：从器件驱动 SDAx 线发送数据字节，而主器件继续产生时钟，但释放对 SDAx 的驱动。

主器件应答：在读数据期间，主器件必须对报文的最后一个字节作出“不应答”(产生 NACK 信号)来终止对从器件的数据请求。除最后一个数据字节外，对于每个字节都会作出应答。

停止报文：主器件发送停止条件来终止报文并将总线恢复为空闲状态。

15.4　I2C 使能操作

将 ON 位 I2CxCON＜15＞置为 1 使能模块。I2C 模块完全实现了所有主器件和从器件功能。当模块使能时，主器件和从器件功能同时工作，并根据用户程序或总线事件作出响应。当初始使能时，模块会释放 SDAx 和 SCLx 引脚，将总线置为空闲状态。除非用户程序将某个位置为 1 来启动主器件事件，否则主器件将保持在空闲状态，从器件将开始监视总线。如果从器件在总线上检测到启动事件和有效地址，从器件将开始从器件的事务。

使能 I2C 的 I/O 引脚：总线操作使用两个引脚。它们是 SCLx 引脚（时钟线）和 SDAx 引脚（数据线）。当模块使能时，如果没有其他更高优先级的模块在控制总线，则模块将获得对 SDAx 和 SCLx 引脚的控制权。用户程序不关心引脚的通用 I/O 端口的状态，因为模块会改写端口状态和方向。在初始化时，引脚处于三态。

I2C 中断：I2C 模块可产生 3 种中断信号：从器件中断 I2CxSIF、主器件中断 I2CxMIF 和总线冲突中断 I2CxBIF。这些中断信号在 SCL 时钟的第 9 个时钟脉冲的下降沿置为高电平，并至少保持一个 PBCLK 时钟。这些中断将相关的中断标志位置为 1，并在相关的中断使能时且中断优先级足够高时中断 CPU。

I2C 发送和接收寄存器：I2CxTRN 是发送数据寄存器。当模块作为主器件向从器件发送数据时，或作为从器件向主器件发送答复数据时，使用该寄存器。在报文的处理过程中，I2CxTRN 寄存器将移出各个数据位。因此，除非总线空闲，否则不能写入 I2CxTRN。

主器件或从器件正在接收的数据移入一个不可访问的移位寄存器 I2CxRSR。当接收到完整字节时，字节将传送到 I2CxRCV 寄存器。在接收操作中，I2CxRSR 和 I2CxRCV 共同构成一个双缓冲接收器。这使得可以在读取所接收数据的当前字节之前开始接收下一字节。如果用户程序从 I2CxRCV 寄存器中读取前一字节之前，模块接收到另一个完整字节，则发生接收器溢出，溢出 I2COV 位 I2CxSTAT<6>置为 1。I2CxRSR 中的字节将丢失。

I2CxADD 寄存器保存从器件地址。在 10 位寻址模式下，所有的位均有用。在 7 位寻址模式下，仅 I2CxADD<6：0>有用。A10M 位 I2CxCON<10>指定从器件地址的模式。在两种从器件寻址模式下，配合使用 I2CxMSK 寄存器和 I2CxADD 寄存器，可从完全地址匹配中掩掉一个或多个位位置，从而使从模式的模块可以对多个地址作出响应。

I2C 波特率发生器：I2C 主模式工作中使用的波特率发生器用于将 SCL 时钟频率置为 100 kHz、400 kHz 或 1 MHz。波特率发生器的重装值存在 I2CxBRG 寄存器中。在写入 I2CxTRN 时，波特率发生器会自动开始计数。一旦操作完成，即在传送的最后一个数据位后面跟着 ACK，内部时钟将自动停止计数，SCL 引脚将保持在最后状态。

I2C 主模式下的波特率发生器：在 I2C 主模式下，BRG 的重装值存在 I2CxBRG 寄存器中。当 BRG 装入该值时，BRG 递减计数至 0，并处于停止直到发生另一次重装。在 I2C 主模式下，不会自动重装 BRG。如果发生时钟仲裁，例如 SCLx 引脚采样为高电平时，将重装 BRG。用户程序永远不要将 I2CxBRG 设定为 0x0 或 0x1，否则会产生不确定的结果。

15.5　在单主机系统中作为主器件进行通信

在 I2C 系统中，主器件控制总线上所有数据通信的序列。如果 I2C 模块在系统中作为唯一的主器件，它将产生 SCLx 时钟和控制报文协议。I2C 模块控制 I2C 报文协议的各个部分，I2C 模块有启动和停止条件发生器、数据字节发送功能、数据字节接收功能、应答发生器和波特率发生器，用以支持主模式通信。用户程序完成协议各组成部分的序列以构成完整的报文。用户程序会写入某个控制寄存器来启动特定的步骤，然后等待中断或查询状态来等待完成。

I2C 模块禁止事件排队；例如，在启动条件完成前，禁止用户程序产生启动条件并立即写 I2CxTRN 寄存器以启动传送。在这种情况下，I2CxTRN 将不会被写入，且 IWCOL 位将置为 1，指示没有发生对 I2CxTRN 的写操作。

产生启动总线事件：要产生启动事件，用户程序应将启动使能 SEN 位 I2CxCON<0>置为 1。在启动位置为 1 之前，用户程序可以检查 P 状态位 I2CxSTAT<4>来确保总线处于空闲状态。从器件逻辑电路检测到启动条件，将 S 位 I2CxSTAT<3>置为 1，并清零 P 位；启动条件完成时 SEN 位自动清零，产生 I2CxMIF 中断；在启动条件之后，SDAx 线和 SCLx 线保持为低电平（Q 状态）。

IWCOL 状态标志位：如果用户程序在接收进行过程中（即，I2CxRSR 仍在移入数据字节）写 I2CxTRN，则 IWCOL 位置为 1，同时缓冲区内容不变，IWCOL 位必须用户程序清零。

向从器件发送数据：将适当的值写入 I2CxTRN 寄存器即可发送一个数据字节、一个 7 位器件地址字节或一个 10 位地址的第二个字节。模块并不产生或验证数据字节。字节的内容取决于用户程序维护的报文协议。

向从器件发送 7 位地址：发送 7 位器件地址需要向从器件发送一个字节。7 位地址字节必须包含 I2C 器件地址的 7 位数据和一个 R/W 位，该位定义报文是向从器件写数据（主器件发送，从器件接收）还是自从器件读数据（从器件发送，主器件接收）。

向从器件发送 10 位地址：发送 10 位器件地址需要向从器件发送两个字节。第一个字节中包含专为 10 位寻址模式而预留的 I2C 器件地址的 5 位和 10 位地址的 2 位。因为下一字节（包含 10 位地址的剩余 8 位）必须由从器件接收，所以第一个字节中的 R/W 位必须为 0，指示主器件发送，从器件接收。如果报文数据也是发送给从器件，则主器件可以继续发送数据。但是，如果主器件希望得到从器件的答复，则需要产生重复启动序列，且 R/W 位为 1，这可以将报文的 R/W 状态更改为自从器件读数据。

接收来自从器件的应答：在第 8 个 SCLx 时钟的下降沿，TBF 位清零，主器件释放 SDAx 引脚，以使能从器件发出一个应答响应。然后，主器件产生第 9 个 SCLx 时钟。如果发生地址匹配或数据被正确接收,就可使被寻址的从器件在第 9 个位时间发出一个 ACK 位响应。从器件在识别出其器件地址(包括广播呼叫地址)或正确接收数据后,会发出一个应答。ACK 的状态在第 9 个 SCLx 时钟的下降沿写入应答状态 ACKSTAT 位。在第 9 个 SCLx 时钟之后,模块产生 I2CxMIF 中断并进入空闲状态,直到下一数据字节装入 I2CxTRN。

ACKSTAT 状态标志位:在主模式和从模式下,无论是发送模式还是接收模式,ACKSTAT 位都在第 9 个 SCL 时钟更新。在对方应答(ACK 为 0,即 SDA 在第 9 个时钟脉冲为 0)时,ACKSTAT 会清零;在对方不应答(ACK 为 1,即 SDA 在第 9 个时钟脉冲为 1)时,它会置为 1。

TBF 状态标志位:发送时,TBF 位在 CPU 写 I2CXTRN 时置为 1,在所有 8 个位移出后清零。

接收来自从器件的数据:主器件在发送了 R/W 位为 1 的从器件地址之后,即可接收来自从器件的数据。将接收使能 RCEN 位 I2CxCON<3>置为 1,主器件逻辑电路开始产生时钟,并且在 SCLx 的每个下降沿之前,对 SDAx 线进行采样并将数据移入 I2CxRSR。

在试图将 RCEN 位置为 1 之前,I2CxCON 的低 5 位必须为 0。以确保主器件逻辑电路处于不工作状态。

在第 8 个 SCLx 时钟的下降沿之后,会发生以下事件:

- 自动清零 RCEN 位。
- I2CxRSR 的内容传送到 I2CxRCV。
- RBF 标志位置为 1。
- 模块产生 I2CxMIF 中断。

当 CPU 读缓冲区时,自动清零 RBF 标志位。用户程序可以处理数据,然后执行应答序列。

RBF 状态标志位:接收数据时,当将器件地址或数据字节从 I2CxRSR 装入 I2CxRCV 时,RBF 位置为 1。当用户程序读 I2CxRCV 寄存器时,该位清零。

I2COV 状态标志位:如果在 RBF 位保持为 1 且前一字节仍保留在 I2CxRCV 寄存器中时,在 I2CxRSR 中接收到另一字节,则 I2COV 位置为 1,I2CxRSR 中的数据丢失。将 I2COV 保持为 1 并不会禁止继续接收数据。如果读 I2CxRCV 位会将 RBF 清零,并且 I2CxRSR 接收到另一字节,则该字节将传送到 I2CxRCV。

应答产生:将应答使能 ACKEN 位 I2CxCON<4>置为 1,使能产生主器件应答序列。在尝试将 ACKEN 位置为 1 之前,I2CxCON 的低 5 位必须为 0(主器件不工作)。应答数据 ACKDT 位 I2CxCON<5>用于指定发送 ACK 还是 NACK。在两个波特率周期之后,ACKEN 位自动清零,模块产生 I2CxMIF 中断。

产生停止总线事件:停止使能 PEN 位 I2CxCON<2>置为 1,将使能产生主器件停止序列。在尝试将 PEN 位置为 1 之前,I2CxCON 的低 5 位必须为 0。

产生重复启动总线事件：在试图将 RSEN 位置为 1 之前，I2CxCON 的低 5 位必须为 0。重复启动使能 RSEN 位 I2CxCON<1>置为 1，将使能产生主器件重复启动序列，模块将 SCLx 引脚拉为低电平。当模块采样到 SCLx 引脚为低电平时，模块将释放 SDAx 引脚一个波特率发生器计数周期 TBRG 的时间。波特率发生器超时，并在模块采样到 SDAx 为高电平时，模块会释放 SCLx 引脚。模块采样到 SCLx 引脚为高电平时，波特率发生器会重装并开始计数。SDAx 和 SCLx 必须采样到一个计数周期 TBRG 的高电平。接下来的一个 TBRG，将 SDAx 引脚驱动为低电平，同时 SCLx 保持高电平。

IWCOL 状态标志位：如果用户程序在重复启动序列进行过程中写 I2CxTRN，则 IWCOL 将置为 1，同时缓冲区内容不变。由于禁止事件排队，在重复启动条件结束之前，不能写 I2CxCON 的低 5 位。

构造完整的主器件报文：由用户程序使用正确的报文协议构造报文。用户程序可以使用查询或中断方法，在报文传送过程中，用户程序可以使用 SEN、RSEN、PEN、RCEN 和 ACKEN 位(I2CxCON 寄存器的低 5 位)和 TRSTAT 位作为状态标志位。用户程序发出启动命令开始发送报文。用户程序将记录对应于启动命令的状态号。

当每个事件结束并产生中断时，中断处理程序可以检查状态号。因而，对于启动状态，中断处理程序将确认启动序列的执行，然后启动主器件发送事件来发送 I2C 器件地址，并更改状态号以对应于主器件发送。在下次中断时，中断处理程序将再次检查状态，确定主器件发送刚刚完成。中断处理程序将确认数据发送已成功，然后根据报文的内容继续执行下一事件。在这种方式中，每次中断时，中断处理程序将按报文协议进行处理，直到发送了完整的报文。

15.6　在多主机系统中作为主器件进行通信

I2C 协议使能在系统总线上连接多个主器件。要考虑到主器件可以启动报文事务和产生总线时钟，而协议有应对多个主器件试图控制总线的方法。时钟同步可确保多个节点将其 SCLx 时钟同步，并在 SCLx 线上产生公共时钟。如果有多个节点试图启动报文事务，总线仲裁可以确保有且仅有一个节点能成功完成报文事务。其他节点将在总线仲裁中失败，产生总线冲突。

多主机操作：主模块没有使能多主机操作的特殊设置。模块一直执行时钟同步和总线仲裁。如果在单主机系统中，则只会在主器件和从器件之间发生时钟同步，而不会发生总线仲裁。

主器件时钟同步：在多主机系统中，不同的主器件可能有不同的波特率。时钟同步可确保这些主器件在尝试仲裁控制总线时，对它们的时钟将进行协调。主器件释放 SCLx 引脚(SCLx 悬空为高电平)时发生时钟同步。当 SCLx 引脚被释放时，BRG 将暂停计数，直到实际采样到 SCLx 引脚为高电平为止。当 SCLx 引脚采样为高电平时，BRG 将被重新装入 I2CxBR<11：0>中的内容并开始计数。确保当外部器件将时钟拉低时，SCLx 始终至少保持一个 BRG 计满返回周期的高电平。

总线仲裁和总线冲突：总线仲裁支持多主机系统操作。SDAx 线的线"与"特性使其可以进行总线仲裁。当第一个主器件将 SDAx 悬空为高电平而在 SDAx 上输出 1，而与此同时，第二个主器件下拉 SDAx 为低电平而在 SDAx 上输出 0，则发生总线仲裁，SDAx 信号将变为低电平。这种情况下，第二个主器件在总线仲裁中获胜。第一个主器件在总线仲裁中失败，从而产生总线冲突。对于第一个主器件，期望 SDAx 上的数据是 1，但在 SDAx 上采样到的数据却是 0。这即是总线冲突。

第一个主器件会将总线冲突位 BCL 位 I2CxSTAT<10>置为 1，并产生总线冲突中断。主模块会将 I2C 模块的端口复位为其空闲状态。

在多主机操作中，必须对 SDAx 线进行仲裁监视，以查看信号电平是否为期望的输出电平。该检查由主模块执行，检查结果置于 BCL 位中。可能导致仲裁失败的情况是：启动条件、重复启动条件、地址、数据或应答位、停止条件。

检测总线冲突和重新发送报文：当发生总线冲突时，模块会将 BCL 位置为 1，并产生总线冲突中断。如果在字节发送过程中发生总线冲突，则会中止发送，清零 TBF 标志位，释放 SDAx 和 SCLx 引脚。如果在启动、重复启动、停止或应答条件期间发生总线冲突，则会中止条件，清零 I2CxCON 寄存器中的相关位，释放 SDAx 线和 SCLx 线。

在主器件事件完成时由用户程序产生中断。用户程序可以检查 BCL 位来确定主器件事件是已成功完成还是发生了冲突。如果发生冲突，用户程序必须中止发送剩余的待发报文，并准备重新发送整个报文序列，即在总线返回到空闲状态后从启动条件开始发送。用户程序可以监视 S 和 P 位来等待总线空闲。当用户程序执行总线冲突中断服务程序且 I2C 总线空闲时，用户程序可以发送启动条件重新开始通信。

启动条件期间的总线冲突：在发出启动命令之前，用户程序应使用 S 和 P 状态位检查总线是否处于空闲状态。可能出现两个主器件在差不多同一时刻尝试启动报文传送。通常，主器件将同步时钟并在发送报文期间继续进行总线仲裁，直到其中一个主器件仲裁失败。但是，某些条件会导致在启动条件期间发生总线冲突。在这种情况下，在启动条件期间仲裁失败的主器件会产生总线冲突中断。

重复启动条件期间的总线冲突：可能会有两个主器件在整个地址字节发送期间未发生冲突，但当一个主器件尝试发送重复启动条件，而另一个发送数据时可能发生冲突。在这种情况下，产生重复启动条件的主器件将仲裁失败，并产生总线冲突中断。

报文位发送期间的总线冲突：数据冲突最典型的情况发生在当主器件尝试发送器件地址字节、数据字节或应答位的时候。如果用户程序能正确地检查总线状态，则不太可能会在启动条件期间发生总线冲突。但是，因为另一主器件可能会在非常接近的时间检查总线并产生其自身的启动条件，所以可能会发生 SDAx 仲裁，并对两个主器件的启动条件进行同步。在这种情况下，两个主器件都会开始并继续发送它们的报文,直到其中一个主器件在某个报文位仲裁失败。SCLx时钟同步将使两个主器件保持同步,直到其中一个仲裁失败。

停止条件期间的总线冲突:如果主器件用户程序失去了对I2C总线状态的跟踪,则在停止条件期间会有很多情况导致总线冲突。在这种情况下,产生停止条件的主器件将仲裁失败,并产生总线冲突中断。

15.7 作为从器件进行通信

在多个CPU相互通信的系统中,有的器件会作为从器件进行通信。当模块使能时,从器件的模块处于工作状态。从器件不能启动报文传送,它只能对由主器件启动的报文序列作出响应。主器件请求I2C协议中器件地址字节定义的特定从器件作出响应。从模块在协议所定义的适当时间对主器件作出答复。与用作主模块时一样,用户程序产生用于答复协议部分的序列。但是,当从器件地址与用户程序为它指定的地址匹配时,从模块会检测到。

在检测到启动条件之后,从模块会接收并检查器件地址。从器件可以指定7位地址或10位地址。当器件地址匹配时,模块将产生中断,通知用户程序其器件被选中。根据主器件发送的R/W位,从器件将接收或发送数据。如果是要求从器件接收数据,从器件会自动产生应答ACK,将I2CxRSR寄存器中接收到的当前值装入I2CxRCV寄存器,并产生中断。如果要求从器件发送数据,则用户程序必须将数据值装入I2CxTRN寄存器。

采样接收数据:在时钟线SCLx的上升沿采样所有的输入位。

检测启动和停止条件:从器件将检测总线上的启动和停止条件,并以S位和P位指示该状态。启动位S和停止位P在复位时或禁止模块时清零。在检测到启动或重复启动事件之后,S位置为1,P位清零。在检测到停止事件之后,P位置为1,S位清零。

检测地址:一旦模块使能,从器件就会等待启动条件发生。在检测到启动条件之后,从器件将根据A10M位的值尝试检测7位或10位地址。对于7位地址,从器件将比较一个接收字节;对于10位地址,从器件将比较两个接收字节。7位地址中还包含一个R/W位,该位指定跟在地址后的数据传送方向。如果R/W为0,则指定进行写操作,从器件将接收来自主器件的数据。如果R/W为1,则指定进行读操作,从器件将向主器件发送数据。10位地址中包含一个R/W位,但根据定义,R/W始终为0,因为从器件必须接收10位地址的第二个字节。

从器件地址屏蔽位:I2CxMSK寄存器用于地址屏蔽位,在10位和7位地址模式下将这些位指定为"无关位"。当I2CxMSK寄存器中的某位置为1时,该位即为"无关位"。无论其在地址的相关位中为0还是1,从器件都会作出响应。例如,在7位从模式下,I2CxMSK为0110000,模块将认为地址0010000和0100000是一样的有效。

地址屏蔽位的限制：默认情况下，器件会响应或产生位于保留地址空间中的地址，使能地址屏蔽位。STRICT 位 I2CxCON<11>清零时，器件可以响应保留地址。如果用户程序希望强制实行保留地址空间规则，则必须将 STRICT 位置为 1。该位置为 1 之后，无论地址屏蔽位如何设置，器件都不会响应保留地址。

7 位地址和从器件写操作：在检测到启动条件之后，模块会将 8 个位移入 I2CxRSR 寄存器。在第 8 个时钟（SCLx）的下降沿，根据 I2CxADD<6：0>和 I2CxMSK<6：0>寄存器的值求得寄存器 I2CxRSR<7：1>的值。如果地址有效（即，所有未屏蔽位完全匹配），则发生以下事件：

（1）产生 ACK。

（2）D/A 和 R/W 位清零。

（3）在第 9 个 SCLx 时钟的下降沿，模块产生 I2CxSIF 中断。

（4）模块将等待主器件发送数据。

由于希望从器件此时发送数据作为答复，所以必须暂停 I2C 总线的操作，以便用户程序作好响应的准备。当模块清零 SCLREL 位时，这个操作会自动完成。SCLREL 为 0 时，从器件会将 SCLx 时钟线下拉为低电平，从而在 I2C 总线上产生等待。从器件和 I2C 总线将保持该状态，直到用户程序在 I2CxTRN 寄存器中写入响应数据并将 SCLREL 位置为 1。无论 STREN 位的状态如何，在检测到从器件读操作地址之后，SCLREL 都将自动清零。

10 位寻址模式：在 10 位地址模式下，从器件必须接收两个器件地址字节。第一个地址字节的高 5 位将指定这是一个 10 位地址。地址的 R/W 位必须指定写操作，以便从器件接收第二个地址字节。对于 10 位地址，第一个字节应为“11110A9A80”，其中“A9”和“A8”为地址的两个最高位。

I2CxMSK 寄存器可以屏蔽 10 位地址中的任何位。I2CxMSK 的两个最高位用于屏蔽位第一个字节中接收进入地址的最高位。而寄存器的剩余字节用于屏蔽位第二个字节中接收地址的低字节。

在检测到启动条件之后，模块会将 8 个位移入 I2CxRSR 寄存器。I2CxRSR<2：1>位的值根据 I2CxADD<9：8>和 I2CxMSK<9：8>位的值求得，而 I2CxRSR<7：3>位的值则与“11110”比较。地址求值在第 8 个时钟 SCLx 的下降沿进行。要使地址有效，I2CxRSR<7：3>必须等于“11110”，而 I2CxRSR<2：1>必须与 I2CxADD<9：8>中的任何未屏蔽位完全匹配。如果地址有效，则发生以下事件：

（1）产生 ACK。

（2）D/A 和 R/W 位清零。

（3）在第 9 个 SCLx 时钟的下降沿，模块产生 I2CxSIF 中断。

在接收到 10 位地址的第一个字节后，模块也会产生中断，但该中断几乎没有什么用处。模块将继续接收第二个字节送到 I2CxRSR 中。此时，I2CxRSR<7：0>位根据 I2CADD<7：0>和 I2CxMSK<7：0>位进行求值。如果地址低字节有效，则发生以下事件：

(1)产生 ACK。

(2)ADD10 位置为 1。

(3)在第 9 个 SCLx 时钟的下降沿，模块产生 I2CxSIF 中断。

(4)模块将等待主器件发送数据或发起重复启动条件。

在 10 位寻址模式下检测到重复启动条件之后，从模块只会匹配前 7 位地址“11110A9A80”。

广播呼叫操作：在 I2C 总线的寻址过程中，通常由启动条件后的第一个字节(或 10 位寻址模式下为前两个字节)决定主器件将寻址哪个从器件。但广播呼叫地址例外，它能寻址所有器件。当使用这个地址时，所有已使能的器件都应该发送一个应答信号来响应。广播呼叫地址是由 I2C 协议为特定目的保留的 8 个地址之一。它由全 0 组成，且 R/W 为 0。广播呼叫始终执行从器件写操作。当广播呼叫使能 GCEN 位 I2CxCON<7>置为 1 时，即识别为广播呼叫地址。在检测到启动位之后，8 个位移入 I2CxRSR，并且将地址与 I2CxADD 进行比较，同时也与广播呼叫地址进行比较。

如果广播呼叫地址匹配，则会发生以下事件：

(1)产生 ACK。

(2)从模块会将 GCSTAT 位 I2CxSTAT<9>置为 1。

(3)D/A 和 R/W 位清零。

(4)在第 9 个 SCLx 时钟的下降沿，模块产生 I2CxSIF 中断。

(5)I2CxRSR 中的数据传送到 I2CxRCV，RBF 标志位置为 1。

(6)模块将等待主器件发送数据。

当处理中断时，可以读 GCSTAT 位检查中断原因，以确定器件地址是特定的器件地址还是广播呼叫地址。广播呼叫地址为 7 位地址。如果将从模块配置为 10 位地址，且 A10M 和 GCEN 位置为 1，从模块还是会检测 7 位广播呼叫地址。

严格地址支持：当控制 STRICT 位置为 1 时，它会使模块强制实行所有保留寻址规则，如果任意地址处于保留地址表中，则不会响应这些地址。

地址有效：如果 7 位地址与 I2CxADD<6：0>的内容不匹配，从器件将返回到空闲状态并忽略所有总线活动，直到检测到停止条件。如果 10 位地址的第一个字节与 I2CxADD<9：8>的内容不匹配，从模块将返回到空闲状态并忽略所有总线活动，直到检测到停止条件。如果 10 位地址的第一个字节与 I2CxADD<9：8>的内容匹配，但 10 位地址的第二个字节与 I2CxADD<7：0>不匹配，从模块将返回到空闲状态并忽略所有总线活动，直到检测到停止条件。

保留为不会屏蔽位的地址：即使使能屏蔽位，也有几个地址排除在外。这些地址，无论屏蔽位设置如何，始终不会发送应答。

接收来自主器件的数据：当地址字节的 R/W 位为 0 并发生地址匹配时，R/W 位 I2CxSTAT<2>清零。从器件进入等待主器件发送数据的状态。在器件地址字节

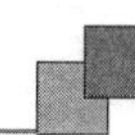

之后，数据字节的内容由系统协议定义，且仅由从器件接收。从模块将 8 个位移入 I2CxRSR 寄存器。在第 8 个时钟(SCLx)的下降沿，发生以下事件：

(1)产生 ACK 或 NACK。

(2)RBF 位置为 1，指示接收到数据。

(3)I2CxRSR 字节传送到 I2CxRCV 寄存器，供用户程序访问。

(4)D/A 位置为 1。

(5)产生从器件中断，用户程序检查 I2CxSTAT 寄存器状态确定事件原因，然后清零 I2CxSIF 标志位。

(6)模块等待下一个数据字节。

应答产生：通常，从器件将在第 9 个 SCLx 时钟发送 ACK 对所有接收的字节作出应答。如果接收缓冲区溢出，则从器件不会产生 ACK。在接收到数据前，缓冲区满 RBF 位 I2CxSTAT<1>置为 1 或者溢出 I2COV 位置为 1 两种情况有一种(或同时)存在，说明发生了溢出。

如果在从器件尝试向 I2CxRCV 传送数据时，RBF 位已经置为 1，则不发生传送，但会产生中断，且 I2COV 位置为 1。如果 RBF 位和 I2COV 位均置为 1，从器件会执行类似操作。当用户程序没有正确清除溢出条件时，读 I2CxRCV 位会清零 RBF 位。I2COV 位由用户程序写入 0 清零。

从器件接收期间的等待状态：当从器件接收到数据字节时，主器件可能会立即开始发送下一字节。这使控制从器件的用户程序可以有 9 个 SCLx 时钟来处理先前接收到的字节。如果该时间不够，从器件用户程序可以产生总线等待周期。STREN 位 I2CxCON<6>用于在从器件接收期间产生总线等待。当所接收字节的第 9 个 SCLx 时钟的下降沿 STREN 为 1 时，从器件会清零 SCLREL 位。清零 SCLREL 位会使从器件将 SCLx 线下拉为低电平，从而产生等待。主器件和从器件的 SCLx 时钟将进行同步。当用户程序准备好恢复接收时，用户程序将 SCLREL 置为 1。这将使从器件释放 SCLx 线，从而主器件可以继续发送时钟。

从器件接收报文：从器件接收报文是一个相对自动化的过程。处理从器件协议的用户程序使用从器件中断来与事件同步。当从器件检测到有效地址时，相关的中断将通知用户程序等待接收报文。在接收数据时，每个字节传送到 I2CxRCV 寄存器后，会产生中断通知用户程序读缓冲区。

向主器件发送数据：当器件地址字节的 R/W 位 I2CxSTAT<2>为 1，且地址匹配时，R/W 位置为 1。此时，主器件等候从器件发送数据字节作出响应。字节的内容由系统协议定义，且仅由从器件发送。

当地址检测产生中断时，用户程序可以向 I2CxTRN 寄存器写一个字节来启动数据发送。从器件将 TBF 位置为 1。8 个数据位在 SCLx 输入的下降沿被移出。这可确保在 SCLx 为高电平期间 SDAx 信号是有效的。所有 8 位数据都移出后，TBF 位清零。从器件在第 9 个 SCLx 时钟的上升沿检测来自主器件接收器的应答。

如果 SDAx 线为低电平，则指示应答 ACK，说明主器件需要更多的数据，报文尚未完成。模块会产生从器件中断来通知需要发送更多的数据。

在第 9 个 SCLx 时钟的下降沿产生从器件中断。用户程序必须检查 I2CxSTAT 寄存器的状态并清零 I2CxSIF 标志位。

如果 SDAx 线为高电平，则指示不应答 NACK，说明数据传送已完成。从器件复位，此时不会产生中断。从器件等待直到检测到下一个启动位。

从器件发送期间的等待状态：在从器件发送报文期间，主器件在检测到有效地址且 R/W 为 1 之后将期待立即返回数据。出于此原因，每当从器件返回数据时，从器件将自动产生总线等待。

在有效器件地址字节的第 9 个 SCLx 时钟的下降沿或主器件对发送字节产生应答时，将发生自动等待，指示希望发送更多数据。

从器件清零 SCLREL 位，使从器件将 SCLx 线下拉为低电平，从而产生等待。主器件和从器件的 SCLx 时钟将进行同步。

当用户程序在 I2CxTRN 中装入值并准备好恢复发送时，用户程序将 SCLREL 置为 1。这将使从模块释放 SCLx 线，从而主器件可以恢复产生时钟。

15.8 I2C 总线的连接注意事项

因为 I2C 总线定义为按线与方式进行连接，所以在总线上需要接弱上拉电阻，该电阻为图 15－2 中的 R_P。串联电阻（R_S）是可选的，用于提高抗 ESD 能力。电阻 R_P 和 R_S 的阻值取决于参数：供电电压、总线电容、所连接器件的数量（输入电流＋泄漏电流）、输入电平选择（I2C 或 SMBus）。

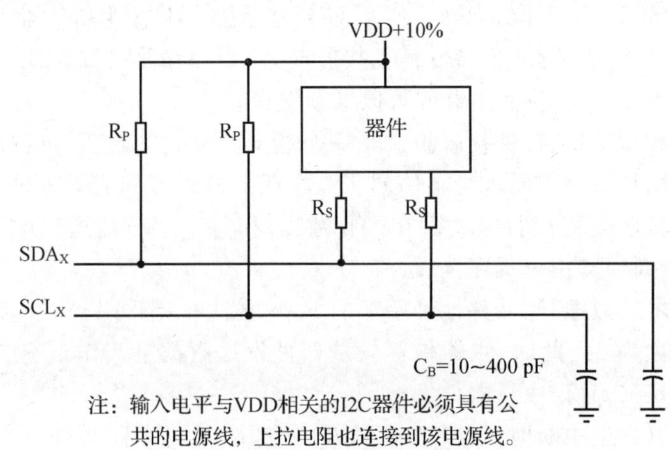

图 15－2 总线接线方式

为了获得精确的 SCK 时钟，上升时间应尽可能短。其限制因素是 SCK 引脚焊盘上的最大灌电流。为确保正常工作,SCLx时钟输入必须满足最小高电平和低电平时间要求。

集成的信号调理和压摆率控制:SCLx和SDAx引脚有输入毛刺滤波器。I2C总线在100 kHz和400 kHz系统中都需要该滤波器。在400 kHz总线上工作时,I2C规范要求对器件引脚输出进行压摆率控制。该压摆率控制集成在器件中。如果DISSLW位I2CxCON＜9＞清零,则压摆率控制处于有效状态。对于其他总线速度,I2C规范不要求压摆率控制,DISSLW应置为1。

一些实现I2C总线的系统需要VILMAX和VIHMIN有不同的输入电平。在一般的I2C系统中,VILMAX为0.3VDD;VIHMIN为0.7VDD。与之不同,在系统管理总线SMBus系统中,VILMAX=0.8 V,而VIHMIN置为2.1 V。SMEN位I2CxCON＜8＞用于控制输入电平。将SMEN置为1会将输入电平更改为符合SMBus规范。

15.9 节能模式和调试模式下的I2C操作

基于器件有两种节能模式:空闲模式,关闭内核和选定的外设;休眠模式,关闭整个器件。

主模式工作下I2C模块休眠:当器件进入休眠模式时,模块的所有时钟都会关闭。波特率发生器也由于时钟停止而停止。重新运行时必须对它进行复位,以防止检测到不完整的时钟。

如果在主器件发送过程中发生休眠,则状态机在时钟停止时部分进入发送状态,主模式发送被中止。在等待发送或接收时,没有任何自动方式可以阻止模块进入休眠模式。用户程序必须将休眠进入与I2C操作进行同步,以避免数据传送中止。进入休眠模式或退出休眠模式不会影响寄存器的内容。

从模式工作下I2C模块休眠:在器件处于休眠模式时,I2C模块可以在从模式下继续工作。当在从模式下工作,并且器件进入休眠模式时,主器件产生的时钟将运行从器件状态机。该功能可以在接收到的地址匹配时对器件产生中断,以唤醒器件。

进入休眠模式或退出休眠模式不会影响寄存器的内容。如果在从器件数据发送操作的过程中将休眠SLEEP状态位置为1,则会产生错误条件;此时可能产生不确定的结果。

空闲模式的I2C模块:当器件进入空闲模式时,所有PBCLK时钟继续工作。如果模块要掉电,则它会禁止自己的时钟。I2CxSIDL位I2CxCON＜13＞用于选择模块在空闲模式下是否继续工作。如果I2CxSIDL位为0,则模块将在空闲模式下继续工作。如果I2CxSIDL位置为1,则模块将在空闲模式下停止工作。对于在空闲模式下停止工作,I2C模块将执行与休眠模式相同的过程。模块状态机必须复位。

复位对I2C模块影响:POR和WDT等复位会禁止I2C模块并终止所有正在进

行和待执行的报文活动。

I2C 模式下引脚配置：在 I2C 模式下，引脚 SCL 为时钟，引脚 SDA 为数据。模块会改写这些引脚的数据方向位 TRIS。用于 I2C 模式的引脚会被配置为漏极开路。

思考题

问 1：将器件作为总线主器件工作并发送数据，为什么总是在同一时间产生从器件中断和接收中断？

答 1：主器件电路和从器件电路是相互独立的，从模块会从总线上接收主模块发送的事件。

问 2：将器件作为从器件工作，在将数据写入 I2CxTRN 寄存器时，为什么数据未被发送？

答 2：在准备发送数据时，从器件会进入自动等待。确保将 SCLREL 位置为 1，以释放 I2C 时钟。

问 3：如何确定主模块处于何种状态？

答 3：检查 SEN、RSEN、PEN、RCEN、ACKEN 和 TRSTAT 位的值，这些位值可以确定主模块的状态。如果所有位的值均为 0，则说明模块处于空闲状态。

问 4：器件作为从器件工作时，当 STREN 为 0 时接收到一个字节。如果用户程序无法在接收到下一字节之前处理该字节，用户程序应执行什么操作？

答 4：因为 STREN 为 0，所以在接收字节时，模块不会产生自动等待。但是，用户程序可以在报文传送期间的任意时刻将 STREN 置为 1，然后再清零 SCLREL。这将在下一次同步 SCLx 时钟时产生等待。

问 5：I2C 系统是多主机系统时，为什么在尝试发送报文时，报文被损坏？

答 5：在多主机系统中，其他主器件可能会导致总线冲突。在主器件的中断服务程序中，检查 BCL 位，以确保操作完成且未发生冲突。如果检测到冲突，则必须重新发送报文。

问 6：I2C 系统是多主机系统时，如何确定何时可以开始发送报文？

答 6：检查 S 位。如果 S 为 0，则说明总线处于空闲状态。

问 7：尝试在总线上发送启动条件，然后写入 I2CxTRN 寄存器发送一个字节，但字节并未发送，这是什么原因？

答 7：必须等待 I2C 总线上的每个事件完成，然后才能启动下一个事件。在这种情况下，应查询 SEN 位来确定启动事件何时完成，或者在将数据写入 I2CxTRN 之前等待主器件 I2C 中断。

第16章 通用异步收发器

通用异步收发器模块(Universal Asynchronous Receiver Transmitter,UART)是器件提供的串行模块之一。UART 是可以与外设和个人计算机(使用 RS-232、RS-485、LIN1.2 和 IrDA 等协议)通信的全双工异步通信接口。有的器件中 UART 模块使用 UxCTS 和 UxRTS 引脚支持硬件流控制选项,包括 IrDA 编/解码器。

UART 模块的主要特性有:

- 全双工 8 位或 9 位数据传送;
- 偶校验、奇校验或无奇偶校验选项(对于 8 位数据);
- 一个或两个停止位;
- 硬件自动波特率特性;
- 完全集成的具有 16 位预分频器的波特率发生器 BRG,当工作在 40 MHz 时,波特率范围为 38 bps~10 Mbps;
- 8 级先进先出(First-In-First-Out,FIFO)发送数据缓冲区;
- 8 级 FIFO 接收数据缓冲区;
- 奇偶校验、帧和缓冲区溢出错误检测;
- 支持仅在地址检测(第 9 位为 1)时产生中断;
- 独立的发送和接收中断;
- 支持用于诊断的环回模式;
- 支持 LIN1.2 协议。

图 16-1 给出了 UART 的简化框图。

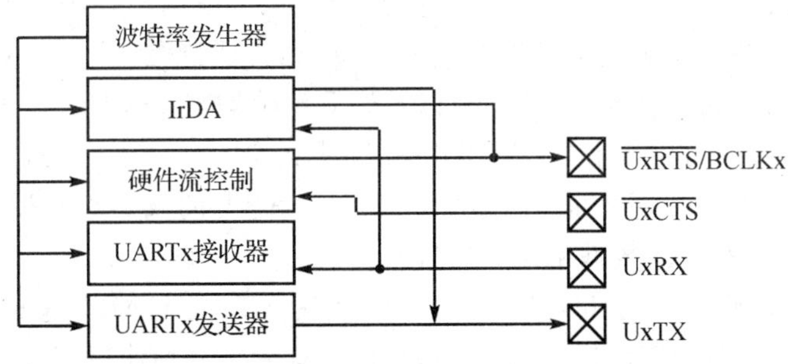

图 16-1 UART 简化框图

UART 模块由以下重要硬件组成：

● 波特率发生器；

● 异步发送器；

● IrDA 编/解码器，用于支持外部 IrDA 编码器/解码器的 16 倍频波特率时钟输出。

不同器件型号可能有一个或多个 UART 模块。在引脚、控制/状态位和寄存器的名称中使用的“x”表示特定的模块。

16.1　UART 波特率发生器

UART 模块包含一个专用的 16 位波特率发生器 BRG。UxBRG 寄存器控制一个自由运行的 16 位定时器的周期。波特率不会在全范围内保持相同的精度，其误差计算可以参见参考文献。

最大可能波特率(BRGH 为 0)是 FPB/16(当 UxBRG 为 0 时)，最小可能波特率是 FPB/(16×65 536)。最大可能波特率(BRGH 为 1)是 FPB/4(当 UxBRG 为 0 时)，最小可能波特率是 FPB/(4×65 536)。向 UxBRG 寄存器写入新值会使波特率计数器复位为零。这可以确保 BRG 无需等待定时器溢出就可以产生新的波特率。

如果使能了 UART 和 BCLKx 输出，UEN<1：0>字段 UxMODE<9：8>置为 11，则 BCLKx 引脚将输出 16x 波特率时钟。此功能用于支持外部 IrDA 编/解码器。

在休眠模式下，BCLKx 输出保持为低电平。只要 UART 保持模式 UEN<1：0>字段置为 11，则无论 PORTx 和 TRISx 锁存位的状态如何，BCLKx 都强制为输出。UART1B、UART2B 和 UART3B 模块不支持 BCLKx 引脚。

16.2　UART 配置

UART 使用标准的不归零(Non-Return-to-Zero，NRZ)格式(1 个启动位、8 或 9 个数据位和 1 或 2 个停止位)。硬件提供奇偶校验，可由用户程序配置为偶校验、奇校验或无奇偶校验。最普通的数据格式是 8 位，无奇偶校验，有 1 个停止位，这是上电复位的默认值。数据位数、停止位数以及奇偶校验均在 PDSEL<1：0>字段 UxMODE<2：1>和 STSEL 位 UxMODE<0>中指定。

UART 首先发送和接收最低有效位 LSb。UART 的发送器和接收器在功能上是独立的，但使用相同的数据格式和波特率。

使能 UART：将 ON 位 UxMODE<15>置为 1 使能 UART 模块。将 UTXEN 位 UxSTA<10>和 URXEN 位 UxSTA<12>置为 1 分别使能 UART 发送器和接收器。一旦这些使能位置为 1，UxTX 和 UxRX 引脚就配置为输出或输入，并将改写

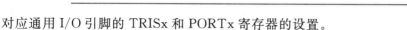

对应通用 I/O 引脚的 TRISx 和 PORTx 寄存器的设置。

禁止 UART：清零 ON 位禁止 UART 模块(默认状态)，禁止 UART 模块将缓冲区复位为空状态，将丢失缓冲区中的所有数据，复位所有与之相关的错误和状态标志位。UxSTA 寄存器中的 RXDA、OERR、FERR、PERR、UTXEN、URXEN、UTXBRK 和 UTXBF 位清零，而 RIDLE 和 TRMT 位置为 1。其他位(包括 ADDEN、RXISEL<1：0>和 UTXISEL)以及 UxMODE 和 UxBRG 寄存器不受影响。当 UART 模块处于活动状态时，清零 ON 位将中止所有等待的发送和接收，同时将模块复位。重新使能 UART 将使用同样的配置重新启动 UART 模块。禁止 UART 模块时所有 UART 引脚都可以用作输入输出端口引脚使用。

16.3　UART 发送器

发送器的核心是发送移位寄存器 UxTSR。UxTSR 从发送 FIFO 缓冲区 UxTXREG 中获得数据。用户程序将需要发送的数据装入 UxTXREG 寄存器。在前一次装入数据的停止位发送之前，不会向 UxTSR 寄存器装入新数据。一旦停止位发送完毕，就会将 UxTXREG 寄存器的数据装入 UxTSR。用户程序不能访问 UxTSR 寄存器。

将使能位 UTXEN 置为 1 使能发送。实际的发送要等到 UxTXREG 寄存器装入数据并且波特率发生器 UxBRG 产生了移位时钟之后才发生。也可以先装入 UxTXREG 寄存器，然后将使能位 UTXEN 置为 1 来启动发送。通常，第一次开始发送的时候，由于 UxTSR 寄存器为空，这样写入 UxTXREG 寄存器的数据立即传送到 UxTSR。发送期间清零位 UTXEN 将中止发送并复位发送器。UxTX 引脚将恢复到 UTXINV 位 UxSTA<13>定义的状态。

若选择 9 位发送，PDSEL<1：0>位应置为 11。在 9 位数据发送的情况下，不采用奇偶校验。

发送缓冲区 UxTXREG：发送缓冲区为 9 位宽、8 级深。加上发送移位寄存器 UxTSR，实际有最多 9 级深的缓冲区。只有在具有 UART1A、UART1B、UART2A、UART2B、UART3A 和 UART3B 模块的器件中，8 级深 FIFO 才可用。只有在具有 UART1 和 UART2 模块的器件中，4 级深 FIFO 才可用。

当 UxTXREG 的数据传送到 UxTSR 寄存器时，当前缓冲单元就可以写入新数据。每当缓冲区满时，UTXBF 状态位 UxSTA<9>置为 1。如果用户程序试图向已满的缓冲区执行写操作，则新数据将不会被 FIFO 接收。在复位时 FIFO 也复位；当器件进入节能模式或从节能模式唤醒时，FIFO 不受影响。

发送中断：UTXISEL 位 UxSTA<15：14>决定何时产生发送中断，并置位 IFS 寄存器中的发送中断标志位 UxTXIF。当第一次使能模块时，发送中断标志位 UxTXIF 会置为 1。在程序运行期间可以切换中断模式，但除非缓冲区为空，否则建议不要这么做。

发送中断标志位 UxTXIF 指示 UxTXREG 寄存器的状态，而 TRMT 位 UxSTA＜8＞指示 UxTSR 寄存器的状态。TRMT 状态位是只读位，当 UxTSR 寄存器为空时置为 1。由于没有与该位相关的中断，所以用户程序只能查询该位以判断 UxTSR 寄存器是否为空。

要清除 UART1 和 UART2 模块的中断，必须清零相关的 IFSx 寄存器中的发送中断标志位 UxTXIF。对于 UART1A、UART1B、UART2A、UART2B、UART3A 和 UART3B 模块，当 UTXISEL 位规定的中断条件为真时，将会产生中断并将中断标志位置为 1。这意味着要清除这些模块的中断，在清零相关的标志位 UxTXIF 之前，用户程序必须确保 UTXISEL 位规定的中断条件不再为真。

按以下步骤设置 UART 发送：

(1)对 UxBRG 寄存器进行初始化，设置合适的波特率。

(2)写入 PDSEL＜1：0＞位和 STSEL 位来设置数据位数、停止位数和奇偶校验选择。

(3)如果需要发送中断，就要将相关中断使能控制寄存器 IEC 中的 UxTXIE 位置为 1。使用相关中断优先级控制寄存器 IPC 中的 UxIP＜2：0＞字段和 UxIS＜1：0＞字段来指定发送中断的中断优先级和子优先级。同时，写 UTXISEL 位选择发送中断模式。

(4)将 UTXEN 位置为 1 使能发送，与此同时将 UxTXIF 位置为 1。UxTXIF 位应在 UART 发送中断服务程序中清零。UxTXIF 位的操作由 UTXISEL 位控制。

(5)将 ON 位置为 1，使能 UART 模块。

(6)将数据装入 UxTXREG 寄存器(即开始发送)。

帧间隔字符的发送：帧间隔字符发送包含 1 个启动位，随后的 12 个 0 位和 1 个停止位。在 UxTXREG 寄存器中装入数据时，只要 UART 模块使能并且 UTXBRK 和 UTXEN 位置为 1，就会发送帧间隔字符。必须对 UxTXREG 寄存器进行假写操作，才能启动帧间隔字符发送。在发送帧间隔字符时，会忽略写入 UxTXREG 的数据值。写操作只是启动相关的序列，从而发送全零数据。

在发送完相关的帧间隔字符之后，硬件会自动将 UTXBRK 位复位。这样用户程序可以在发送帧间隔字符(在 LIN 规范中通常是同步字符)时预先将下一个要发送字节写入 FIFO。

在将 UTXBRK 位置为 1 之前，用户程序应先等待发送器变为空闲，TRMT 为 1。UTXBRK 位会覆盖所有其他发送器活动。如果在 UTXBRK 位置为 1 时，FIFO 包含发送数据，则在数据传送到 UxTSR 寄存器时将发送帧间隔字符，而不是传送到 UxTSR 寄存器中的实际发送数据。如果用户程序在序列完成之前清零 UTXBRK 位，则可能导致模块的意外行为。TRMT 位指示发送移位寄存器是空还是满。

帧间隔和同步发送序列：执行以下序列会发送一个报文帧头，包括一个帧间隔字

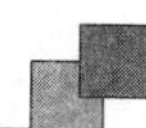

符和其后的一个自动波特率同步字节。这是 LIN 总线主器件的典型序列。

(1)将 UART 配置为所需的模式。

(2)如果当前正在发送数据，可以查询 TRMT 位来确定发送何时结束。

(3)将 UTXEN 和 UTXBRK 置为 1 以设置帧间隔字符。

(4)将一个无效字符装入 UxTXREG 以启动发送。

(5)向 UxTXREG 写入 0x55 以将同步字符装入发送 FIFO 中。

发送帧间隔字符之后，硬件会将 UTXBRK 位复位。然后开始发送同步字符。

16.6　UART 接收器

接收器的核心是接收串行移位寄存器 UxRSR。在 UxRX 引脚上接收数据，并发送到择多检测模块中(3 选 2，检测 3 次，两次为高，输出为高，两次为低，输出为低)。在 BRGH 为 0 的模式下，择多检测模块以 16 倍波特率的速率工作，并且由择多检测电路来确定 UxRX 引脚上出现的是高电平还是低电平。在 BRGH 为 1 的模式下，择多检测模块以 4 倍波特率的速率工作，并且通过单采样来确定出现的是高电平还是低电平。在采样到 UxRX 引脚上的停止位之后，UxRSR 中接收到的数据传送到接收 FIFO。

将 URXEN 位置为 1 使能接收。接收移位寄存器 UxRSR 并未映射到存储器中，因此用户程序不能访问。

接收缓冲区 UxRXREG：UART 接收器有一个 9 位宽、最多 8 级深的 FIFO 接收数据缓冲区。UxRXREG 是一个存储器映射的寄存器，可提供对 FIFO 输出的访问。

接收器错误处理：有可能会发生这种情况：FIFO 已满，下一个字开始移入 UxRSR 寄存器，然后发生缓冲区溢出。如果 FIFO 已满且新字符已完全接收到 UxRSR 寄存器中，则溢出错误 OERR 位 UxSTA<1>将置为 1。UxRSR 中的字不会保留，只要 OERR 位置为 1，就将禁止继续向接收 FIFO 传送。必须用户程序清零 OERR 位，以使能继续接收数据。

若要保存溢出前接收到的数据，用户程序应先读取所有接收到的字符，然后清零 OERR 位。如果接收到的字符可以丢弃，则用户程序只要清零 OERR 位，这可有效地复位接收 FIFO，同时先前接收到的所有数据都将丢失。

当停止位的接收状态不正确时，帧错误 FERR 位 UxSTA<2>置为 1。

如果缓冲区顶部的数据字存在奇偶校验错误，则奇偶校验错误 PERR 位 UxSTA<3>将置为 1。例如，如果奇偶校验置为偶校验，但检测出数据中 1 的总数为奇数，就会产生奇偶校验错误。PERR 位在 9 位模式下是无关的。FERR 和 PERR 位与对应的字一起缓冲，并且应在读取数据字之前读出。

接收中断：UART 接收中断标志位 UxRXIF 在相关的中断标志状态 IFSx 寄存器中。RXISEL<1：0>位 UxSTA<7：6>决定 UART 接收器何时产生中断。

要清除 UART1 和 UART2 模块的中断，必须将相关的 IFSx 寄存器中的 UxRXIF 标志位清零。

对于 UART1A、UART1B、UART2A、UART2B、UART3A 和 UART3B 模块，当 RXISEL 位规定的中断条件为真时，将会产生中断。这意味着如果要清除这些模块的中断，在清零相关的 UxRXIF 标志位之前，用户程序必须确保 URXISLE 位规定的中断条件不再为真。

RXDA 位和 UxRXIF 标志位指示 UxRXREG 寄存器的状态，而 RIDLE 位 UxSTA<4>指示 UxRSR 寄存器的状态。RIDLE 状态位是只读位，当接收器空闲时置为 1(即，UxRSR 寄存器为空)。因为无相关的中断，所以用户程序必须查询该位以判断 UxRSR 是否空闲。RXDA 位 UxSTA<0>指示接收缓冲区中是有数据还是为空。只要接收缓冲区中至少有一个可以读出的字符，该位就将置为 1。RXDA 是只读位。

执行以下步骤设置 UART 接收：

(1)对 UxBRG 寄存器进行初始化，设置合适的波特率。

(2)写入 PDSEL<1：0>位和 STSEL 位来设置数据位数、停止位数和奇偶校验选择。

(3)如果需要中断，将相关中断使能控制寄存器 IEC 中的 UxRXIE 位置为 1。使用相关中断优先级控制寄存器 IPC 中的 UxIP<2：0>和 UxIS<1：0>位来指定中断的中断优先级和子优先级。写入 RXISEL<1：0>位来选择接收中断模式。

(4)将 URXEN 位置为 1，使能 UART 接收器。

(5)将 ON 位置为 1，使能 UART 模块。

(6)接收中断取决于 RXISEL<1：0>字段的设置。如果没有使能接收中断，用户程序可以查询 RXDA 位。UxRXIF 位应在 UART 接收中断服务程序中清零。

(7)从接收缓冲区中读取数据。如果选择了 9 位发送，则读一个字；否则，读一个字节。每当缓冲区中有数据时，RXDA 状态位 UxSTA<0>就会置为 1。

图 16-2 和图 16-3 描述了 UART 模块的典型接收和发送时序。

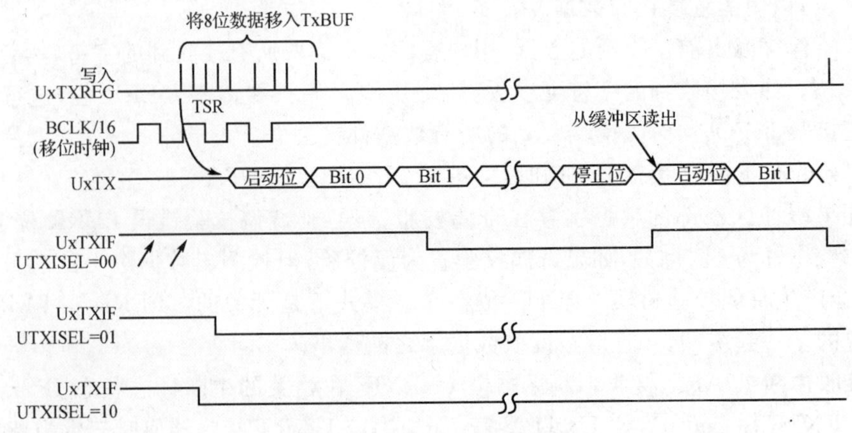

图 16-2 UART 接收时序图

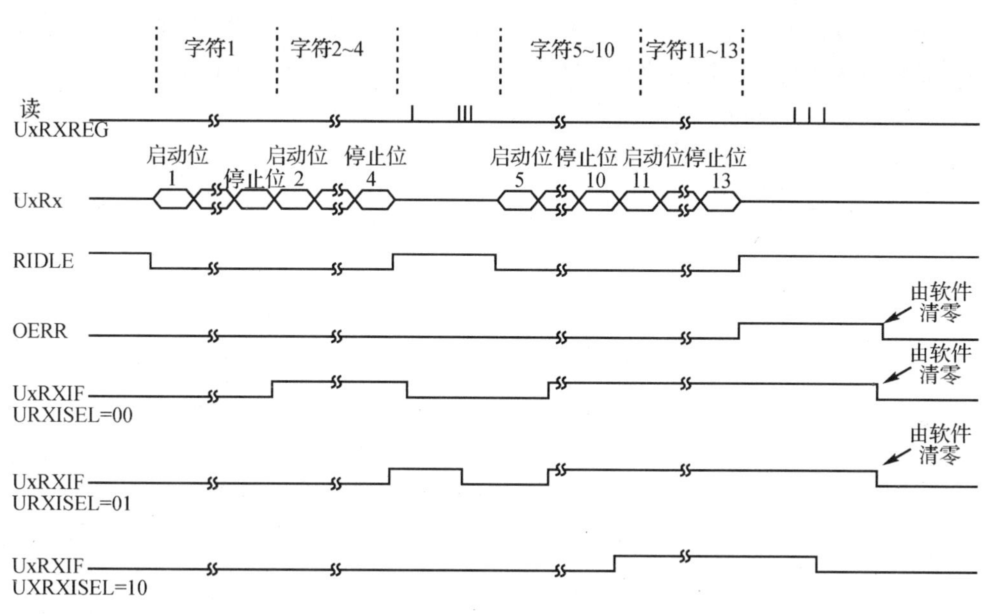

图 16－3　发送时序图(8 位或 9 位数据)

16.7　使用 UART 进行 9 位通信

在 9 位数据模式下，UART 接收器可用于多 CPU 通信。在 9 位数据模式下，当 ADDEN 位置为 1 时，接收器可以在数据的第 9 位为 0 时忽略数据。

多 CPU 通信：典型的多 CPU 通信协议会区别数据字节和地址/控制字节。一般的方法是使用第 9 位数据位来识别数据字节是地址还是数据信息。如果第 9 位置为 1，数据就作为地址或控制信息处理。如果第 9 位清零，接收到的数据字就作为数据处理。

协议按以下序列工作：

● 主器件发送一个第 9 位置为 1 的数据字。数据字中包含从器件的地址，视为地址字。

● 通信链中的所有从器件接收地址字并检查从器件自己的地址值是否匹配。

● 地址字匹配的从器件将接收和处理主器件发送的后续数据字节。所有其他地址字不匹配的从器件丢弃后续的数据字节，直到接收到新的地址字重新匹配。

ADDEN 位：UART 接收器有一个地址检测模式，该模式使能接收器忽略第 9 位清零的数据字，这降低了中断开销，因为第 9 位清零的数据字不被缓冲。该功能将 ADDEN 位 UxSTA<5>置为 1 来使能。要使用地址检测模式，UART 必须配置为 9 位数据模式。当接收器配置为 8 位数据模式时，ADDEN 位无效。

设置 9 位发送模式：除了 PDSEL<1：0>位应置为 11 外，设置 9 位发送的过程与设置8位发送模式相同。应对UxTXREG寄存器执行字写操作(开始发送)。

设置使用地址检测模式的9位接收:除了PDSEL<1:0>位应置为11外,设置9位接收的过程与设置8位接收模式类似。应写入RXISEL<1:0>位来配置接收中断模式。

在检测到地址字符,并且地址检测模式使能ADDEN位置为1时,无论RXISEL<1:0>位如何设置,都会产生接收中断。

执行以下步骤来使用地址检测模式:

(1)将PDSEL<1:0>字段置为11以选择9位模式。

(2)将ADDEN位置为1以使能地址检测。

(3)将ADDR字段UxSTA<23:16>置为所需的从器件地址字符。

(4)将ADM_EN位UxSTA<24>置为1,使能地址检测。

(5)如果该器件已经进行寻址,则UxRXREG会被丢弃,在接收到的所有后续字符中,UxRXREG<8>为0的字符会传送到UART接收缓冲区中,并且将根据RX-ISEL<1:0>产生中断。

接收间隔字符序列:唤醒功能设置WAKE位UxMODE<7>置为1来使能。在该模式下,模块会接收启动位、数据和无效停止位(这会将FERR置为1);但接收器会在检测下一个启动位之前先等待有效的停止位。它不会将线上的间隔条件当作下一个启动位。帧间隔字符视为一个全0的字符,且FERR位置为1,装入缓冲区中。只有在接收到停止位之后,才会继续进行接收。当在13位的帧间隔字符之后接收到停止位时,将自动清零WAKE位。当接收到停止位时,RIDLE变为高电平。

接收器将根据PDSEL<1:0>位和STSEL位中设定的值,计数并等待特定数量的位时间。

如果间隔大于13个位时间,则在经过PDSEL和STSEL位所指定数量的位时间之后,就认为接收已完成。此时,RXDA位置为1,FERR位置为1,接收FIFO中装入0,并产生中断。

如果未设置唤醒功能,即WAKE位为0,则间隔接收并无任何不同。帧间隔字符将计为一个字符装入缓冲区(所有位全为0),且FERR位置为1。

16.8 UART的其他特性

环回模式下的UART:将LPBACK位UxMODE<6>置为1将使能这种特殊模式。在环回模式模式下,UxTX输出在内部连接到UxRX输入。UxRX引脚从内部UART接收电路断开;但UxTX引脚仍正常工作。

使用以下步骤选择环回模式:

(1)将UART配置为所需的工作模式。

(2)按“UART发送器”章节中所述使能发送。

(3)设置 LPBACK 位置为 1 以使能环回模式。

环回模式取决于 UEN<1：0>位。

自动波特率支持：要使能系统确定所接收字符的波特率，可以使能 ABAUD 位置为 1。如果使能了自动波特率检测，则每当接收到启动位时，UART 就会开始自动波特率测量序列。波特率计算采用自平均的方式。该功能仅在禁止自动唤醒，清零 WAKE 位时有效。此外，对于自动波特率操作，LPBACK 必须等于 0。当 ABAUD 位置为 1 时，BRG 计数器值将清零并开始检测一个启动位；在这种情况下，启动位定义为高电平到低电平跳变后跟随一个低电平到高电平跳变。

在启动位之后，自动波特率功能需要接收一个 ASCII“U”(55h)，以计算相关的波特率。为了尽量减少输入信号不对称造成的影响，测量时段内要包含一个高位和一个低位时间。在启动位(上升沿)结束时，BRG 计数器开始使用 FPB/8 时钟计数。在 UxRX 引脚的第 5 个上升沿，统计相关 BRG 总周期数的累计 BRG 计数器值并传送到 UxBRG 寄存器，自动清零 ABAUD 位。如果用户程序在序列完成之前清零 ABAUD 位，则可能导致模块的意外行为。

在进行自动波特率序列时，UART 状态机保持空闲状态。无论 RXISEL<1：0>设置如何，UxRXIF 中断均置为在第 5 个 UxRX 上升沿产生，不会更新接收器 FIFO。

间隔检测序列：用户程序可以将模块配置为在间隔检测之后立即自动检测波特率，将 ABAUD 位置为 1 和 WAKE 位置为 1 来实现。WAKE 位的优先级高于 ABAUD 位设置的优先级。

如果 WAKE 位与 ABAUD 位同时置为 1，自动波特率检测将在帧间隔字符之后的字节处发生。用户程序必须考虑给定时钟可能提供的波特率，确保进入的字符波特率处于选定 UxBRG 时钟的范围内。

在自动波特率序列期间，不能使用 UART 发送器。此外，用户程序应确保不要在正在进行发送序列时，将 ABAUD 位置为 1。否则，UART 会产生不可预测的行为。

UxCTS 和 UxRTS 控制引脚的操作：使能发送 UxCTS 和请求发送 UxRTS 是与 UART 模块相关的两个引脚，使 UART 可以工作于单工模式和流控制模式。用于控制数据终端设备之间的发送和接收数据。UART1B、UART2B 和 UART3B 模块不支持这些引脚。

UxCTS 功能：在 UART 操作中，UxCTS 引脚用作控制发送的输入引脚。该引脚由另一个设备控制。UxCTS 引脚使用 UEN<1：0>位 UxMODE<9：8>进行配置。当 UEN<1：0>字段置为 10 时，UxCTS 配置为输入。如果 UxCTS 位为 1，则发送器会装入数据到发送移位寄存器中，但不会启动发送。这使数据终端设备可以根据其需求通过控制器控制和接收数据。

在发送数据改变的同时(即，在 16 倍波特率时钟开始时)会对 UxCTS 引脚进行采样。只有采样到UxCTS引脚为低电平时才会开始发送。UxCTS引脚在内部使用Q时钟进行采样，这意味着UxCTS上的脉冲宽度应至少为1个外设时钟。用户程序也可以读相关的端口引脚来读取UxCTS引脚的状态。

流控制模式下的UxRTS功能：在流控制模式下，数据终端设备的UxRTS引脚连接到器件的UxCTS引脚，数据终端设备的UxCTS引脚连接到器件的UxRTS引脚。

UxRTS信号指示器件准备好接收数据。每当UEN<1：0>为01或10时，会驱动UxRTS引脚为输出。每当接收器准备好接收数据时，UxRTS引脚就会置为有效（驱动为低电平）。当RTSMD位为0时（器件处于流控制模式时），UxRTS引脚在接收缓冲区未满或OERR位未置为1时驱动为低电平。当RTSMD位为0时，UxRTS引脚在器件未准备好接收时（即，接收缓冲区已满或正在进行移位时）驱动为高电平。当接收器在FIFO中至少有2个字符的空间时，UxRTS引脚会置为有效（驱动为低电平）。

由于数据终端设备的UxRTS引脚连接到器件的UxCTS引脚，因此每当它准备好接收数据时，UxRTS引脚就会将UxCTS引脚驱动为低电平。当UxCTS引脚变为低电平时，数据发送开始。

单工模式下的UxRTS功能：在单工模式下，DCE的UxRTS引脚连接到UxRTS引脚，DCE的UxCTS引脚连接到UxCTS引脚。

在单工模式下，UxRTS信号指示数据终端设备已准备好发送。当DCE准备好接收发送数据时，DCE就会通过有效的UxCTS信号对UxRTS信号作出答复。当数据终端设备接收到有效的UxCTS信号时，它将开始发送。当UxRTS信号指示数据终端设备准备好发送时，UxRTS信号将使能驱动器。

每当UEN<1：0>为01或10时，UxRTS引脚就会驱动为输出。当RTSMD位置为1时，每当有数据可供发送时（清零TRMT位），UxRTS引脚就会置为有效（驱动为低电平）。当RTSMD位置为1时，发送器为空时（TRMT位置为1），UxRTS引脚就会置为无效（驱动为高电平）。

16.9 红外支持

UART模块提供以下两种类型的红外UART支持：

- IrDA时钟输出，用于支持外部IrDA编/解码器，UART1B、UART2B和UART3B模块不支持该功能。
- 完全实现的IrDA编/解码器。

外部IrDA支持——IrDA时钟输出：为了支持外部IrDA编/解码器，可将BCLKx引脚配置为产生16×波特率时钟。当UEN<1：0>字段置为11时，如果使能了UART模块，BCLKx引脚将输出16x波特率时钟；它可以用于支持IrDA编解码芯片。

内置IrDA编/解码器:UART模块在其内部完全实现了IrDA编/解码器。内置IrDA编/解码器的功能可由IREN位UxMODE<12>使能。当IREN位置为1使能时,接收引脚UxRX作为红外接收器的输入引脚。发送引脚UxTX作为红外发送器的输出引脚。

IrDA编码器功能:编码器的工作方式为从UART获取串行数据,并使用以下方式替换它:

- 当发送位数据为1时,16×波特率时钟的全部16个周期均编码为0。
- 当发送位数据为0时,16×波特率时钟的前7个周期编码为0,接下来的3个周期编码为1,而余下的6个周期则编码为0。

IrDA发送极性:IrDA发送极性使用UTXINV位进行选择。该位仅在使能IrDA编/解码器(IREN置为1)时作用于模块。对于正常的发送和接收,UTXINV位对接收器或模块操作均无影响。

当UTXINV位为0时,UxTX线的空闲状态为0。当UTXINV置为1时,UxTX线的空闲状态为1。

IrDA解码器功能:解码器的工作方式为从UxRX引脚获取串行数据,并将其替换为解码后的数据流。数据流基于UxRX输入的下降沿检测进行解码。

UxRX的每个下降沿都会使解码数据驱动为低电平并保持16×波特率时钟的16个周期。如果在16个周期结束之前,检测到另一个下降沿,则在接下来的16个周期,解码数据继续保持为低电平。如果未检测到下降沿,则解码数据驱动为高电平。

进入器件的数据流比实际报文晚了16×波特率时钟的7~8个周期。存在一个时钟的不确定性是由于时钟边沿分辨率的原因。

IrDA接收极性:IrDA信号的输入可以有反相的极性。同一逻辑可以解码信号串,但在这种情况下,解码数据流比原始报文晚了16×波特率时钟的10~11个周期。同样,存在一个时钟的不确定性是由于时钟边沿分辨率的原因。

时钟抖动:由于时钟抖动或器件之间微小的频率差,可能会导致错过某个16×周期的下一个下降位边沿。在这种情况下,在解码数据流中会出现一个时钟宽的脉冲。由于UART在位中点附近执行择多检测,因此这不会导致错误数据。

中断:UART能够产生一些中断,反映在数据通信期间发生的事件。它可以产生以下类型的中断:

- UxRXIF指示接收器数据可用中断,该事件根据RXISEL<1:0>位的值而产生。
- UxTXIF指示发送器缓冲区为空中断,该事件根据UTXISEL<1:0>位的值而产生。
- UxEIF指示UART错误中断。该事件在发生以下任意错误条件时产生:

— 检测到奇偶校验错误 PERR 位；

— 检测到帧错误 FERR 位；

— 发生接收缓冲区溢出条件 OERR 位。

所有这些中断标志位必须由用户程序清零。UART 器件由相关的 UART 中断使能位使能中断：UxRXIE、UxTXIE、UxEIE。此外，还必须配置中断优先级位和中断子优先级位：UxIP 字段 IPC6<4：2>和 UxIS 字段 IPC6<1：0>。

I/O 引脚控制：将 ON 位、UTXEN 位和 URXEN 位置为 1 使能 UART 模块时，UART 模块将按照 UEN<1：0>字段的定义控制 I/O 引脚，改写端口 TRIS 寄存器和 LATCH 寄存器的设置。

UxTX 会强制设为输出，UxRX 设为输入。此外，如果使能了 UxCTS 和 UxRTS，UxCTS 引脚将强制设为输入，而 UxRTS/BLCKx 引脚则用作 UxRTS 输出。如果使能了 BLCKx，则 UxRTS/BLCKx 输出会驱动 16×波特率输出。

16.10　节能和调试模式下的 UART 操作

休眠模式下的操作：当器件进入休眠模式时，禁止系统时钟。UART 在休眠模式下不工作。

如果在发送过程中进入休眠模式，则会中止发送，UxTX 引脚驱动为 1。类似地，如果在接收过程中进入休眠模式，会中止接收。RTS 和 BCLK 引脚会驱动为 0。

UART 模块可用于在检测到启动位时将器件从休眠模式唤醒。如果 WAKE 位在器件进入休眠模式之前置为 1，并且使能 UART 接收中断，即 UxRXIE 位置为 1，则 UxRX 引脚上的下降沿会产生接收中断并唤醒器件。接收中断选择模式位 RXISEL 对该功能没有影响。只有 ON 位置为 1 时，才会产生唤醒中断。

空闲模式下的操作：当器件进入空闲模式时，系统时钟继续工作，但 CPU 停止执行代码。SIDL 位 UxMODE<13>用于选择在器件进入空闲模式时，UART 模块是停止工作还是继续正常工作。

● 如果 SIDL 位置为 1，则模块在空闲模式下停止工作，执行与在休眠模式下相同的过程。

● 如果 SIDL 位置为 0，则模块在空闲模式下继续工作。

同步间隔字符自动唤醒：自动唤醒功能由 WAKE 位使能。当 WAKE 位使能时，将禁止 UxRX 上的典型接收序列。发生唤醒事件之后，模块会产生 UxRXIF 中断。LPBACK 位必须等于 0 时，唤醒功能才有效。

唤醒事件是指 UxRX 线上发生高电平到低电平的跳变。这刚好与同步间隔字符或 LIN 协议唤醒信号字符的启动条件一致。当 WAKE 有效时，无论 CPU 模式如何，都会对 UxRX 线进行监视。在正常用户模式下，UxRXIF 中断将与 Q 时钟同步产生；在模块因休眠或空闲模式而禁止时，中断则异步产生。为了确保不会丢失任何数据，应在进入休眠模式之前和当 UART 模块处于空闲模式时将 WAKE 位置为 1。

发生唤醒事件之后，当 UxRX 线上出现低电平到高电平的跳变时，WAKE 位自动清零。此时，UART 模块将从空闲模式返回到正常工作模式。这向用户程序指示同步间隔事件结束。如果用户程序在序列完成之前清零 WAKE 位，则可能导致模块的意外行为。

唤醒事件会将 UxRXIF 位置为 1 并产生一个接收中断。对于该功能，接收中断选择模式 RXISEL＜1：0＞位被忽略。如果使能 UxRXIF 中断，这会唤醒器件。

同步间隔字符（或唤醒信号）必须足够长，以便使选定振荡器有时间起振并确保 UART 正确初始化。为了确保器件及时唤醒，用户程序应读取 WAKE 位的值。如果该位清零，则说明 UART 可能未能及时准备就绪以接收下一个字符，可能需要将模块与总线重新同步。

复位的影响：在发生器件复位、上电复位时，所有 UART 寄存器会强制设为复位状态。在发生看门狗复位时，所有 UART 寄存器内容保持不变。

16.11　RS－232 例程

本节描述了 PIC32MX220F032B 芯片上的 RS－232 通信综合示例。集成了 SPI 通信方式控制 LED 数码管显示、定时器中断、按钮扫描、UART 模块的 RS－232 通信（中断方式）、I/O 端口输出等众多功能。

运行中需要将两块便携式实验开发板的 RS－232 通信端口接到一起，按动便携式实验开发板 A 的按钮，便携式实验开发板 B 的 LED 数码管数字循环加 1，按动便携式实验开发板 B 的按钮，便携式实验开发板 A 的 LED 数码管数字循环加 1。表 16－1 为 UART 相关引脚和 SPI 引脚以及键盘输入引脚的硬件配置表。

表 16－1　UART 相关引脚和 SPI 引脚以及键盘输入引脚的硬件配置表

序号	功能符号	引脚号	复用端口选择指定功能所用代码	说明
1	SCK2	26	由 SPI 模块自动选择（SCK2 只能选这个引脚）	SPI 数据时钟
2	SDO2	17	PPSOutput(2, RPB8, SDO2)	SPI 数据输出
3	SLCK	18	PORTSetPinsDigitalOut(IOPORT_B, BIT_9)	外部移位寄存器数据锁存
4	RA0	2	ANSELAbits. ANSA0 ＝ 0	PORTA. 0，连接按钮 0
5	RA1	3	ANSELAbits. ANSA1＝0	PORTA. 1，连接按钮 1
6	RB14	25	ANSELBbits. ANSB14 ＝ 0	PORTB. 14，连接按钮 2
7	RPB7	16	PPSOutput(1,RPB7,U1TX)	配置为 232 发送（UART1. TX）
8	RPB2	6	PPSInput(3,U1RX,RPB2)	配置为 232 接收（UART1. RX）

RS-232接口模块简介：RS-232是一种由电子工业联合会制定的用于串行通讯的标准。该标准规定采用一个25脚的DB-25连接器，对连接器的每个引脚的信号内容加以规定，还对各种信号的电平加以规定。后来IBM的PC将RS-232简化成了DB-9连接器，从而成为事实标准。

虽然RS-232是计算机上常用的通讯接口之一，但其传输距离短(最大传输距离标准值为50 inc，实际上也只能用在50 m左右，当采用的通信电缆为150 pF/m时，它的最大的通信距离为15 m)、传输速率较低(在异步传输时，波特率一般小于20 kbps)、抗噪声干扰性弱(接口使用一根输出信号线和一根输入信号线而构成共地的传输形式，这种共地传输容易产生共模干扰)。

RS-232电气特性：在RS-232中任何一条信号线的电压均为负逻辑关系，即：逻辑"1"为－3～－15 V；逻辑"0"为＋3～＋15 V。由于TTL等电路采用的是正逻辑，则RS－232和TTL的电路之间需要进行逻辑关系与电平的变换，因此通常会采用具有电荷泵的MAX3232等芯片作为RS-232的收发器，以满足TTL电平与RS-232电平之间的转换。

而工业控制的RS-232接口一般只使用RXD、TXD、GND这3条线的三线方式。PIC32MX直接提供了与MAX3232等接口芯片的连接引脚，PIC32MX的SCI接口模块实现串行通信的功能。

MAX3232采用专有低压差发送器输出级，利用双电荷泵在3.0～5.5 V电源供电时能够实现真正的RS-232性能，而器件外部仅需使用4个0.1 μF的小容量电荷泵电容，只要输入电压在3.0～5.5 V范围以内，即可提供倍压电荷泵＋5.5 V和反相电荷泵－5.5 V输出电压，电荷泵工作在非连续模式，一旦输出电压低于5.5 V，将开启电荷泵。输出电压超过5.5 V，即可关闭电荷泵，每个电荷泵需要一个电容器和一个储能电容，产生V＋和V－的电压。MAX3232确保在120 kbps数据速率，同时保持RS－232输出电平。MAX3232具有二路接收器和二路驱动器，提供1 μA关断模式，有效降低功效并延迟便携式产品的电池使用寿命。关断模式下，接收器保持有效状态，对外部设备进行监测，仅消耗1 μA电源电流，MAX3232的引脚、封装和功能分别与工业标准MAX242和MAX232兼容，即使工作在高数据速率下，MAX3232仍然能保持RS-232标准要求的正负5.0 V最小发送器输出电压。

RS-232接口电路如图16-4所示，PIC32MX通过SCI接口与MAX3232相连来实现与外设的RS-232通信。PIC32MX的SCI发送信号端接到MAX3232其中一路接收器接入端，送至PIC32MX SCI接收端，从而实现信号的双向传递。

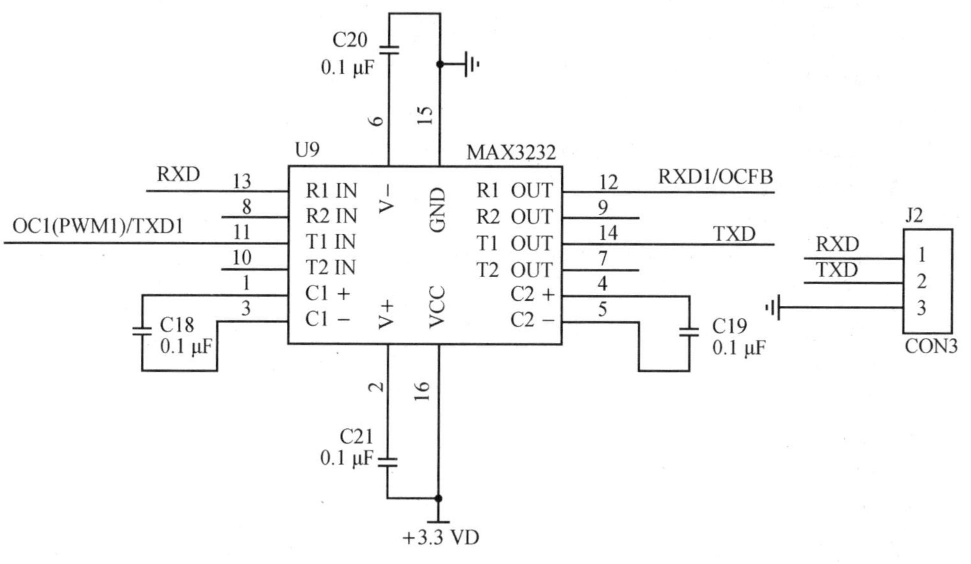

图 16－4　RS－232 接口电路图

1. 主函数例程(主函数流程框图如图 16－5 所示)

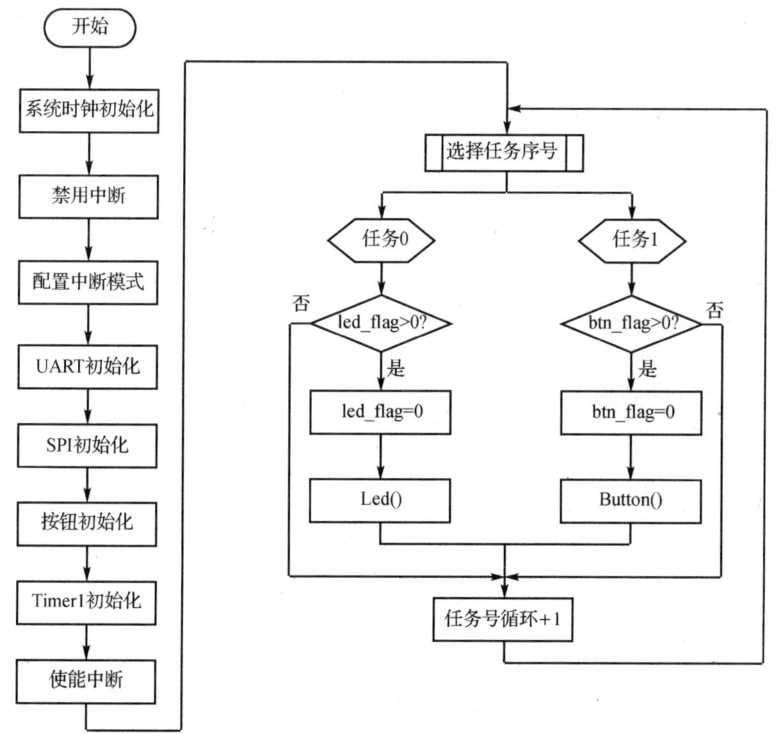

图 16－5　主函数流程框图

```
int main(void)
{
int task = 0;
//系统时钟初始化
SYSTEMConfig(SYS_FREQ, SYS_CFG_WAIT_STATES | SYS_CFG_PCACHE);
//禁止中断、配置中断模式
INTDisableInterrupts();
INTConfigureSystem(INT_SYSTEM_CONFIG_MULT_VECTOR);
//初始化各个模块
UARTinit();
SpiInitDevice();
BtnInit();
Timer1Init();
//允许中断
INTEnableInterrupts();
//主循环
while(1)
{
  switch(task)
  {
    case 0:
      if(led_flag > 0)
      {
        led_flag = 0;
        Led();
      }
      break;
    case 1:
      if(btn_flag > 0)
      {
        btn_flag = 0;
        Button();
      }
    default:
      break;
    }
    task ++;
    if(task > 1) task = 0;
  }
}
```

2. 数码管显示函数例程(数码管显示函数流程框图如图 16－6 所示)

```
void Led()
{
    static unsigned char ledBuff[4] = {0x00,
0x00, 0x00, 0x00};
   static int led = 0,ledt = 0;
   int i;
   SpiDoBurst(ledBuff, 4);
   ledt ++;
   if(ledt > 9)
   {
     ledt = 0;
     led++;
     if (led > 9) led = 0;
   }
   for (i = 0; i < 3; i++)
     ledBuff[i] = Led_lib[BtnCnt_t[i]];
   ledBuff[3] = Led_lib[led];
}
```

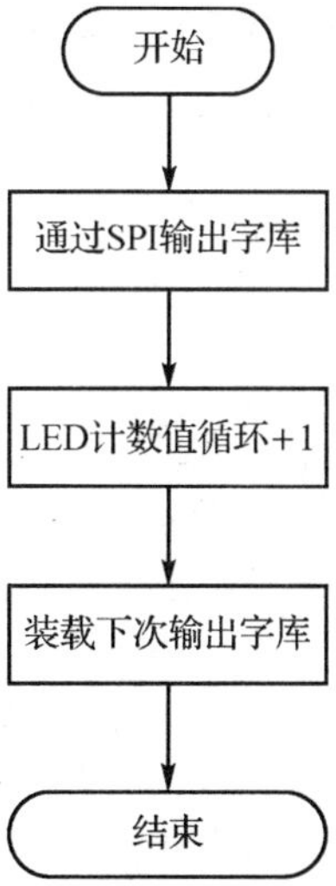

开始

通过SPI输出字库

LED计数值循环+1

装载下次输出字库

结束

图 16－6　数码管显示函数流程框图

3. 按键扫描函数例程(按键扫描函数流程框图如图 16－7 所示)

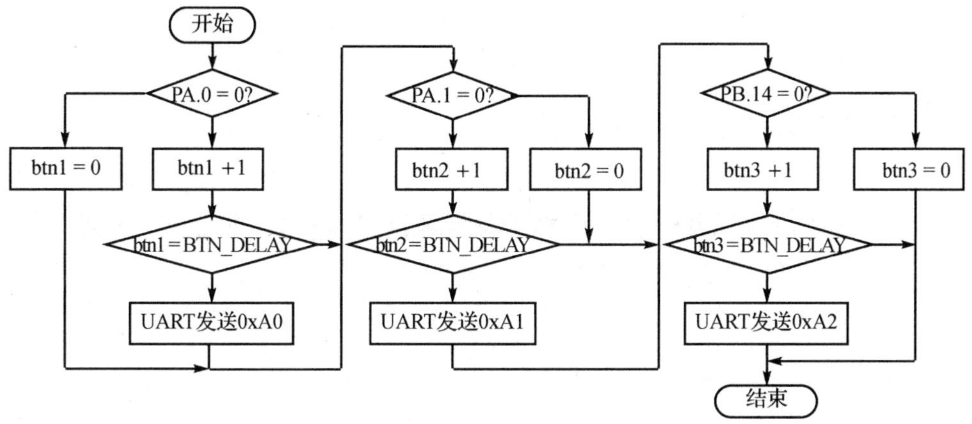

图 16－7　按键扫描函数流程框图

```
void Button(void) {
  static int btn1 = 0,btn2 = 0,btn3 = 0;
  if(PORTAbits.RA0 == 0)
  {
    btn1 ++;
    if(btn1 == BTN_DELAY)
```

```
        {
          PutCharacter(0xA0);
        }
      }
      else
        btn1 = 0;
      if(PORTAbits.RA1 = = 0)
      {
        btn2 + + ;
        if(btn2 = = BTN_DELAY)
        {
          PutCharacter(0xA1);
        }
      }
      else
        btn2 = 0;
      if(PORTBbits.RB14 = = 0)
      {
        btn3 + + ;
        if(btn3 = = BTN_DELAY)
        {
          PutCharacter(0xA2);
        }
      }
      else
        btn3 = 0;
    }
```

4. 定时器中断函数例程(定时器中断函数流程框图如图 16-8 所示)

```
void __ISR(_TIMER_1_VECTOR, ipl2) Timer1Handler(void)
{
  // 清除中断标志位
  INTClearFlag(INT_T1);
  led_cnt + + ;
  if(led_cnt > 100)              //0.1 s
  {
    led_cnt = 0;
    led_flag = 1;
  }
  btn_cnt + + ;
  if(btn_cnt > 5)                //5ms
  {
```

```
    btn_cnt = 0;
    btn_flag = 1;
  }
}
```

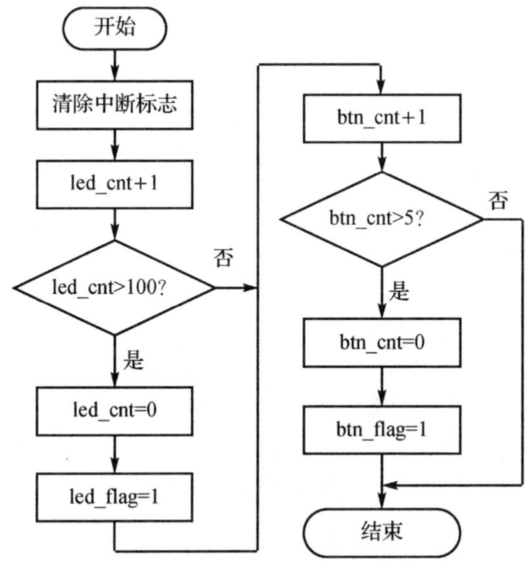

图 16-8　定时器中断函数流程框图

5. UART 中断函数例程(UART 中断函数流程框图如图 16-9 所示)

```
void __ISR(_UART_1_VECTOR, ipl2) IntUart1Handler(void)
{
  // Is this an RX interrupt?
  if(INTGetFlag(INT_SOURCE_UART_RX(UART_MODULE_ID)))
  {
    int i;
    BYTE t;
    t = UARTGetDataByte(UART_MODULE_ID);
    switch(t)
    {
      case 0xA0:
        i = 0;
        break;
      case 0xA1:
        i = 1;
        break;
      case 0xA2:
        i = 2;
```

```
            break;
          default:
            i = 0xff;
            break;
        }
        if(i < 0xff)
        {
          BtnCnt_t[i] + + ;
          if(BtnCnt_t[i] > 9)
            BtnCnt_t[i] = 0;
        }
        // 清除 RX 中断标志位
        INTClearFlag(INT_SOURCE_UART_RX(UART_MODULE_ID));
      }
      // 不关心 TX 中断
      if (INTGetFlag(INT_SOURCE_UART_TX(UART_MODULE_ID)))
      {
        INTClearFlag(INT_SOURCE_UART_TX(UART_MODULE_ID));
      }
    }
```

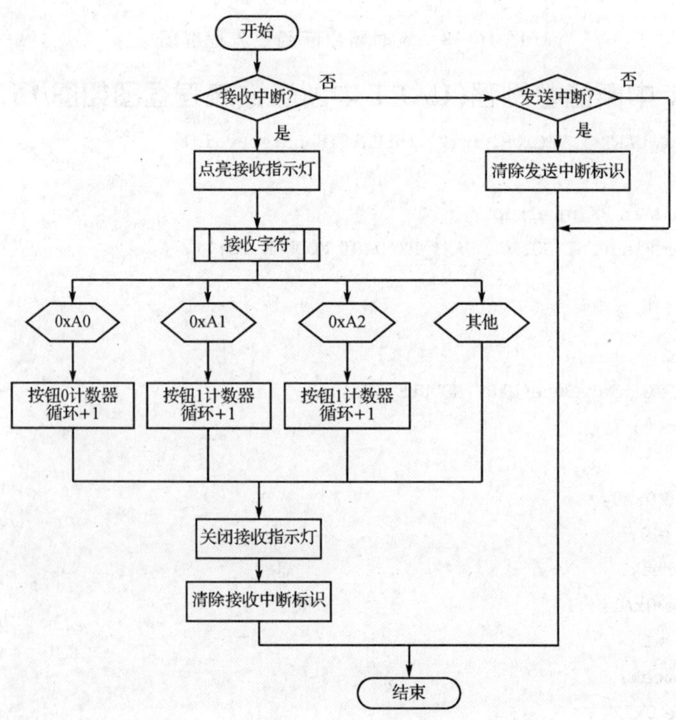

图 16-9　UART 中断函数流程框图

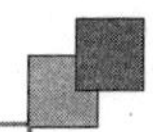

思考题

问 1:用 UART 发送的数据不能正确接收,这是什么原因?

答 1:接收错误最常见的原因是为 UART 波特率发生器计算了一个错误的值。确保写入 UxBRG 寄存器的值是正确的。

问 2:尽管 UART 接收引脚上的信号看上去是正确的,但还是出现了帧错误。可能是什么原因?

答 2:确保以下位已正确设置:

BRGH 寄存器 UxBRG<15:0>,波特率分频比;

PDSEL 位 UxMODE<1:0>,奇偶校验和数据选择位;

STSEL 位,停止选择位。

第 17 章

并行主端口

并行主端口(Parallel Master Port,PMP)是专为与各种并行器件(例如通信外设、LCD、外部存储设备和单片机)通信而设计的并行 8 位(有的芯片为 16 位)的输入/输出模块。并行外设的接口差异很大,因此 PMP 模块有很强的配置能力。PMP 模块的引脚排列以及外部器件的连接如图 17－1 所示。

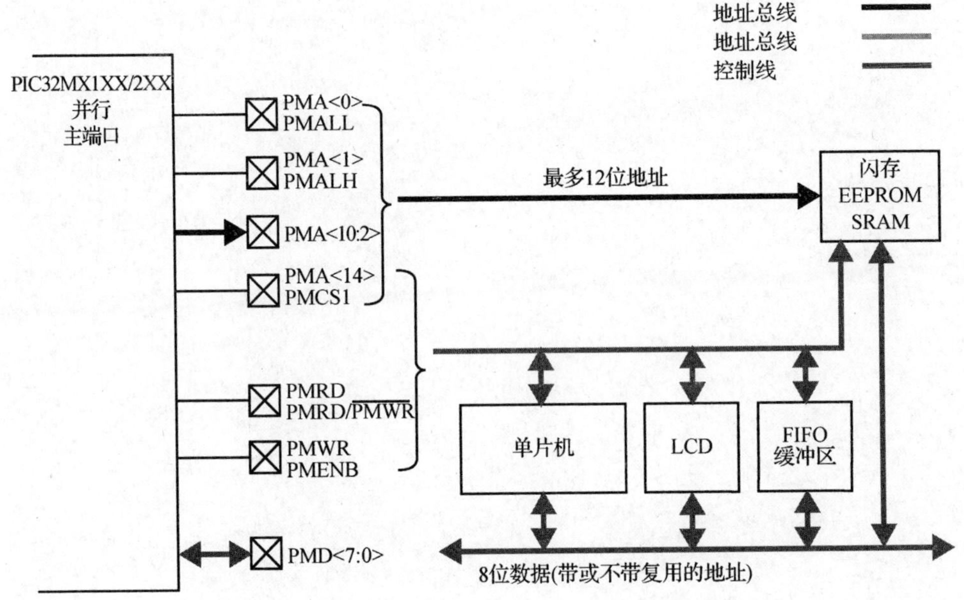

图 17－1　PMP 模块的引脚排列以及与外部器件的连接

PMP 模块的主要特性包括:

- 完全复用的地址/数据模式。
- 非复用或者部分复用的地址/数据模式:
  - 最多 11 条地址线和一条片选线;
  - 最多 12 条地址线,无片选线。
- 一条片选信号线
- 可编程选通选项:独立的读/写选通、带使能选通的读/写选通。
- 地址自动递增/自动递减。

- 可编程的地址/数据复用。
- 可编程的控制信号极性。
- 支持传统的并行从端口。
- 支持增强型并行从端口：
  - 地址支持；
  - 4 字节深自动递增缓冲区。
- 可编程的等待状态。
- 可选择的输入电平。

PMP 模块使用以下特殊功能寄存器：

● 并行端口控制寄存器 PMCON：该寄存器包含用于控制大部分模块基本功能的位。其中一个重要的位是 ON 位，它用于复位、使能或禁止模块。当禁止模块时，所有相关的 I/O 引脚恢复为指定的 I/O 功能。此外，任何活动或挂起的读或写操作都被停止，BUSY 位清零。模块寄存器(包括 PMSTAT 寄存器)中的数据保持不变。因此，在接收之后禁止模块，仍然可以处理最后接收到的数据和状态。当使能模块时，所有缓冲区控制随 PMSTAT 而复位。PMCON 寄存器用于控制地址复用、使能各种端口控制信号以及选择控制信号极性。

● 并行端口模式寄存器 PMMODE：该寄存器包含用于控制模块工作模式的位，主/从模式的选择以及两种模式的配置选项。还包含状态标志位 BUSY，在主模式下用于指示模块正在工作。

● 并行端口地址寄存器 PMADDR：该寄存器为主模式下的 PMADDR，包含输出数据要写入的地址，以及用于寻址并行从器件的片选位。PMADDR 寄存器不在任何从模式下使用。

● 并行端口数据输出寄存器 PMDOUT：该寄存器仅在从模式下用于缓冲输出数据。

● 并行端口数据输入寄存器 PMDIN：该寄存器在主/从模式下由 PMP 模块使用。在从模式下，该寄存器用于保存随时钟异步输入的数据。在主模式下，PMDIN 是输入和输出数据保持寄存器。

● 并行端口引脚使能寄存器 PMAEN：该寄存器用于控制与该模块相关的地址和片选引脚的操作，置为 1 将相关的单片机引脚分配给 PMP 模块；清零将这些引脚分配给端口 I/O 或其他与引脚相关的外设模块。

● 并行端口状态寄存器(仅适用于从模式)PMSTAT：该寄存器包含在端口用作从端口时与缓冲工作模式相关的状态位，包括溢出、下溢和满标志位。

17.1　主模式

在主模式下，PMP 模块可以提供 16 位或 8 位数据总线、最多 16 位地址以及操作各种外部并行器件的所有必需的控制信号。PMP 主模式提供了用于读/写数据的简单接口，但不用于从外部器件（例如 SRAM 或闪存）执行程序指令。

由于许多并行器件有多种控制方式，PMP 模块设计得非常灵活，以适应多种配置要求。其特性包括：

- 8 位和 16 位数据模式。
- 可配置的地址/数据复用。
- 最多 2 条片选线。
- 最多 16 条可选地址线。
- 地址自动递增和自动递减。
- 所有控制线都可以选择极性。
- 在读/写周期不同阶段可配置的等待状态。

并行主端口配置选项：

8 位和 16 位数据模式：处于主模式时，PMP 支持 8 位和 16 位宽的数据宽度。默认情况下，数据宽度为 8 位，清零 MODE16 位 PMMODE＜10＞。要选择 16 位数据宽度，可以设置 MODE16 位置为 1。配置为 8 位数据模式时，数据总线的高 8 位 PMD＜15：8＞不由 PMP 模块控制，可用作通用 I/O 引脚使用。在 100 引脚的器件上有数据引脚 PMD＜15：0＞。对于 64 引脚的器件，只有引脚 PMD＜7：0＞。

片选：有两条片选线 PMCS1 和 PMCS2 可用于主模式。两条片选线与地址总线 A14 和 A15 复用。当将引脚配置为片选时，不会自动递增/递减地址。可以同时使能 PMCS2 和 PMCS1 作为片选，也可以仅使能 PMCS2 作为片选，让 PMCS1 只用作地址线 A14。不能单独使能 PMCS1。片选信号由片选功能 CSF＜1：0＞位 PMCON＜7：6＞进行配置。

端口引脚控制：有几个位用于配置模块中存在或不存在的控制和地址信号。这些位是 PTWREN 位 PMCON＜9＞、PTRDEN 位 PMCON＜8＞和 PTEN＜15：0＞字段 PMAEN＜15：0＞。用户程序可以将引脚配置为其他功能，并可以灵活控制外部地址。当这些位中的任何位置为 1 时，引脚就具有相关的功能；当清零时，相关的引脚恢复为定义的通用 I/O 端口功能。

将 PTEN 位置为 1 使相关的引脚作为地址引脚并驱动 PMADDR 寄存器中包含的对应数据。清零任何 PTEN 位将强制引脚恢复为其原始的 I/O 功能。

相关的 PTEN 位置为 1 将引脚配置为片选 PMCS1 或 PMCS2，当不执行读或写操作时，片选引脚驱动无效数据。PTEN0 和 PTEN1 位还将控制 PMALL 和 PMALH 信号。当使用复用时，应使能相关的地址锁存信号。

读/写控制：PMP 模块支持两种不同的读/写信号控制方式。在主模式 1 下，读选通和写选通组合为单条控制线 PMRD/PMWR；第二条控制线 PMENB 决定何时执行读或写操作。在主模式 2 下，在独立的引脚上提供读选通和写选通 PMRD 和 PMWR。

控制线极性：可以将所有控制信号 PMRD、PMWR、PMENB、PMALL、PMALH、PMCS2 和 PMCS1 单独配置为正极性或负极性，由 PMCON 寄存器中单独的位控制。

共用同一输出引脚的控制信号的极性(例如，PMWR 和 PMENB)由同一个位控制；配置取决于使用的是哪种主端口模式。

自动递增/递减：当 PMP 模块工作在某种主模式下时，INCM＜1：0＞位 PMMODE＜12：11＞控制地址值的行为。无论传送数据宽度如何，PMADDR 寄存器中的地址都可置为在每次读或写操作完成之后自动递增 1 或递减 1，并且 BUSY 位 PMMODE＜15＞变为 0。

如果禁止片选信号并将它们配置为地址位，则这些位将参与递增和递减操作；否则，CS2 和 CS1 位的值将不受影响。

等待状态：在主模式下，配置模块的等待状态，用户程序可以控制读、写和地址周期的时间。一个等待状态周期等于一个外设总线时钟 TPBCLK。

可以使用 PMMODE 寄存器中相关的 WAITB、WAITM 和 WAITE 位将等待状态添加到任意读周期或写周期的开始、中间和结束位置处。

WAITB＜1：0＞位 PMMODE＜7：6＞定义在 PMRD/PMWR 选通之前(模式 10)，或在 PMENB 选通之前(模式 11)，用于数据建立的等待周期数。在地址和数据总线复用(ADRMUX＜1：0＞为 01、10 或 11)时，WAITB 定义寻址周期延长的等待周期数。

WAITM＜3：0＞位 PMMODE＜5：2＞定义 PMRD/PMWR 选通(模式 10)，或 PMENB 选通(模式 11)的等待周期数。当该等待状态置为 0000 时，会忽略 WAITB 和 WAITE。数据建立时间的等待状态数 WAITB 默认为 1，而数据保持时间的等待状态数 WAITE 在写操作期间默认为 1，在读操作期间默认为 0。

WAITE＜1：0＞位 PMMODE＜1：0＞定义在 PMRD/PMWR 选通之后(模式 10)，或在 PMENB 选通之后(模式 11)数据保持时间的等待周期数。

地址复用：利用地址复用功能，在读/写操作的地址周期期间，可以从数据总线产生部分或全部地址线信号。对于地址线 PMA＜15：0＞需要用作 I/O 引脚时，这是一个很有用的选项。用户程序可以选择复用数据位的低 8 位、高 8 位或全部 16 位。这些复用模式在主模式 1 和 2 下均可用。

解复用模式：配置位 ADRMUX＜1：0＞位 PMMODE＜9：8＞为 00 选择解复用模式。在该模式下，地址位送到引脚 PMA＜15：0＞。

在 PMCS2 使能时，地址引脚 PMA15 不可用。在 PMCS1 使能时，地址引脚 PMA14 不可用。在 16 位数据模式下，数据位送到引脚 PMD＜15：0＞。在 8 位数据模式下，数据位送到引脚 PMD＜7：0＞。

部分复用模式：部分复用模式(8 位数据引脚)可在 8 位和 16 位数据总线配置下使用，设置 ADRMUX＜1：0＞位为 01 选择部分复用模式。在该模式下，地址的低 8

位与数据总线引脚低8位PMD<7：0>复用。地址的高8位不受影响，送到PMA<15：8>。在该模式下，地址引脚PMA<7：1>可用作I/O引脚。

地址引脚PMA<0>用作地址锁存器使能选通PMALL，在此期间，地址的低8位送到PMD<7：0>引脚。读序列和写序列会延长至少3个外设总线时钟TPBCLK。如果WAITM<3：0>位不为零，则PMALL选通信号会延长WAITB<1：0>位定义的几个等待状态。

完全复用模式(8位数据引脚)：完全复用模式可在8位和16位数据总线配置下使用，设置ADRMUX<1：0>字段PMCON<12：11>置为11选择完全复用模式。在该模式下，地址的全部16位与数据总线引脚低8位PMD<7：0>复用。在该模式下，引脚PMA<13：2>可用作I/O引脚。

在引脚PMCS2/PMA15或PMCS1/PMA14配置为片选引脚时，相关的地址位PMADDR<15>或PMADDR<14>会自动强制为0。

地址引脚PMA<0>和PMA<1>分别用作地址锁存器使能选通PMALL和PMALH。在第一个周期内，地址的低8位送到PMD<7：0>引脚，并且PMALL选通有效。在第二个周期内，地址的高8位送到PMD<7：0>引脚，并且PMALH选通有效。读序列和写序列会延长至少6个外设总线时钟TPBCLK。如果WAITM<3：0>字段不为零，则PMALL和PMALH选通信号会延长WAITB<1：0>字段定义的几个等待状态。

完全复用模式(16位数据引脚)：完全复用模式仅在16位数据总线配置下可用，配置ADRMUX<1：0>位置为11选择完全复用模式。在该模式下，地址的全部16位与全部16个数据总线引脚PMD<15：0>复用。

在引脚PMCS2/PMA15或PMCS1/PMA14配置为片选引脚时，相关的地址位PMADDR<15>或PMADDR<14>会自动强制为0。

地址引脚PMA<0>和PMA<1>同时分别用作地址锁存器使能选通PMALL和PMALH。当PMALL和PMALH选通信号有效时，地址的低8位会送到PMD<7：0>引脚，高8位送到PMD<15：8>引脚。读序列和写序列会延长至少3个外设总线时钟TPBCLK。

如果WAITM<3：0>字段不为零，则PMALL和PMALH选通信号会延长WAITB<1：0>字段定义的几个等待状态。

主端口配置：主模式配置主要由外部器件的接口要求决定。地址复用、控制信号极性、数据宽度和等待状态通常决定PMP主端口的特定配置。

要使用PMP作为主器件，必须设置ON位PMCON<15>置为1来使能模块，并且模式必须置为两个可能主模式之一。对于主模式2，控制MODE<1：0>位置为10；或者对于主模式1，MODE<1：0>置为11。

读操作：要对并行总线执行读操作，用户程序可以读取PMDIN寄存器。读取PMDIN寄存器会取回当前值，并导致PMP激活片选线和地址总线。读取线PMRD

会在主模式2下选通，PMRD/PMWR 和 PMENB 线会在主模式1下选通，新数据会锁存到 PMDIN 寄存器中，下一次读取 PMDIN 寄存器时将提供该数据。

从 PMDIN 寄存器读取的数据实际上是前面读操作中读取的值。因此，用户程序执行的第一次读操作是一次假读操作，它启动第一次总线读操作并填充读寄存器。同样，只有在检测到 BUSY 位为低电平之后，所请求的读取值才就绪。因此，在背对背读操作中，两次读操作中从寄存器读取的数据相同。下一次读取寄存器将生成新的值。

在16位数据模式时 MODE16 位置为1，读取 PMDIN 寄存器会导致数据总线 PMD<15：0>读入 PMDIN<15：0>中。在8位模式下，即清零 MODE16 位，读取 PMDIN 寄存器会导致数据总线 PMD<7：0>读入 PMDIN<7：0>中，会忽略高8位 PMD<15：8>。

写操作：要对并行端口执行写操作，用户程序应写入 PMDIN 寄存器（与读操作相同的寄存器）。这会导致 PMP 模块先激活片选线和地址总线。PMDIN 寄存器的写入数据会放到 PMD 数据总线上，并且写入线 PMPWR 会在主模式2下选通，PMRD/PMWR 和 PMENB 线会在主模式1下选通。

在16位数据模式下（PMMODE 位<MODE16>置为1），写入 PMDIN 寄存器会导致 PMDIN<15：0>出现在数据总线 PMD<15：0>上。在8位模式下，即清零 PMMODE 位，写入 PMDIN 寄存器会导致 PMDIN<7：0>出现在数据总线 PMD<7：0>上，会忽略高8位 PMD<15：8>。

主模式中断：在 PMP 主模式下，PMPIF 位在每次读或写选通时置为1。当 IRQM<1：0>字段 PMMODE<14：13>置为01，并且使能 PMP 中断 PMPIE 位置为1时，将会产生中断请求。

并行主端口状态 BUSY 位：除 PMP 中断外，还提供了 BUSY 位来指示模块的状态。该位仅在主模式下使用。

当正在进行任何读或写操作时，除了操作的最后一个外设总线周期，BUSY 位都置为1。这在使能等待状态或选择复用地址/数据时很有用。当该位置为1时，将忽略用户程序任何的启动新操作请求（即，读或写 PMDIN 寄存器将不会启动读或写操作）。

由于在一些特定配置下，或者在使用大量等待状态时，系统时钟 SYSCLK 的工作速度会比外设总线时钟快，所以有可能在下一条 CPU 指令读取或写入 PMP 模块时，PMP 模块正处于完成读/写操作的过程中。因此，强烈建议在执行任何访问 PMDIN 或 PMADDR 寄存器的操作之前，先检查 BUSY 位。

在大多数应用中，都是 PMP 模块的片选引脚提供片选信号，并由 PMP 模块进行时序控制。但是，一些应用可能要求不要将 PMP 片选引脚配置为片选，而是配置为高位地址线，例如 PMA<14>或 PMA<15>。这种情况下，必须在用户程序控制某个可用 I/O 引脚提供应用的片选功能。这些情况下，有一点特别重要，就是用户程序需要先查询 BUSY 位，确保所有读/写操作已完成，然后再将用户程序控制的片选置为无效。

寻址注意事项：PMCS2 和 PMCS1 片选引脚与地址线 A15 和 A14 共用。可以同时使能 PMCS2 和 PMCS1 作为片选，也可以仅使能 PMCS2 作为片选，让 PMCS1 只用作地址线 A14。不能单独使能 PMCS1。

在 PMCS2 和 PMCS1 使能为片选信号时，将 A15 和 A14 均置为 1 会导致 PMCS2 和 PMCS1 在读/写操作期间均有效。这可能会同时使能两个设备，应当避免。

配置为片选时，必须在 PMADDR 寄存器的第 15 位或 14 中写入 1，以便 PMCS2 或 PMCS1 在读/写操作期间变为有效。未向 PMCS2 或 PMCS1 写入 1 并不会阻止地址引脚 PMA＜13：0＞在指定地址出现时变为有效；但是，没有任何片选信号会变为有效。

使用自动递增地址模式时，PMCS2 和 PMCS1 不会参与操作，必须由用户程序进行控制向 PMADDR＜15：14＞写入 1。

在完全复用模式下，地址位 PMADDR＜15：0＞与数据总线复用，在地址位 PMA15 或 PMA14 配置为片选的情况下，相关的 PMADDR＜15：14＞地址位会自动强制为 0。PMCS2 和 PMCS1 的其中之一或两者同时禁止时，可将其用作地址位 PMADDR＜15：14＞。

在任意主模式复用方案下，如果同时禁止片选引脚 PMCS2 和 PMCS1，则需要用户程序控制某个其他 I/O 引脚提供片选线控制。

主模式时序：PMP 主模式周期时间定义为 PMP 执行读/写操作所需的 PBCLK 周期数，它依赖于 PBCLK 时钟速度、PMP 地址/数据复用模式和 PMP 等待状态数。读取或写入 PMDIN 寄存器来启动 PMP 主模式读/写周期。

PMP 的实际数据速率(用户程序可以执行读/写操作序列的速率)依赖于几个因素：用户程序的代码内容、代码优化级别、内部总线活动、与指令执行速度相关的其他因素。

在任意主模式读/写操作期间，忙标志位 BUSY 总是在操作(包括等待状态)结束之前 1 个外设总线时钟 TPBCLK 清零。用户程序必须先检查忙标志位的状态，确保它等于 0，然后再启动下一个 PMP 操作。

17.2 从模式

PMP 模块提供了 8 位(字节)传统并行从端口 PSP 功能，以及新的缓冲从模式和可寻址从模式。

所有从模式都只支持 8 位数据，选择其中任意模式时，模块控制引脚均自动成为专用引脚。用户程序只需配置 PMCS1、PMRD 和 PMWR 信号的极性。

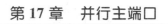

传统从端口模式：

在 8 位 PMP 传统从模式下，控制 MODE＜1：0＞字段清零配置为 PSP。在该模式下，外部器件可以通过 8 位数据总线 PMD＜7：0＞、读 PMRD、写 PMWR 和片选 PMCS1 输入对数据进行异步读/写。

写从端口：当片选有效并产生写选通信号时，总线引脚 PMD＜7：0＞上的数据捕捉到 PMDIN 寄存器的低 8 位。中断标志位 PMPIF 会在写选通期间置为 1，但输入缓冲区满标志位 IB0F 需要 2～3 个外设总线时钟来进行同步，然后才会置为 1，此时才能读取 PMDIN 寄存器。

IB0F 位会一直保持为 1，直到用户程序读取 PMDIN 寄存器为止。如果在 IB0F 位为 1 时发生写操作，则写入数据会被忽略，并且会产生溢出条件 IB0V 为 1。

读从端口：当片选有效并产生读选通时，来自 PMDOUT 寄存器低 8 位的数据送到数据总线引脚 PMD＜7：0＞并由主器件读取。中断标志位 PMPIF 会在读选通期间置为 1；但输出缓冲区空标志位 OB0E 需要 2～3 个外设总线时钟来进行同步，然后才会置为 1。OB0E 位会一直保持为 1，直到用户程序写入 PMDOUT 寄存器为止。如果在 OB0E 位为 1 时发生读操作，则读取数据将与先前读取数据相同，并且会产生下溢条件 OBUF 为 1。

传统从模式的中断操作：在 PMP 传统从模式下，PMPIF 位在每次读或写选通时置为 1。如果使用了中断，则用户程序会转到中断服务程序 ISR，可以检查 IBF 和 OBE 状态位以确定缓冲区是否已满或为空。如果不使用中断，则用户程序应先等待 PMPIF 置为 1，然后再查询 IBF 和 OBE 状态位来确定缓冲区是否已满或为空。

在 PMP 的持久性中断期间，中断在 WR 信号下降沿产生。在 PMP 的非持久性中断期间，中断在 WR 信号上升沿产生。用户程序应先查询 BUSY 位来确保数据有效，然后再尝试从 PMP 模块读取数据。

缓冲并行从端口模式：

8 位缓冲并行从端口模式在功能上等效于传统并行从端口模式，但有一点区别：即它实现了 4 级深的读/写缓冲区。当缓冲模式有效时，模块将 PMDIN 寄存器用作写缓冲区，将 PMDOUT 寄存器用作读缓冲区。每个寄存器都分为 4 个 8 位缓冲寄存器，PMDOUT 中为 4 个读缓冲区，PMDIN 中为 4 个写缓冲区。缓冲区从 0～3 进行编号，从低字节＜7：0＞开始，向上直到的高字节＜31：24＞。

读从端口：对于读操作，每次读选通后，字节按顺序送出，从 0 缓冲区 PMDOUT＜7：0＞开始，到 3 缓冲区 PMDOUT＜31：24＞结束。模块通过内部指针跟踪要读取的缓冲区。

每个缓冲区在 PMSTAT 寄存器中都有一个对应的读状态位 OBnE。当缓冲区包含尚未写到总线的数据时，该位清零；当数据写入总线时则置为 1。如果当前所读取的缓冲单元为空，则产生缓冲区下溢，并且缓冲区下溢标志位 OBUF 置为 1。如果所有 4 个 OBnE 状态位都置为 1，则输出缓冲区空标志位 OBE 也将置为 1。

写从端口：对于写操作，数据按顺序存储，从0缓冲区PMDIN<7：0>开始，到3缓冲区PMDIN<31：24>结束。与读操作一样，模块内部指针保持指向下一次要写的缓冲区。

输入缓冲区具有自身的状态位IBnF。当缓冲区包含未读的输入数据时，该位置为1；当数据已读取时，该位清零。标志位在写选通时置为1。如果相关的IBnF位置为1时对缓冲区执行写操作，则缓冲区溢出标志位IBOV置为1；缓冲区中所有输入数据将丢失。如果所有4个IBnF标志位都置为1，则输入缓冲区满标志位IBF置为1。

缓冲模式中断操作：在缓冲从模式下，可以将模块配置为在每个读或写选通IRQM<1：0>字段置为01时产生中断。也可以配置为在对读3缓冲区执行读操作或对写3缓冲区执行写操作IRQM<1：0>置为10时产生中断，这实质上是在每4个读或写选通时产生一次中断。每输入第4个字节数据产生中断时，应该读所有的输入缓冲寄存器来清零IBnF标志位。如果不清零这些标志位，则可能会导致产生溢出条件。

如果使用了中断，则用户程序会转到中断服务程序ISR，可以检查IBF和OBE状态位以确定缓冲区是否已满或为空。如果不使用中断，则用户程序应先等待PMPIF置为1，然后再查询IBF和OBE状态位来确定缓冲区是否已满或为空。

可寻址缓冲并行从端口模式：

在8位可寻址缓冲并行从端口模式下，模块配置为两个额外的输入PMA<1：0>。这使4B的缓冲空间可作为固定的读/写缓冲区对直接寻址。与缓冲传统模式一样，数据从寄存器PMDOUT输出，输入到寄存器PMDIN。

读从端口：当片选有效并产生读选通时，来自4个输出8位缓冲区之一的数据送到PMD<7：0>。读取字节的选择取决于PMA<1：0>中的2位地址。当读输出缓冲区时，对应的OBnE位置为1。OBE标志位在所有缓冲区为空时置为1。如果所有缓冲区已为空（OBnE位为1），则对该缓冲区的下一次读操作将产生OBUF事件。

写从端口：当片选有效并产生写选通（PMCS为1且PMWR为1）时，来自PMD<7：0>的数据被捕捉到4个输入缓冲区字节之一。写入字节的选择取决于ADDR<1：0>中的2位地址。

当写输入缓冲区时，对应的IBnF位置为1。写完所有缓冲区时，IBF标志位置为1。如果某一缓冲区已写入（IBnF位为1），则对该缓冲区的下一次写选通将产生IBOV事件，并且字节将丢弃。

可寻址缓冲模式的中断操作：在可寻址从模式下，可以将模块配置为在每个读或写选通IRQM<1：0>字段置为01时产生中断。也可以配置为在对读3缓冲区执行读操作或对写3缓冲区执行写操作IRQM<1：0>置为10时产生中断；也就是说，当PMA<1：0>为11时，只要执行读或写操作，就会产生中断。

如果使用了中断，则用户程序会转到中断服务程序 ISR，可以检查 IBF 和 OBE 状态位确定缓冲区是否已满或为空。如果不使用中断，则用户程序应先等待 PMPIF 置为 1，然后再查询 IBF 和 OBE 状态位来确定缓冲区是否已满或为空。

从模式读/写时序图：在所有从模式下，外部主器件都与并行从端口连接，并控制读/写操作。当外部主器件执行外部读/写操作时，PMPIF 位将在 PMRD 或 PMWR 引脚的有效边沿置为 1。

● 对于任意外部写操作，用户程序必须先查询 IBOV 或 IB0F 缓冲区状态位，以确保在访问 PMDIN 寄存器之前有足够时间完成写操作。

● 对于任意外部读操作，用户程序必须先查询 OBUF 或 OB0E 缓冲区状态位，以确保在访问 PMDOUT 寄存器之前有足够时间完成读操作。

17.3　PMP 中断

并行主端口能够产生中断，具体取决于选定的工作模式。

● 主模式 PMP：在每次完成读或写操作时产生中断。

● 传统从模式 PSP：在每次读和写字节时产生中断。

● 缓冲从模式 PSP：在每次读和写字节时产生中断，在 3 缓冲区 PMDOUT<31：24>读或写字节时产生中断。

● 增强型可寻址从模式 EPSP：在每次读和写字节时产生中断，在 3 缓冲区 PMDOUT<31：24>读或写字节时产生中断，标志 PMPIF 位 PMA<1：0>为 11，必须用户程序清零。

中断使能位 PMPIE 使能 PMP 模块中断时，必须配置中断优先级位 PMPIP<2：0>和中断子优先级位 PMPIS<1：0>。

中断配置：PMP 模块有专用的中断标志位 PMPIF 和相关的中断使能位 PMPIE。这些位决定中断和使能各个中断。

PMPIE 位用于在 PMPIF 位置为 1 时，定义中断向量控制器或中断控制器的行为。当 PMPIE 位清零时，中断控制器模块不会为事件产生 CPU 中断。如果 PMPIE 位置为 1，则中断控制器模块会在 PMPIF 位置为 1 时向 CPU 产生中断。中断服务程序需要在程序完成之前清零相关的中断标志位。

PMP 模块的优先级可以使用 PMPIP<2：0>位设置。子优先级 PMPIS<1：0>值的范围为 3～0。

产生使能的中断之后，CPU 将跳转到为该中断分配的向量处。CPU 将在向量地址处开始执行代码。该向量地址处的用户程序应执行特定的操作、清零 PMPIF 中断标志位，然后退出。

17.4　节能和调试模式下的操作

休眠模式下的 PMP 操作：当器件进入休眠模式时，禁止系统时钟。进入休眠模式产生的结果取决于在调用休眠模式时模块所配置的模式。

在主模式下休眠：如果单片机在模块工作于主模式时进入休眠模式，则 PMP 操作将暂停在当前状态，直到恢复时钟执行为止。由于这可能导致意外的控制引脚时序，用户程序应避免在需要连续使用模块时调用休眠模式。

在从模式下休眠：当模块处于不活动状态，但已使能从模式时，发生的任何读或写操作都可以在不使用单片机时钟的情况下完成。一旦完成操作，模块将根据 IRQM 位的设置发出中断。如果 PMPIE 位置为 1，并且它的优先级大于当前 CPU 优先级，则器件会从休眠或空闲模式唤醒，并执行 PMP 中断服务程序。如果为 PMP 中断分配的优先级小于或等于当前 CPU 优先级，则不会唤醒 CPU，器件将进入空闲模式。

空闲模式下的 PMP 操作：当器件进入空闲模式时，系统时钟继续保持工作。PMCON＜SIDL＞位用于选择在空闲模式下模块是停止还是继续工作。如果清零 PMCON＜SIDL＞位，则模块将在空闲模式下继续工作。如果 PMCON＜SIDL＞位置为 1，则模块将在进入空闲模式时停止通信，使用的方式与在休眠模式下的方式相同。从模式下的当前事务将完成并发出中断，而主模式下的当前事务将暂停，直到正常时钟恢复为止。与休眠模式相同，如果需要连续使用模块，则在主模式下使用模块时，应避免空闲模式。

复位的影响：在发生器件复位、上电复位、看门狗复位时，所有 PMP 模块寄存器会强制设为它们的复位状态。

思考题

问 1：PMP 模块是否可以寻址大于 64K 的存储器件？

答 1：可以；但不是在 PMP 模块控制下直接进行。使用 PMCS2 或 PMCS1 片选引脚时，可寻址范围限制为 16K 或 32K 单元，具体取决于所使用的片选引脚。禁止 PMCS2 和 PMCS1 作为片选时，这些引脚可以用作地址线 PMA15 和 PMA14，寻址范围可增大为 64K 可寻址单元。这需要使用专用 I/O 引脚作为片选，并且此时用户程序必须控制该引脚的功能。要连接大于 64K 的存储器件，可以使用另外的可用 I/O 引脚作为高位地址线 A16、A17 和 A18 等。

问 2：是否可以执行来自与 PMP 模块连接的外部存储器件的代码？

答 2：不行。由于 PMP 模块架构的原因，这是不可能的。只能通过 PMP 读/写数据。

第 18 章

实时时钟和日历

PIC32MX 系列的 RTCC 模块提供实时时钟和日历模块及其操作，是为需要长时间维持精确时间的应用而设计的，无需或很少需要 CPU 干预。该模块为低功耗使用进行了优化，以便在跟踪时间的同时延长电池的使用寿命。RTCC 模块有 100 年的时钟和日历，能自动检测闰年。时钟范围从 2000 年 1 月 1 日 00:00:00 到 2099 年 12 月 31 日 23:59:59。小时数以 24 小时格式提供。该时钟提供一秒的时间精度，用户程序可看到半秒的时间间隔。RTCC 模块框图如图 18 - 1 所示。

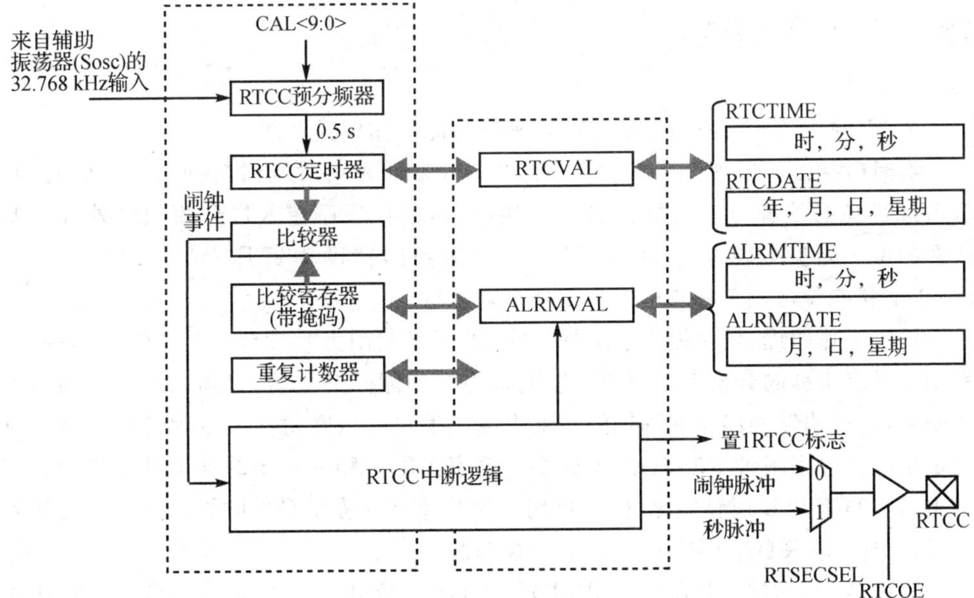

图 18 - 1　RTCC 模块框图

以下是此模块的一些主要特性：

- 时间:时、分、秒。
- 24 小时格式。
- 可分辨半秒的时长。
- 提供日历:星期、日、月和年。

● 闹钟间隔可配等于0.5 s、1 s、10 s、1 min、10 min、1 h、1 d、1周、1个月和1年。

● 闹钟使用递减计数器进行重复。

● 可无限重复闹钟：报时。

● 年份范围：2000～2099。

● 闰年修正。

● BCD格式以减少软件开销：

● 为长期电池工作进行了优化。

● 小数秒同步。

● 用户程序可使用自动调节功能校准时钟晶振频率。

● 校准范围：每月0.66 s误差。

● 最高可校准260 ppm的晶振误差。

● 外部32.768 kHz时钟晶振。

● RTCC模块引脚上的闹钟脉冲或秒脉冲输出。

18.1 工作模式

RTCC模块提供：实时时钟、日历、闹钟功能工作模式。

实时时钟工作原理：RTCC模块由32.768 kHz的外部实时时钟晶振提供时钟，SOSCEN位必须置为1，使能RTCC模块，这是用户程序在RTCC模块之外唯一要注意的位。晶振校准可通过该模块实现，达到的精度为每月+/－0.66 s。SOSCRDY状态位可用于检查辅助振荡器是否运行。

闹钟工作原理：模块提供了闹钟功能，可配置范围为半秒至一年。但是，只有半秒闹钟具有半秒的分辨率。模块可以配置为在使能闹钟之后，以预先配置的间隔重复闹钟，通过响铃功能实现闹钟的无限重复。模块可以在每次发生闹钟脉冲事件时提供中断。除了闹钟中断之外，还提供了频率为闹钟频率一半的闹钟脉冲输出。该输出与RTCC模块时钟完全同步，可用于为其他器件提供触发时钟。该输出的初始值通过PIV位RTCALRM<13>进行控制。

闹钟值(ALRMTIME和ALRMDATE)寄存器用BCD码格式实现。这在使用该模块时简化了软件，因为每个位值都包含在它自己的4位值中。

日历RTCC模块工作原理：RTCC模块有100年的时钟和日历，能自动检测闰年，未提供常规时间格式(AM/PM)的硬件。RTCC模块提供了1 s的编程精度，但可分辨半秒的时长。RTCC值(RTCTIME和RTCDATE)寄存器用BCD码格式实现。

进位规则：说明发生计满返回时，会影响哪些定时器值。

● 时间——从23：59：59到00：00：00，向日字段进位。

- 日——从日字段到月字段的进位取决于当前月份。
- 月——从12/31到01/01,向年字段进位。
- 星期——6～0,无进位。
- 年——99～00,无进位。

考虑到以下值是BCD码格式,向BCD码高位的进位将在计数为10时,而不是在计数为16时发生(秒数、分钟数、小时数、星期、日和月)。

闰年:由于RTCC模块的年份范围是2 000—2 099,闰年是通过以上范围内的年份能否被4整除来确定的。闰年中唯一受影响的月份是二月。闰年中二月有29天,其他所有年份中二月只有28天。

日历RTCC模块的一般功能:所有包含秒或更大时间值的定时器寄存器都可写。用户程序只需将所需的年、月、日、小时、分钟和秒写入这些寄存器,就可以配置当前时间。随后定时器就会用新写入的值从所需起点继续计数。

如果通过设置ON位RTCCON＜15＞为1而使能了日历RTCC模块,则即使在调节寄存器时,定时器也会继续递增。但是,每次写入SECONDS寄存器RTCTIME＜15:8＞时,预分频器会复位为0。这可以在进行定时器调节之后提供已知的预分频值。

如果发生定时器寄存器更新,用户程序需要确保在ON位RTCCON＜15＞置为1时,正在更新的寄存器不会发生定时器递增操作。这可以通过观察RTCSYNC位RTCCON＜2＞的值或观察可发生进位的先前位,或者紧接在秒脉冲或闹钟中断之后立即更新寄存器来实现。相关的计数器将按照为它们定义的间隔发送时钟脉冲,DAYS寄存器每天发送一次时钟脉冲,MONTHS寄存器每月发送一次脉冲,如此类推。这留出很大的时间窗,让用户程序可以安全地更新寄存器。

寄存器读/写安全窗口:RTCSYNC位RTCCON＜2＞指示对应于以下情况的时间窗:短时间内RTCC模块的时间寄存器RTCTIME和RTCDATE不会发生更新,可以安全地读取和写入寄存器。当清零RTCSYNC位时,CPU可安全访问这些寄存器。当RTCSYNC位置为1时,用户程序必须采用软件方法确保数据读取没有发生在更新边界,从而导致无效或部分读取。不论RTCSYNC值如何,用户程序都可以通过两次读取并比较定时寄存器的值,在代码中确保寄存器读操作的跨度不会包括RTCC模块的时钟更新操作。

同步:模块提供了单个RTCSYNC位RTCCON＜2＞,用户程序必须使用该位来确定何时可以安全地读取和更新时间和日期寄存器。此外,模块还可以对复位条件(即,写入秒寄存器)和ON位RTCCON＜15＞进行同步。

RTCSYNC位产生:RTCSYNC位是只读位,它在ON位为1,并且RTCC模块的预分频器计数器等于0x7FE0(与一秒计满返回相距32个时钟)时置为1。对于以下任意条件会将RTCSYNC位清零:

- POR。

● 每当清零 ON 位时。

● 写入 SECONDS 寄存器 RTCTIME<15：8>时。

● 在 RTCC 时钟的上升沿，当预分频器等于 0x0000 时。

预分频器复位同步：写入 SECONDS 寄存器 RTCTIME<15：8>会异步复位 RTCC 模块的预分频器(包括 HALFSEC 寄存器)。复位一直保持有效，直到检测到 RTCCLK 下降沿为止。

断开 RTCC 模块时钟：在清零 ON 位 RTCCON<15>和器件处于调试模式，并且 FRZ 位 RTCCON<14>置为 1 两种情况下，内部 RTCC 模块的时钟会断开。停止 RTCC 模块的时钟不会影响通过外设总线接口读/写寄存器。

写锁定：为执行对任何 RTCC 模块定时寄存器的写操作，RTCWREN 位 RTCCON<3>必须置为 1。只有在执行解锁序列之后，才能将 RTCWREN 位置为 1。解锁序列如下：

(1)将 0xAA996655 装入 CPU 寄存器 X。

(2)将 0x556699AA 装入 CPU 寄存器 Y。

(3)将 0x00000008 装入 CPU 寄存器 Z。

(4)暂停或禁止所有可访问外设总线和中断解锁序列的主器件。

(5)将 CPU 寄存器 X 存储到 SYSKEY 中。

(6)将 CPU 寄存器 Y 存储到 SYSKEY 中。

(7)将 CPU 寄存器 Z 存储到 RTCCONSET 中。

(8)重新使能 DMA 和使能中断。

必须严格遵循步骤(5)～(7)来解锁 RTCC 模块的写操作。如果未严格遵循该序列，RTCWREN 位将不会置为 1。为避免意外写入 RTCC 模块的时间值，建议其他任何时候 RTCWREN 位 RTCCON<3>都保持为零。要将 RTCWREN 置为 1，在 key1/key2 序列和 RTCWREN 置为 1 之间只使能 1 个指令周期的时间窗。

校准：实时晶振输入可用周期性自动调节功能校准。正确校准后，RTCC 模块可提供每月小于0.66 s的误差。校准最高可以消除 260 ppm 的误差。是否在误差值中包含晶振初始误差、温度造成的漂移和晶振老化造成的漂移，由用户程序自行决定。校准的实现方式见参考文献。

18.2 闹 钟

RTCC 模块提供了有以下特性的闹钟功能：

● 可在半秒到一年的范围内配置。

● 使用 ALRMEN 位 RTCALRM<15>使能。

● 提供一次闹钟、重复闹钟以及无限重复的闹钟。

配置闹钟：闹钟功能通过 ALRMEN 位使能。时间间隔根据闹钟 AMASK 位

RTCALRM＜11：8＞的设置进行选择。AMASK 位决定要触发闹钟的哪些位以及多少位必须和时钟值匹配。

在定时器值达到闹钟设置时，在设置闹钟中断之前会经过一个 RTCC 时钟。产生的结果就是，用户程序会在一个很短的时间内看到闹钟设置的定时器值，在此期间不会产生中断。

配置一次闹钟：发出闹钟之后，如果 ARPT 位 RTCALRM＜7：0＞为 0 且 CHIME 位 RTCALRM＜14＞为 0，则 ALRMEN 位会自动清零。

配置重复闹钟：除了提供一次闹钟之外，模块还可以配置为以预先配置的时间间隔重复闹钟。ARPT 寄存器中包含在使能闹钟后闹钟的重复次数。当 ARPT 为 0 且 CHIME 为 0 时，禁止重复功能，并且将仅产生单个闹钟脉冲。通过设置 ARPT 等于 0xFF，闹钟最多可以重复 256 次。每次闹钟发出后，ARPT 寄存器都递减 1。ARPT 寄存器的值达到 0 后，将产生最后一次闹钟；此后 ALRMEN 位将自动清零，闹钟将关闭。

配置无限闹钟：要提供无限重复闹钟，可以使用 CHIME 位 RTCALRM＜14＞使能响铃功能。当 CHIME 位为 1 时，在执行最后一次重复之后，ARPT 将从 0x00 计满返回至 0xFF，并继续无限计数，而不是禁止闹钟。

闹钟中断：当 RTCC 模块的定时器与闹钟寄存器匹配时，会产生闹钟事件。模块必须根据 AMASK 位 RTCALRM＜11：8＞设置，只与时间/日期寄存器的无屏蔽位部分进行匹配。

每个闹钟事件发生时，都会产生中断。此外会提供闹钟脉冲输出，其频率是闹钟频率的一半。该输出与 RTCC 模块的时钟完全同步，可用作其他外设的触发时钟，可在 RTCC 模块的引脚上输出闹钟脉冲。输出脉冲是占空比为 50%的时钟，频率为闹钟事件频率的一半。只有使能闹钟时，ALRMEN 位 RTCALRM＜15＞为 1，脉冲才会有效。RTCC 模块的输出引脚上闹钟输出的初始值可使用 PIV 位 RTCALRM＜13＞设定。

RTCC 模块的引脚也能输出秒时钟。用户程序可在 RTCC 模块产生的闹钟脉冲或秒时钟输出之间选择。RTSECSEL 位 RTCCON＜7＞在这两个输出之间进行选择。当清零 RTSECSEL 位时，选择闹钟脉冲。当 RTSECSEL 位置为 1 时，选择秒时钟。

在闹钟使能（ALRMEN 位置为 1）时，更改闹钟时间、日期和闹钟寄存器 RTCOE 中的任一寄存器会产生错误的闹钟事件，导致错误的闹钟中断。为了避免错误的闹钟事件，并对闹钟寄存器执行安全的写操作，只有在禁止 RTCC（清零 RTCCON＜15＞位）或者 ALRMSYNC（清零 RTCALRM＜12＞位）时，才能更改定时器和闹钟值。

18.3 中 断

RTCC模块可以产生一些中断，反映在RTCC模块的定时器与闹钟寄存器匹配时发生的闹钟事件。模块会根据AMASK位RTCALRM＜11：8＞设置，与时间/日期寄存器的未屏蔽位进行匹配。

每个闹钟事件发生时，都能产生中断，闹钟中断通过RTCCIF位IFS1＜15＞指示。该中断标志位必须用户程序清零。为了使能RTCC中断，使用相关的RTCC中断使能位RTCCIE位IEC1＜15＞，此外，还必须配置中断优先级位和中断子优先级位RTCCIP位IPC8＜28：26＞和RTCCIS位IPC8＜25：24＞。

中断配置：RTCC有一个专用的中断标志位RTCCIF和相关的中断使能位RTCCIE。RTCCIE用于使能或禁止RTCC中断。存在一个特定的RTCC中断向量。当RTCC闹钟寄存器与RTCC时间寄存器匹配时，RTCCIF位会置为1。RTCCIF位是否置为1与相关使能位的状态无关。如果需要，可以查询IF位。

RTCCIE位用于定义在相关RTCCIF位置为1时，中断控制器的行为。当RTCCIE位清零时，INT模块不会为事件产生CPU中断。如果RTCCIE位置为1，则模块会在RTCCIF位置为1时产生CPU中断。中断服务程序在程序完成之前清零相关的中断标志位。

RTCC外设的优先级可以使用RTCCIP＜2：0＞位设置。子优先级RTCCIS＜1：0＞值的范围为3～0。

产生使能的中断之后，CPU将跳转到为该中断分配的向量处。CPU将在向量地址处开始执行代码。该向量地址处的用户程序应执行特定的操作、清零RTCCIF中断标志位IFS1＜15＞，然后退出。

18.4 节能和调试模式下的RTCC操作

休眠模式下的RTCC操作：当器件进入休眠模式时，禁止系统时钟。RTCC和闹钟在休眠模式下继续工作。闹钟的操作不会受休眠模式影响。如果闹钟中断的优先级高于CPU的优先级，则闹钟事件可以唤醒CPU。

空闲模式下的RTCC操作：当器件进入空闲模式时，系统时钟继续保持工作，RTCC和闹钟在空闲模式下继续工作。闹钟的操作不会受空闲模式影响。

SIDL位RTCCON＜13＞用于选择模块空闲模式的行为。

- 如果SIDL位为1，则禁止到RTCC的PBCLK，可以用于降低RTCC功耗，而不会影响RTCC的功能。

- 如果SIDL位为0，则模块将在空闲模式下继续正常工作。

复位的影响：发生器件复位时，RTCALRM寄存器强制进入其复位状态，禁止闹

钟。如果 RTCC 已使能，则发生器件复位后将继续工作。定时器预分频值只能由写入 SECONDS 寄存器 RTCTIME<15：8>复位。器件复位不会影响预分频器。看门狗定时器复位等效于器件复位。

上电复位时 RTCTIME 和 RTCDATE 寄存器不受影响。上电复位 POR 强制器件进入无效状态。器件退出 POR 状态后，时钟寄存器应重新装入所需值。

当清零 ON 位 RTCCON<15>时，RTCSYNC 位 RTCCON<2>、HALFSEC 位 RTCCON<1>和 ALRMSYNC 位 RTCALRM<4>等位会异步复位，并保持复位状态。此外，RTCC 引脚输出由 RTCOE 位 RTCCON<0>决定，通过 ON 位进行门控。

使能 RTCC 模块时会配置 I/O 引脚方向。使能、配置 RTCC 模块和使能模块输出时，I/O 引脚方向会正确配置为数字输出。

18.5 日历时钟电路与例程

当编程日历时钟时，必须使用频率准确稳定的辅助振荡器，将 32.768 kHz 的晶体振荡器连接到芯片的 SOSCI 和 SOSCO 引脚上，如图 18-2 所示，不再增加其他的电路。

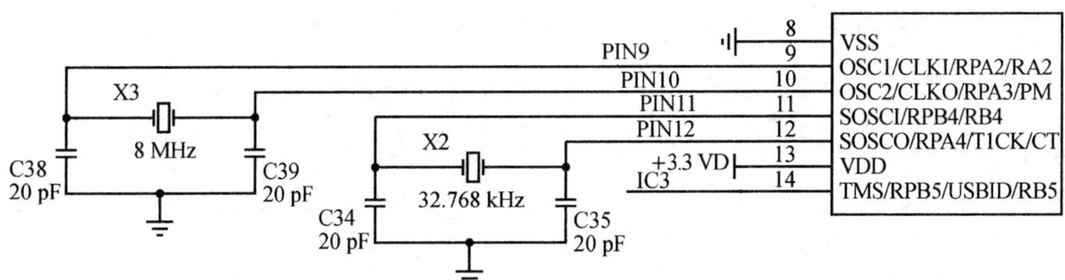

图 18-2 日历时钟晶体振荡器电路

本节描述了在微芯 PIC32MX220F032B 型芯片上的日历时钟程序示例。示例中利用实时时钟模块，用中断方式产生半秒中断信号，以此启动 LED 数码管显示 RTCC 模块的当前时间。SPI 引脚选择硬件配置表如表 18-1 所列。

表 18-1 SPI 引脚选择硬件配置表

序号	功能符号	引脚号	复用端口选择指定功能所用代码	说明
1	SCK2	26	由 SPI 模块自动选择(SCK2 只能选这个引脚)	SPI 数据时钟
2	SDO2	17	PPSOutput(2, RPB8, SDO2)	SPI 数据输出
3	SLCK	18	PORTSetPinsDigitalOut(IOPORT_B, BIT_9)	外部移位寄存器数据锁存

适用范围：本节所描述的代码适用于 PIC32MX220F032B 型芯片（28 引脚 SOIC 封装），对于其他型号或封装的芯片，未经测试，不确定其可用性。

七段数码管显示模块如图 10－5 所示，采用 PIC32MX 的 SPI 口传送数据，并通过 74HC595 芯片驱动七段数码管进行显示。

1. 主函数例程（主函数流程框图如图 18－3 所示）

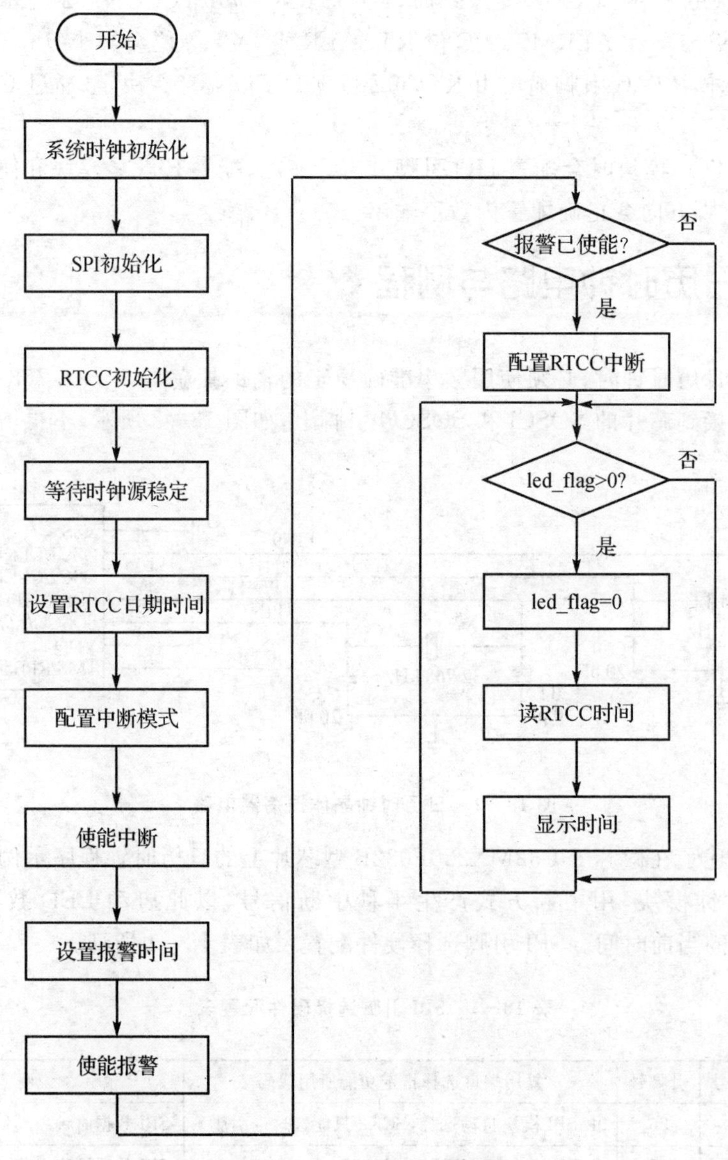

图 18－3　主函数流程框图

```
int main(void)
{
```

```
rtccTime tAlrm; // 时间结构体变量
rtccDate dAlrm; // 日期结构体变量
//系统初始化
SYSTEMConfig(SYS_FREQ, SYS_CFG_WAIT_STATES | SYS_CFG_PCACHE);
SpiInitDevice();
//初始化 RTCC 模块
RtccInit();
//等待辅助振荡器启动及 RTCC 时钟源稳定
while (RtccGetClkStat() ! = RTCC_CLK_ON);
//设置时间,日期
//第一个变量为时间:用 UINT32 表示,由高到低的 4 个字节依次表示:小时,分钟,秒钟,
保留
//其中,保留值必须设置为 0.下例中 0x0D000000 表示:12:00:00
//第二个变量未日期:用 UINT32 表示,由高到低的 4 个字节依次表示:年,月,日,星期
//下例中 0x0D010102 表示:2013 - 01 - 01,星期二
RtccOpen(0x0D000000, 0x0D010102, 0);
//配置中断模式
INTConfigureSystem(INT_SYSTEM_CONFIG_MULT_VECTOR);
//使能中断
INTEnableInterrupts();

//设置报警时间
do {
  RtccGetTimeDate(&tm, &dt);
} while ((tm.sec & 0xf) > 0x7);

tAlrm.l = tm.l;
dAlrm.l = dt.l;
//允许连续报警
RtccChimeEnable();
//报警次数计数器清零
RtccSetAlarmRptCount(0);
//设置报警间隔:每个 0.5 s
RtccSetAlarmRpt(RTCC_RPT_HALF_SEC);
//设置报警时间
RtccSetAlarmTimeDate(tAlrm.l, dAlrm.l);
//使能报警
RtccAlarmEnable();
//报警已使能?
if (RtccGetAlarmEnable())
{
  //设置 RTCC 中断、使能中断
```

```
    INTSetVectorPriority(INT_RTCC_VECTOR, INT_PRIORITY_LEVEL_4);
    INTSetVectorSubPriority(INT_RTCC_VECTOR, INT_SUB_PRIORITY_LEVEL_1);
    INTEnable(INT_RTCC, INT_ENABLED);
  }
  //主循环
  while(1)
  {
    if(led_flag > 0)
    {
      led_flag = 0;
      RtccGetTimeDate(&tm, &dt);
      Led();
    }
  }
  return 1;
}
```


2. RTCC 中断函数例程(RTCC 中断函数流程框图如图 18-4 所示)

```
void __ISR(_RTCC_VECTOR, ipl4) RtccIsr(void) {
  //清中断标志
  INTClearFlag(INT_RTCC);
  //翻转秒小数点,用来指示秒钟的变化
  point = ~point;
  //数码管输出计数器:每 0.5 s 输出一次
  led_flag = 1;
}
```

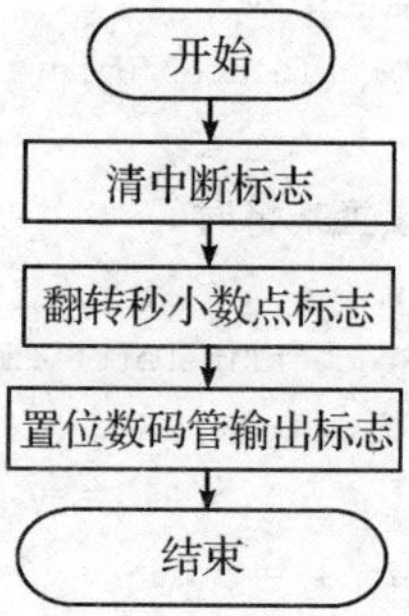

图 18-4 RTCC 中断函数流程框图

思考题

问 1:如果不使用 RTCC 模块的 RTCC 输出,该 I/O 引脚是否可用作通用 I/O 引脚?

答 1:可以。如果不需要输出秒时钟或闹钟脉冲,在禁止 RTCC 输出(清零 RTCCON<0>位)的情况下,可以使用 RTCC 引脚作为通用 I/O 引脚。在用作通用 I/O 引脚时,用户程序为输入或输出配置相关的数据方向寄存器(TRIS)。

问 2:该如何确保在读取 RTCC 时间值时获得正确的值,而不受计满返回(秒至分,分至小时)影响?

答 2:读取正确当前时间的最简单方式是对 RTCTIME 寄存器执行两次读操作。在两个连续读数相同时,说明得到的时间值是正确的。读取 RTCDATE 寄存器时,也是如此。

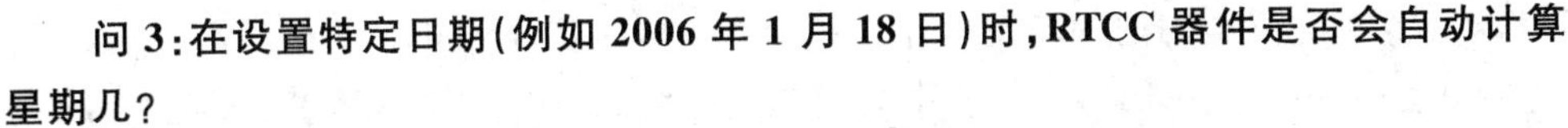

问 3：在设置特定日期（例如 2006 年 1 月 18 日）时，RTCC 器件是否会自动计算星期几？

答 3：不会，器件不会自动执行该计算。在写入 RTCDATE 寄存器时，必须为 WDAY01 字段 RTCDATE＜3：0＞提供一个有效值，即提供 3 来代表 1 月 18 日星期三。但是，从此时开始，RTCC 器件会正确地更新星期几。

问 4：器件是否会自动执行闰年计算，还是必须在 RTCC 日期中执行一些修正？

答 4：RTCC 器件会自动执行闰年检测。在 2 000～2 099 的年份范围内，不需要执行更新。但是，在 RTCDATE 寄存器中设定日期时，必须输入一个有效日期。例如，不要将 RTCC 的日期设定为 2007 年 2 月 29 日。

问 5：是否可以自由地写入 RTCTIME 和 RTCDATE 寄存器来更新当前时间或日期？

答 5：简单地说，不行；用户不能直接写入 RTCTIME 和 RTCDATE 寄存器。实际上，如果禁止 RTCC（清零 RTCCON＜15＞位），则可以在任意时刻更新时间和日期值。但是，如果 RTCC 开启，则必须采取进一步的预防措施。在一个安全时间窗中，可以安全地对时间和日期寄存器执行写操作。RTCSYNC 位 RTCCON＜2＞指示该窗口。对于 RTCTIME 或 RTCDATE 寄存器的任意更新都应在 RTCSYNC 位为 0 时进行。（在 RTCC 时钟为高电平时，硬件实际上会忽略在计满返回期间对时间和日期寄存器发生的写操作，所以写操作不会被检测到）。不仅如此，如果使能了闹钟，并且 AMASK 对应于半秒 RTCALRM＜11：8＞，则对于 RTCTIME 和 RTCDATE 的任意更新都应在 ALRMSYNC 位 RTCALRM＜12＞为 0 时发生。这可以确保闹钟触发机制正确工作，不会产生虚假的闹钟事件。

为了能够更新 RTCTIME 和 RTCDATE 寄存器，必须将 RTCWREN 位 RTCCON＜3＞置为 1。在尝试更新 RTCTIME 时通常应禁止中断。如果不禁止，则无法确保对 RTCTIME 寄存器的写操作在 RTCSYNC/ALRMSYNC 清零时发生。对系统时间和日期执行更新的另一种方式是先关闭 RTCC，执行写操作，然后再次开启 RTCC。

问 6：是否可以写入 ALRMTIME 和 ALRMDATE 寄存器，以自由地更新闹钟时间或日期？

答 6：简单地说，不行；用户不能直接更新闹钟时间和日期寄存器。需要执行以下步骤：

如果禁止 RTCC，清零 ON 位 RTCCON＜15＞，则可以在任意时刻对 ALRMTIME 和 ALRMDATE 执行写操作。否则，写操作只能在 ALRMSYNC 位 RTCALRM＜12＞为 0 时进行。

在尝试更新闹钟时间和日期时，通常应禁止中断。如果不禁止，则无法确保对 ALRMTIME/ALRMDATE 寄存器的写操作在 ALRMSYNC 清零时发生。对闹钟时间和日期执行更新的另一种方式是先关闭 RTCC，执行写操作，然后再次开启

RTCC。这种方式会对时序精度产生影响，因为RTCC在停止时不会进行计数。同一方法适用于RTCALRM寄存器的可写字段：CHIME位RTCALRM＜14＞、AMASK位RTCALRM＜11：8＞、ALRMEN位RTCALRM＜15＞、ARPT位RTCALRM＜7：0＞和PIV位RTCALRM＜13＞。如果RTCC开启，则只能在ALRMSYNC为0时进行写操作。

问7：是否可以自由地翻转RTCCON寄存器中的RTCWREN位？

答7：用户总是可以清零RTCWREN位RTCCON＜3＞。但是，为了使能对于RTCCTIME和RTCCDATE寄存器的写操作，必须执行正确的操作序列。

第 19 章

10 位模数转换器

模拟输入通过两个多路开关(MUX)与一个采样/保持放大器 SHA 连接。因此,每次只能对一路信号进行采样,然后进行 A/D 转换,在转换期间,模拟输入可以在两组模拟输入之间切换,以选择下一次要转换的通道,通道切换与 A/D 转换可以同时并行进行。使用参考输入引脚时(除用作参考输入的引脚外)所有通道上都可以进行单极性差分转换。

模拟输入扫描模式可以按顺序依次转换用户程序指定的一些通道。控制寄存器用于指定在扫描序列中要转换的模拟输入通道。

图 19-1 给出了 10 位 ADC 的框图。该 10 位 ADC 最多有 13 个模拟输入引脚,标记为 AN0～AN12。此外,有两个用于外部参考电压连接的模拟输入引脚。这些参考电压输入可以与其他模拟输入引脚复用,且可以是其他模拟参考的公共引脚。

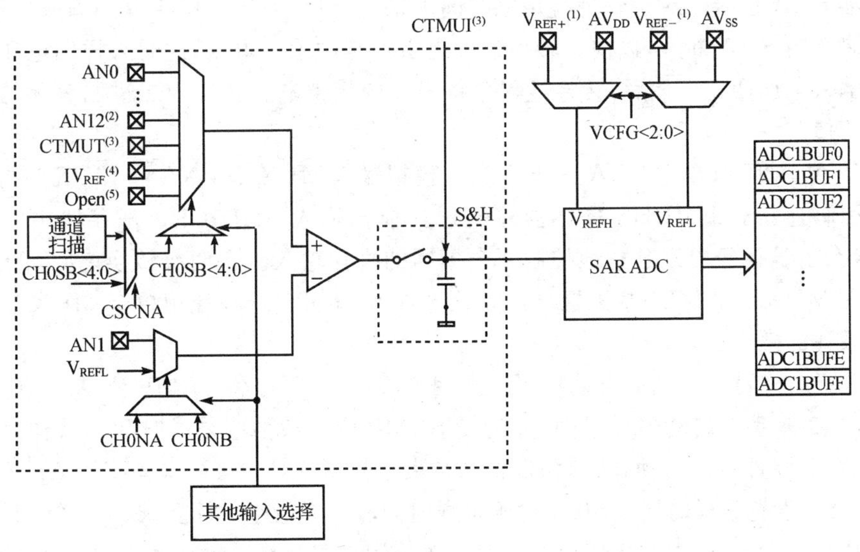

注1：V_{REF+}和 V_{REF-}输入可与其他模拟输入引脚复用。
2：AN8仅在44引脚器件上可用。AN6和AN7在28引脚器件上不可用。
3：连接到CTMU模块。更多信息，请参见“充电时间测量单元(CTMU)”。
4：更多信息，请参见“比较器参考电压(CV_{REF})”。
5：此选项仅用于CTMU电容与时间测量。

图 19-1　ADC 模块框图

PIC32MX1XX/2XX 10位模数转换器(ADC)模块包括以下特性：

- 逐次逼近式寄存器转换(Successive Approximation Register,SAR)。
- 最高1Msps的转换速度。
- 最多13个模拟输入引脚。
- 外部参考电压输入引脚。
- 一个单极性的差分采样保持放大器(Sampleand Hold Amplifier,SHA)。
- 自动通道扫描模式。
- 可选转换触发。
- 16字转换结果缓冲区。
- 可选缓冲区填充模式。
- 8种转换结果格式选项。
- 可在CPU休眠和空闲模式下继续工作。

10位ADC与16字结果缓冲区连接。从结果缓冲区读取每个10位转换结果时，转换结果被转换为8种32位输出格式之一。

19.1 ADC工作原理和转换序列

模拟采样包含两个步骤:采样/转换。在采样期间，模拟输入引脚将与采样/保持放大器SHA连接。对引脚进行足够时间的采样之后，采样电压将等于输入电压，输入引脚会与SHA断开，以便为转换过程提供稳定的采样电压，此时采样的电压不在跟着输入电压变化。然后，转换过程会将采样的模拟电压转换为二进制表示的数字化电压值。

10位ADC有单个SHA。SHA通过模拟输入MUX(MUXA和MUXB)与模拟输入引脚连接。AD1CHS寄存器控制选择模拟输入。AD1CHS寄存器中有两组MUX位。这两组可以独立地控制两个不同的模拟输入。在两次转换之间，ADC可选择在MUXA和MUXB配置之间切换。ADC还可以选择使用单个MUX逐个扫描一系列的模拟输入。

采样时间可以手动或自动控制。在用户程序中，可以将SAMP位AD1CON1＜1＞置为1来手动启动采样时间，并清零SAMP位手动结束采样时间。采样时间也可以ADC硬件自动启动，转换触发自动结束。使用SAMC＜4：0＞字段AD1CON3＜12：8＞设置采样时间。SHA对于采样时间有一个最小时间要求。采样过程可以定期执行一次，也可以基于模块配置触发源。用户程序将SAMP位置为1启动采样开始时间。采样开始时间还可以由硬件自动控制。当ADC工作在自动采样模式时，在采样/转换序列中转换结束后，SHA会重新连接到模拟输入引脚。自动采样功能由ASAM位AD1CON1＜2＞控制。

转换时间包含ADC转换和SHA保持电压所需的时间。执行完整的转换总共需要 12 个 TAD 时钟。采样时间和 A/D 转换时间之和就是总的转换时间。当转换时间结束时，结果写入 16 个 ADC 结果寄存器(ADC1BUF0 ～ ADC1BUFF)之一。

转换触发结束采样时间并开始 A/D 转换或采样/转换序列。控制 SSRC<2：0>位 AD1CON1<7：5>选择转换触发。可从多种硬件中选择转换触发，也可在用户程序中将 SAMP 位清零来手动控制。转换触发方式之一是自动转换。自动转换之间的时间通过计数器和 ADC 时钟设置。自动采样模式和自动转换触发可以一起使用，提供无需用户程序干预的自动转换功能。

由 SMPI<3：0>位 AD1CON2<5：2>的值决定在每个或多个采样序列结束时是否产生中断，中断之间的采样序列数在 1～16 之间变化。用户程序应当注意 A/D 转换缓冲区将保存单个转换序列的结果。即使前一个序列中的采样数小于 16，下一个序列也会从顶部开始填充缓冲区。两次中断之间的转换结果总数为 SMPI 的值。两次中断之间的转换总数不能超出物理缓冲区 16 长度。

ADC 有多个输入时钟选项，用于产生 TAD 时钟。用户程序必须选择不会违反最小 TAD 规范的输入时钟选项。

19.2　ADC 模块配置

相关寄存器位设置 ADC 模块的操作。以下信息概要介绍了这些操作和设置。后面几节中提供了每个配置步骤的选项和详细信息。

(1)要配置 ADC 模块，执行以下步骤：

A-1. 在 AD1PCFG<15：0>中配置模拟端口引脚。

B-1. 在 AD1CHS<32：0>中选择 ADCMUX。

C-1. 使用 FORM<2：0>位 AD1CON1<10：8>选择 ADC 结果格式。

C-2. 使用 SSRC<2：0>位选择采样时钟。

D-1. 使用 VCFG<2：0>位 AD1CON2<15：13>选择参考电压源。

D-2. 使用 CSCNA 位 AD1CON2<10>选择扫描模式。

D-3. 如果要使用中断，则设置每个中断的转换数 SMP<3：0>字段。

D-4. 使用 BUFM 位 AD1CON2<1>设置缓冲区填充模式。

D-5. ALTS 位 AD1CON2<0>选择要与 ADC 连接的 MUX。

E-1. 使用 ADRC 位 AD1CON3<15>选择 ADC 时钟。

E-2. 如果要使用自动转换，则使用 SAMC<4：0>位选择采样时间。

E-3. 使用 ADCS<7：0>位 AD1CON3<7：0>选择 ADC 时钟预分频比。

F. 使用 ON 位 AD1CON1<15>开启 ADC 模块。

上面的步骤 A～E 可以按任意顺序执行，但在任何情况下，步骤 F 都必须为最后一个步骤。

(2)配置 ADC 中断：清零 AD1IF 位 IFS1<1>、选择 ADC 中断优先级 AD1IP<

2：0>字段IPC<28：26>和子优先级AD1IS<1：0>字段IPC<24：23>。

(3)通过启动采样来启动转换序列。

配置模拟端口引脚：AD1PCFG寄存器和TRISB寄存器用于控制ADC端口引脚的操作。

AD1PCFG用于指定要用作模拟输入的引脚，当相关的PCFGn位AD1PCFG<n>为0时，引脚配置为模拟输入。当该位为1时，引脚配置为数字端口引脚。当引脚配置为模拟输入时，禁止相关的端口I/O数字输入缓冲器，因此不会消耗电流。复位时AD1PCFG寄存器清零，ADC输入引脚复位时配置为模拟输入。

TRIS寄存器用于控制端口引脚的数字功能。对于希望作为模拟输入的引脚，其对应的TRIS位必须置为1，从而将该引脚指定为输入。如果TRIS位清零ADC输入相关的I/O引脚配置为输出，将转换引脚上的数字输出电平。在复位后，所有TRIS位均置为1。

如果某个端口与ADC共用引脚，则读取PORT锁存器时，配置为模拟输入的任何引脚都读为0。任何定义为数字输入(包括AN15～AN0引脚)、但未配置为模拟输入的引脚上的模拟电平都可能导致输入缓冲器消耗的电流超出器件规范。

选择ADCMUX的模拟输入：AD1CHS寄存器用于选择要与MUXA和MUXB连接的模拟输入引脚。每个MUX都有两种输入，同相输入和反相输入。CH0SA<4：0>控制MUXA的同相输入，CH0NA控制反相输入。CH0SB<4：0>控制MUXB的同相输入，CH0NB控制反相输入。

同相输入可以从任意可用模拟输入引脚中进行选择。反相输入可以选择ADC负参考电压或AN1。使用AN1作为反相输入时，ADC可以在单极性差分模式下使用。使用扫描模式时，可能会改写CH0SA<4：0>字段。

选择ADC结果格式：ADC结果寄存器中的数据可以使用8种格式读取，使用FORM<2：0>字段AD1CON1<10：8>设置格式。用户程序可以选择整数、有符号整数、小数或有符号小数的16位或32位结果，32位和16位模式之间没有数字差异。在32位模式下，会对全部32位应用符号扩展；而在16位模式下，只会对结果的低16位应用符号扩展。

选择采样时钟：通常需要将采样结束和转换启动与某个其他时间事件同步。ADC模块可以使用4个触发源之一作为转换触发信号。SSRC<2：0>位控制转换触发选择。

手动转换：要将ADC配置为在SAMP清零时结束采样并启动转换，则需要设置SSRC为000。

定时器比较触发：设置SSRC<2：0>为010将ADC配置为定时器比较触发模式。当32位定时器对TMR3/TMR2或16位Timer3发生周期匹配时，Timer3会产生一个特殊的ADC触发事件信号。TMR5/TMR4定时器对或Timer3之外的其他16位定时器不存在该功能。

外部 INT0 引脚触发：要将 ADC 配置为在 INT0 引脚上发生有效电平跳变时启动转换，SSRC＜2：0＞需要置为 001。INT0 引脚可以设定为上升沿输入或下降沿输入以触发转换过程。

自动转换：ADC 可以配置为按照自动采样时间位 SAMC＜4：0＞选择的速率自动执行转换。设置 SSRC＜2：0＞置为 111 将 ADC 配置为该触发模式。在该模式下，ADC 会对选定通道执行连续转换。

将 ADC 操作与内部或外部事件同步：外部事件触发脉冲结束采样和启动转换的模式（SSRC2：SSRC0 置为 001、010 或 011）可以与自动采样（ASAM 位为 1）结合使用，使 ADC 将采样/转换事件与触发脉冲源同步。

选择自动或手动采样：采样可以手动启动，也可以在前一个转换完成时自动启动。清零 ASAM 位会禁止自动采样模式。采样会在用户程序将 SAMP 位置为 1 时开始。只有 SAMP 位再次置为 1 之后，才会继续采样。将 ASAM 位置为 1 会使能自动采样模式。在该模式下，前一个采样/转换之后，会自动开始新的采样。

选择参考电压源：用户程序可以选择 ADC 模块的参考电压。参考电压可以是内部或外部电压。VCFG＜2：0＞位用于选择 A/D 转换的参考电压。参考高电压（VR＋）和参考低电压（VR－）可用内部 AVDD 和 AVSS，也可用 VREF＋和 VREF－输入引脚电压。外部 ADC 参考电压可能对降低转换器中的噪声有效。

在少引脚数的器件上，外部参考电压引脚可与 AN0 和 AN1 输入共用。当这些引脚与 VREF＋和 VREF－输入引脚共用时，ADC 仍然可以在这些引脚上执行转换。

加到外部参考电压引脚上的电压必须符合特定的规范。对于高电压转换，必须选择外部参考电压 VREF＋和 VREF－。外部 VREF＋和 VREF－可以与其他模拟外设共用。

选择扫描模式：ADC 模块能够逐个扫描一组选定的输入信号。CSCNA 位用于使能在选定数量的模拟输入之间扫描 MUXA 输入。

将 CSCNA 位置为 1 使能扫描模式。当 CSCNA 位为 0 时，禁止扫描模式。使能扫描模式时，MUXA 的同相输入由 AD1CSSL 寄存器控制。AD1CSSL 寄存器中的每个位对应于一个模拟输入。第 0 位对应 AN0，第 1 位对应 AN1，以此类推。如果 AD1CSSL 寄存器中的某个位为 1，则在扫描序列中将扫描对应的输入。输入扫描总是在每次发生中断后从第一个选定通道开始，从编号较低的输入扫描到编号较高的输入。当使能扫描模式时，会忽略 CH0SA＜3：0＞位。如果所选的扫描输入个数大于每次中断的采样数，则编号较高的输入将不会采样。AD1CSSL 位仅指定通道同相输入的输入源。

CH0NA 位用于选择扫描通道反相输入的输入源。MUXA 的同相输入由 CH0SA＜3：0＞控制。

组合扫描和交替模式：将扫描和交替模式组合在一起使用，可以对一组输入进行扫描，并且每隔一个采样/转换单个输入。当 CSCNA 位置为 1，且 ALTS 位置为 1

使能该模式。CSCNA 位使能对 MUXA 进行扫描，CH0SB<3：0>位 AD1CHS<27：24>和 CH0NB 位 AD1CHS<31>用于配置 MUXB 的输入。扫描仅应用于 MUXA 输入选择。MUXB 输入选择，由 CH0SB<3：0>指定，将仍选择单个输入。

设置每次中断的转换数：SMPI<3：0>位用于选择在产生 CPU 中断之前发生的 A/D 转换数。它同时也定义使用 ADC1BUF0(对于双缓冲区模式为 ADC1BUF0 或 ADC1BUF8)指定的结果缓冲区中写入的单元数量。它的取值范围为 1～16 个采样(对于双缓冲区模式为 1～8 个采样)。在产生中断之后，采样序列会重新开始；第一个采样的结果会写入第一个缓冲单元。

例如，如果 SMPI<3：0>为 0000，则转换结果将总是写入 ADC1BUF0。

例如，如果 SMPI<3：0>为 1110，则将会转换 15 个采样，并且结果存储到缓冲单元 ADC1BUF0～ADC1BUFE。在写入 ADC1BUFE 之后，将会产生中断。下一个采样会写入 ADC1BUF0。在该示例中，将不使用 ADC1BUFF。

结果寄存器中的数据会被下一个采样序列覆盖。产生中断之后，必须在第一个采样完成之前读取结果缓冲区中的数据。缓冲区填充模式可用于提高中断产生和数据覆盖之间的时间。

当 BUFM 位为 1 时，用户程序不能将采样数和 SMPI 位的组合设定为导致在两次中断之间产生超出 16 次转换的设置；当 BUFM 位为 0 时，不能设定为产生超出 8 次转换的设置。尝试产生采样数超出 16 个的转换列表时，采样序列会被截短为 16 个采样。

缓冲区填充模式：缓冲区填充模式使能输出缓冲区用作单个 16 字缓冲区或两个 8 字缓冲区。

当 BUFM 位为 0 时，对于所有转换序列都使用完整的 16 字缓冲区。转换结果将从 ADC1BUF0 开始，按顺序写入缓冲区，直到达到 SMPI<3：0>位所定义的采样数为止。下一个转换结果将被写入 ADC1BUF0，并且该过程一直重复。如果使能 ADC 中断，则在缓冲区中的采样数等于 SMPI<3：0>时，会产生中断。

当 BUFM 位为 1 时，16 字结果缓冲区被分隔为两个 8 字缓冲区。转换结果将从 ADC1BUF0 开始按顺序写入第一个缓冲区，BUFS 位 AD1CON2<7>将会清零，直到达到 SMPI<3：0>位所定义的采样数为止。然后，ADC 中断标志位将会置为 1。在 ADC 中断标志位置为 1 之后，接下来的结果将从 ADC1BUF8 开始按顺序写入第二个缓冲区。下一个转换结果将从 ADC1BUF8 开始写入第二个缓冲区，BUFS 位将会置为 1，直到达到 SMPI<3：0>位所定义的采样数为止。ADC 中断标志位将会置为 1。然后，BUFS 位为 0，该过程重新开始，结果将写入第一个缓冲区。

具体使用哪一种缓冲区填充模式取决于在发生 A/D 中断之后有多少时间可用于移动缓冲区内容，以及由用户程序决定的中断响应延时。如果 CPU 可在对一个通道进行采样/转换的时间内卸空一个已满的缓冲区，则 BUFM 位可以为 0，且每次中断最多可进行 16 次转换。在第一个缓冲单元被覆盖之前，CPU 有采样＋转换的时间。

如果CPU无法在采样＋转换时间内卸空缓冲区，则应使用双缓冲区模式BUFM位为1来防止覆盖结果数据。例如，如果SMPI＜3：0＞置为0111，则会向第一个缓冲区中写入8个转换数据之后发生中断。接下来的8个转换数据会写入第二个缓冲区。因此，CPU可以使用中断之间的全部时间，以从缓冲区读出8个转换结果。

选择与ADC连接的MUX(交替采样模式)：ADC有两个与SHA连接的MUX。这两个MUX用于选择对哪个模拟输入进行采样。每个MUX都有同相输入和反相输入。

单输入选择：用户程序可以在最多16个模拟输入中选择一个作为SHA的同相输入。CH0SA＜3：0＞位AD1CHS＜19：16＞用于选择同相模拟输入。用户程序可以选择VR－或AN1作为反相输入。CH0NA位AD1CHS＜23＞用于选择通道0反相输入的模拟输入。使用AN1作为反相输入时，将可以进行单极性差分测量。对于该工作模式，ALTS位必须清零。

交替输入选择：ALTS位会使模块在两个输入MUX之间交替。由CH0SA＜3：0＞和CH0NA指定的输入称为MUXA输入。由CH0SB＜3：0＞和CH0NB指定的输入称为MUXB输入。当ALTS为1时，模块将交替采样，即在前一次采样MUXA输入，而在下一次采样MUXB输入。当ALTS为0时，只会选择对CH0SA＜3：0＞和CH0NA指定的输入进行采样。

例如，如果在第一次采样/转换序列时ALTS为1，则选择对CH0SA＜3：0＞和CH0NA指定的输入进行采样。在下一次采样时，选择对CH0SB＜3：0＞和CH0NB指定的输入进行采样。然后，该模式一直重复。

选择ADC转换时钟和预分频比：ADC模块可以使用内部RC振荡器或PBCLK作为转换时钟。当ADRC位为1时，使用内部RC振荡器作为时钟，TAD为振荡器周期(不使用预分频比)。使用内部振荡器时，ADC可以在休眠和空闲模式下继续工作。

内部RC用于休眠模式下的ADC操作，它不是校准时钟。要求精确采样时序时ADC应使用稳定的校准时钟。使用PBCLK作为转换时钟(ADRC位为0)时，TAD是应用预分频比ADCS＜7：0＞字段之后的PBCLK周期。ADC存在一个最高的转换速率。模拟模块时钟TAD用于控制转换时序。A/D转换需要12个时钟12TAD。一个可编程的8位计数器选择ADC转换时钟的周期。由ADCS＜7：0＞位指定TAD有256种选项。为了正确进行A/D转换，所选择的ADC转换时钟的最小TAD时间必须确保为83.33 ns。

采样时间的注意事项：不同的采样/转换序列为采样/保持通道提供不同时间来采样模拟信号。

当SSRC＜2：0＞字段为111时，转换触发处于A/D时钟控制下。SAMC＜4：0＞位用于选择启动采样和启动转换之间的TAD时钟数，该触发选项提供了多通道最快的转换速率。

开启ADC：当ON位为1时，模块处于工作模式，处于完全供电状态，可使用所有的功能。

当清零ON位时，禁止模块工作。关闭电路的数字和模拟电路部分，以最大限度地节省电能消耗。为了从关闭模式返回工作模式，用户程序必须等待模拟输入稳定下来。

在ADC正在运行时，建议不要对除ON位、SAMP位和DONE位AD1CON1<0>之外的ADC位进行写操作。

手动采样模式：在手动采样模式下，向SAMP位写入1来启动采样。用户程序必须通过这种方式来手动启动和结束采样时间：先将SAMP置为1，然后在经过所需采样时间之后将SAMP清零。

自动采样模式：在自动采样模式下，向ASAM位写入1来启动采样。在自动采样模式下，ADCS<7：0>位定义采样时间。采样会在转换完成之后自动开始。自动采样模式可以使用除手动之外的任何触发源。

19.3 其他ADC功能

中止采样：处于手动采样模式时，清零SAMP位会终止采样，但如果SSRC字段为000，则也可能会启动转换。在自动采样模式下，清零ASAM位不会终止正在进行的采样/转换序列；但是，在当前采样/转换序列完成之后，将不会自动继续采样。

中止转换：在转换期间清零ON位将中止当前的转换。不会用部分完成的A/D转换样本来更新ADC结果寄存器。即，对应的结果缓冲单元仍然保持上一次转换完成后的值(即上一次写入该缓冲区的值)。

缓冲区填充状态：当使用BUFM位将转换结果缓冲区拆分时，BUFS状态位指示ADC当前正在填充缓冲区的哪一半。如果BUFS为0，则说明ADC正在填充ADC1BUF0～ADC1BUF7，用户程序应从ADC1BUF8～ADC1BUFF读取转换值。如果BUFS为1，则说明情况相反，用户程序应从ADC1BUF0～ADC1BUF7读取转换值。

失调校准：ADC模块提供了一种测量内部失调误差的方法。测量该失调误差之后，可以由用户程序从A/D转换结果中减去该误差。使用以下步骤来执行失调测量：

(1)将ADC配置为用户程序中使用的ADC相同的形式。

(2)将OFFCAL位AD1CON2<12>置为1。这会改写输入选择，将采样/保持输入与AVSS连接。

(3)如果使用自动采样，则将CLRASAM位AD1CON1<4>置为1，以便在达到SMPI指定的采样数时停止转换。

(4)使能ADC并执行转换。写入ADC结果缓冲区中的结果就是内部失调误差。

(5)清零OFFCAL位AD2CON<12>，使ADC恢复正常工作。

使用该方法只能测量同相ADC失调误差。

在发生中断之后终止转换序列：CLRASAM位提供了一种在完成第一个序列之后终止自动采样的方法。将CLRASAM置为1并启动自动采样序列会导致ADC完成一个自动采样序列(采样数由 SMPI＜3：0＞字段定义)。硬件会清零 ASAM 位,并将中断标志位置为 1。这将会停止采样过程,使得可以检查结果缓冲区,而结果不会被下一个自动转换序列覆盖。要禁止该模式,必须由用户程序将 CLRASAM 清零。

禁止中断或屏蔽 ADC 中断对 CLRASAM 位的操作没有影响。

DONE 位操作:DONE 位会在转换序列完成时置为 1。在手动模式下,DONE 位是持久性的。它会一直保持为 1,直到用户程序将它清零为止。可以查询 DONE 位确定转换何时完成。在所有自动采样模式(ASAM 位为 1)下,DONE 位不是持久性的。它会在转换序列结束时置为 1,并在下一次采样开始被硬件清零。当 ADC 工作于自动模式时,建议不要查询 DONE 位。在转换序列完成之后,AD1IF 标志位会锁存,因而可以进行查询。

转换序列示例:下面的配置示例说明了在不同采样和缓冲配置下的 ADC 操作。在每个示例中,将 ASAM 位置为 1 会启动自动采样。转换触发结束采样并启动转换。

手动转换控制:当 SSRC＜2：0＞为 000 时,转换触发处于用户程序控制下。清零 SAMP 位会启动转换序列。将 SAMP 位置为 1 以启动采样,将 SAMP 位清零以终止采样并启动转换的过程。用户程序必须对置为 1 和清零 SAMP 位定时,以确保有足够的输入信号采样时间。

自动采样:将 ASAM 位置为 1 以启动自动采样,清零 SAMP 位终止采样并启动转换的过程。转换完成之后,模块将自动恢复为采样状态。在采样间隔开始时,SAMP 位会自动置为 1。用户程序必须定时对 SAMP 位清零,以确保有足够的输入信号采样时间,因为每两次 SAMP 位清零之间的时间中包括转换时间和采样时间。

对转换触发计时:当 SSRC＜2：0＞为 111 时,转换触发处于 ADC 时钟控制下。SAMC＜4：0＞字段 AD1CON3＜4：0＞用于选择启动采样和启动转换之间的 TAD 时钟数。该触发选项提供了多通道上最快的转换速率。在启动采样之后,模块会对 SAMC＜4：0＞字段指定的 TAD 时钟计数,必须设定 SAMC＜4：0＞字段为至少一个时钟。

自由运行采样/转换序列:使用自动转换触发模式(SSRC 为 111),配合自动采样启动模式(ASAM 为 1),可使 ADC 模块确定采样/转换序列,而无需用户程序干预或其他器件资源。此“计时”模式使能模块在初始化之后进行连续数据收集。

使用计时转换触发和自动采样时关于采样时间的注意事项:不同的采样/转换序列为采样/保持通道提供不同的可用采样时间来采样模拟信号。假设模块置为自动采样并由计时转换触发,则采样时间间隔由 SAMC＜4：0＞字段决定。

多次采样单个通道:将对一个 ADC 输入 AN0 进行采样/转换。结果存储在 ADC1BUF 缓冲区中。该过程会重复 15 次,直到缓冲区满为止,然后模块产生中断。重复整个过程。

清零 ALTS 位时,只有 MUXA 输入有效。CH0SA 位和 CH0NA 位指定 AN0 为采样/保持通道的输入。不使用其他输入。

19.4 中　断

ADC 有专用的中断位 AD1IF 和相关的中断使能位 AD1IE。这些位决定中断和使能各个中断。每个通道的优先级还可以独立于其他通道进行设置。

当满足由每次中断采样数位 SMPI<3：0>位设置的条件时，AD1IF 会置为 1。AD1IF 位是否置为 1 与相关 AD1IE 位的状态无关。如果需要，可以由用户程序查询 AD1IF 位。

AD1IE 位用于控制中断产生。如果 AD1xIE 位置为 1，则每当发生 SMPI<3：0>定义的事件时，CPU 均会中断，并且相关的 AD1IF 位会置为 1。中断服务程序在程序完成之前清零相关的中断标志位。

ADC 中断的优先级可以通过 AD1IP<2：0>位 IPC6<28：26>独立设置。子优先级 AD1xIS<1：0>位 IPC6<25：24>的范围为 3～0。

产生使能的中断之后，CPU 将跳转到为该中断分配的向量处。由于一些中断共用单个向量，IRQ 编号并不总是与向量编号相同。CPU 将在向量地址处开始执行代码。该向量地址处的用户程序应执行所需的操作，如重新装入占空比和清零中断标志位，然后退出。

19.5 休眠和空闲模式下的操作

休眠和空闲模式有助于将转换噪声降至最小，因为 CPU、总线和其他外设的数字活动被减到最少。

不使用 RCADC 时钟时的 CPU 休眠模式：当器件进入休眠模式时，关闭模块的所有时钟。如果在一次转换过程中进入休眠模式，会中止转换，除非 ADC 将其内部 RC 时钟发生器作为时钟。在退出休眠模式时，转换器不会继续进行已部分完成的转换。器件进入或退出休眠模式不会影响 ADC 寄存器的内容。

使用 RCADC 时钟时的 CPU 休眠模式：如果将内部 RC 振荡器置为 ADC 时钟，ADC 模块就可以在休眠模式下工作。这样做可以降低转换中的数字开关噪声。转换完成时，DONE 位将置为 1，结果装入 ADC 结果缓冲区 ADC1BUF。

如果使能 ADC 中断，ADC 中断发生时将从休眠模式唤醒器件。如果 ADC 中断的优先级大于当前 CPU 优先级，程序执行将在 ADC 中断服务程序执行后恢复。否则，程序将从将器件置为休眠模式的 WAIT 指令之后的指令处继续执行。

如果禁止 ADC 中断，即使 ON 位保持为 1，还是会禁止 ADC 模块。

为了将数字噪声对 ADC 模块操作的影响降至最低，用户程序应选择转换触发以确保 A/D 转换可在休眠模式下进行。自动转换触发选项可用于休眠模式下的采样/转换 SSRC<2：0>为 111。要使用自动转换选项，应在 WAIT 指令之前的指令中将 ADCON 位置为 1。

为了使 ADC 模块可以在休眠模式下工作，必须将 RC 置为 ADC 时钟(ADRC 为 1)。

CPU 空闲模式下的 ADC 操作：对于 ADC，ADCSIDL 位 AD1CON1＜13＞用于选择模块在空闲模式下是停止还是继续工作。如果清零 ADCSIDL 位，则当器件进入空闲模式时，模块将继续正常工作。如果使能 ADC 中断，ADC 中断发生时将从空闲模式唤醒器件。如果 ADC 中断的优先级大于当前 CPU 优先级，程序执行将在 ADC 中断服务程序执行后恢复。否则，程序将从器件置为空闲模式的 WAIT 指令之后的指令处继续执行。

如果 ADCSIDL 为 1，则在空闲模式下模块将停止。如果器件在一次转换过程中进入空闲模式，转换将中止。在从空闲模式退出时，转换器不会继续进行已部分完成的转换。

冻结对 ADC 操作的影响：如果在 ADC 执行转换时进入冻结(Freeze)模式，则转换结果将会丢失。

处于冻结(Freeze)模式时，可以读取 ADC 寄存器。在处于冻结(Freeze)模式时，对 ADC 寄存器的任意写操作都不会起效，直到退出冻结(Freeze)模式之后才会起效。

复位的影响：在发生 MCLR 复位事件之后，所有 ADC 控制寄存器(AD1CON1、AD1CON2、AD1CON3、AD1CHS、AD1PCFG 和 AD1CSSL)都会复位为 0x00000000。这会禁止 ADC，并将模拟输入引脚置为模拟输入。正在进行的转换将会终止，结果不会写入结果缓冲区。

在 MCLR 复位期间，会对 ADC1BUF 寄存器中的值进行初始化。ADC1BUF0～ADC1BUFF 为 0x00000000。

在发生 POR 上电复位事件之后，所有 ADC 控制寄存器(AD1CON1、AD1CON2、AD1CON3、AD1CHS、AD1PCFG 和 AD1CSSL)都会复位为 0x00000000。这会禁止 ADC，并将模拟输入引脚置为模拟输入。

在上电复位期间，会对 ADC1BUF 寄存器中的值进行初始化。ADC1BUF0～ADC1BUFF 为 0x00000000。

在发生看门狗定时器(WDT)复位之后，所有 ADC 控制寄存器(AD1CON1、AD1CON2、AD1CON3、AD1CHS、AD1PCFG 和 AD1CSSL)都会复位为 0x00000000。这会禁止 ADC，并将模拟输入引脚置为模拟输入。正在进行的转换将会终止，结果不会写入结果缓冲区。WDT 复位之后，会对 ADC1BUF 寄存器中的值进行初始化，ADC1BUF0～ADC1BUFF 为 0x00000000。

19.6 设计技巧

ADC 精度/误差：图 19－2 给出了转换速率高于 400 ksps 时的 ADC 参考电压和滤波推荐电路。

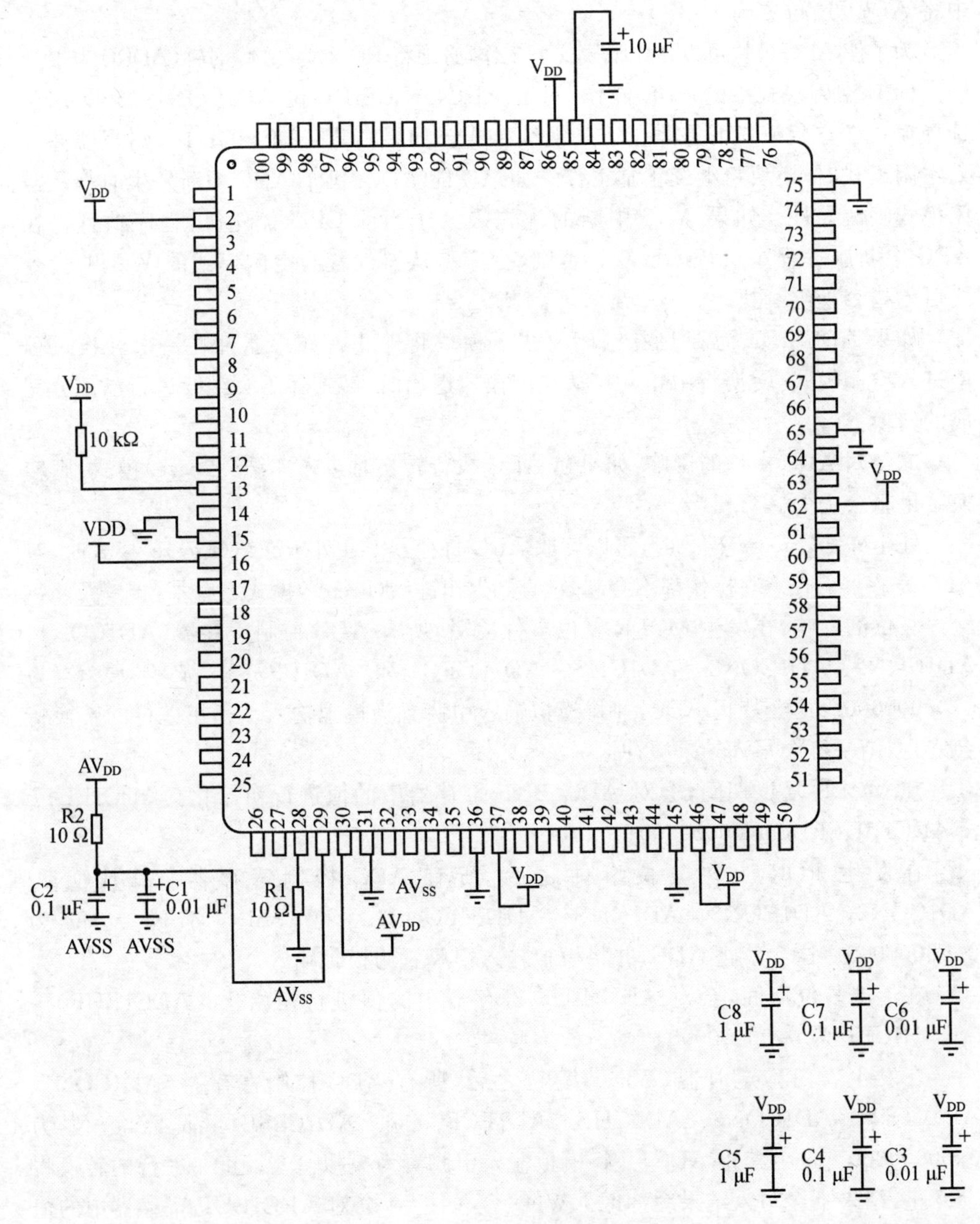

图 19－2　ADC 参考电压和滤波电路

ADC 采样要求：图 19－3 给出了 10 位 ADC 的模拟输入模型。A/D 转换的总采样时间是内部放大器稳定时间和保持电容充电时间的函数。为了使 ADC 达到规定的精度，必须让充电保持电容(C_{HOLD})充分充电至模拟输入引脚的电压。模拟输出信号源阻抗 R_S、片内走线等效电阻 R_{IC}和内部采样开关阻抗 R_{SS}共同直接影响着 C_{HOLD}充电所需的时间。因此模拟信号源的总阻抗必须足够小，以便在选择的采样时间内对保持电容充分充电。选择或改变了模拟输入通道后，采样工作必须在启动转换前完成。在每次采样操作之前，内部保持电容将处于放电状态。两次转换之间应留出至少 1 个 T_{AD}时间段作为采样时间。

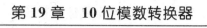

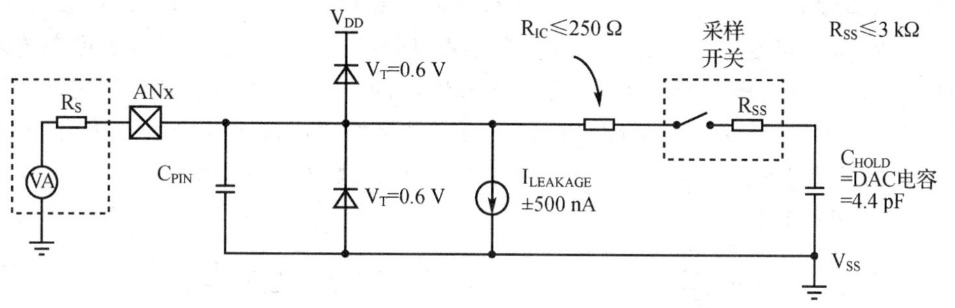

C_{PIN}—输入电容、R_{SS}—采样开关电阻、R_S—信号源阻抗、
$I_{LEAKAGE}$—各连接点在引脚上产生的泄漏电流、V_T—门限电压、
R_{IC}—片内走线等效电阻、C_{HOLD}—采样/保持电容

图 19－3　10 位 ADC 的模拟输入模型

连接注意事项：因为模拟输入采用静电放电(Electrostatic Discharge，ESD)保护，它们通过二极管连接到 V_{DD}和 V_{SS}。这就要求模拟输入电压必须介于 V_{DD}和 V_{SS}之间。如果输入电压超出此范围 0.3 V 以上(任一方向上)，就会有一个二极管正向偏置，如果超出输入电流规范可能会损坏器件。有时可以通过外接一个 RC 滤波器来对输入信号进行抗混叠滤波。应选择合适的 R 元件以确保达到采样时间要求。任何通过高阻抗连接到模拟输入引脚上的外部元件(如电容和齐纳二极管等)在引脚上的泄漏电流都应极小。

19.7　A/D 例程

本节描述了在微芯 PIC32MX220F032B 型芯片上的 A/D 输入程序示例。示例中将 A/D 采样的原始值通过 SPI 控制的 7 段 LED 数码显示器显示出来，显示范围 0～1 023。A/D 转换引脚及 SP231 引脚选择硬件配置表如表 19－1 所列。

表 19－1　A/D 转换引脚及 SPI 引脚选择硬件配置表

序号	功能符号	引脚号	复用端口选择指定功能所用代码	说明
1	AN10	25	ANSELBbits. ANSB14＝1	PORTB. 14，使能为模拟输入
2	SCK2	26	由 SPI 模块自动选择(SCK2 只能选这个引脚)	SPI 数据时钟
3	SDO2	17	PPSOutput(2，RPB8，SDO2)	SPI 数据输出
4	SLCK	18	PORTSetPinsDigitalOut(IOPORT_B，BIT_9)	外部移位寄存器数据锁存

适用范围：本节所描述的代码适用于 PIC32MX220F032B 型芯片（28 引脚 SOIC 封装），对于其他型号或封装的芯片，未经测试，不确定其可用性。

在便携式实验开发板上 A/D 输入通道设计了 4 路，即 AN1～AN4，可以从 J14 接口从板外输入模拟量，如图 19－5 所示，也可以由 OC1～OC4（即 PWM1～PWM4 脉宽调制）输出可变占空比的 PWM 波形，PWM 波形经过 RC 滤波后形成可变的模拟信号，由 A/D 采样即可得到模拟信号的幅值，通过 SPI 接口送到 LED 数码管上显示出来。同时 AN1～AN4 引脚也可以作为开关量的通用输入输出引脚使用，这种使用方式可以将 K1～K4 按键开关读入到单片机中，如图 19－4 所示。A/D 输入到芯片的引脚图如图 19－6 所示。

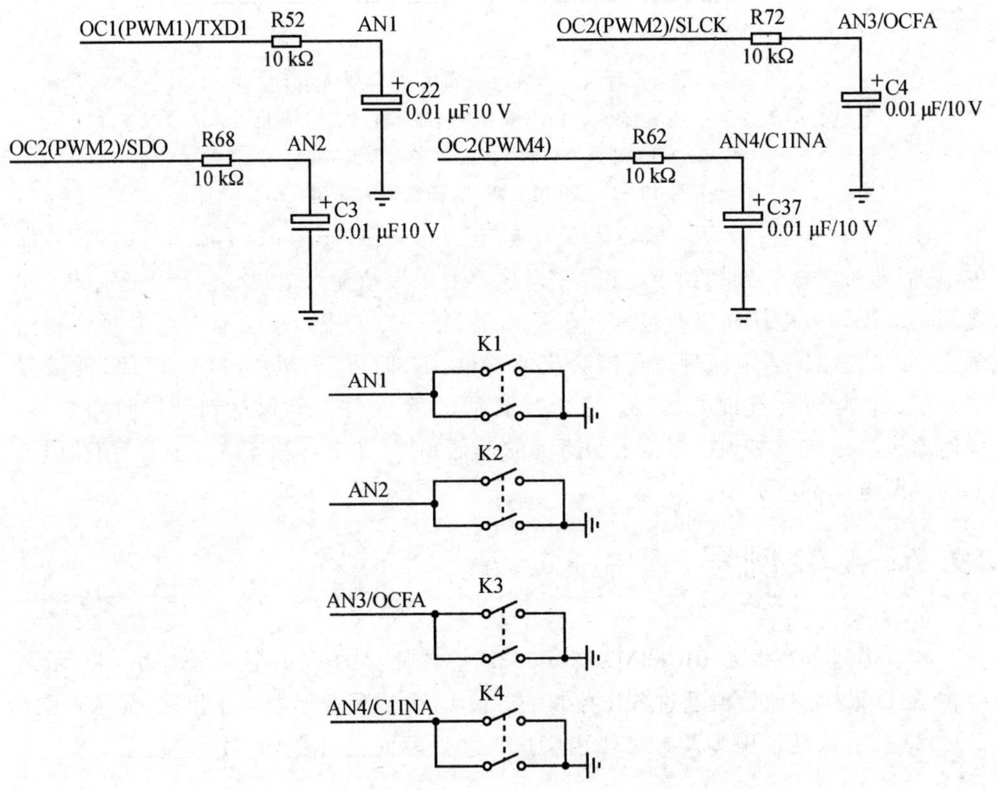

图 19－4　A/D 输入与按键接口复用电路图

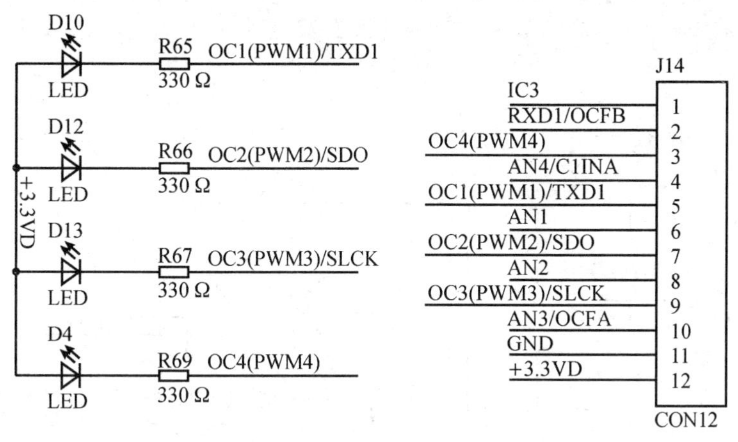

图 19－5　A/D 输入外接电路图

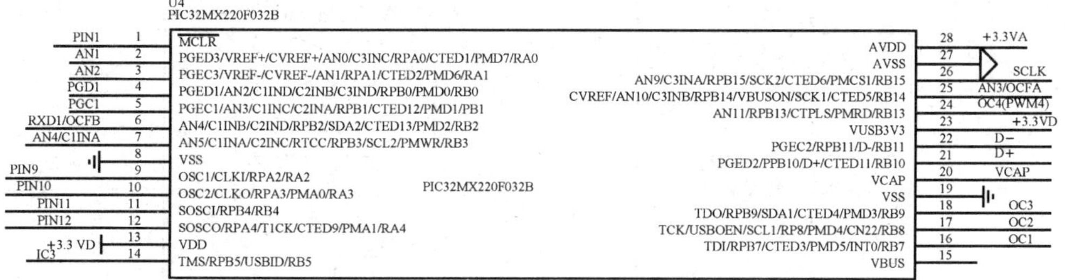

图 19－6　A/D 输入到芯片的引脚图

1. 主函数例程(主函数流程框图如图 19－7 所示)

```
int main(void)
{
  SYSTEMConfig(SYS_FREQ, SYS_CFG_WAIT_STATES | SYS_CFG_PCACHE);
  SpiInitDevice();
  AD10init();
  INTDisableInterrupts();
  INTConfigureSystem(INT_SYSTEM_CONFIG_MULT_VECTOR);
  Timer1Init();
  INTEnableInterrupts();
  while(1)
  {
    if(ADS_flag > 0)
    {
      ADS_flag = 0;
      AD10DispRst(AD10Sample());
    }
```

```
    }
    return 1;
}
```

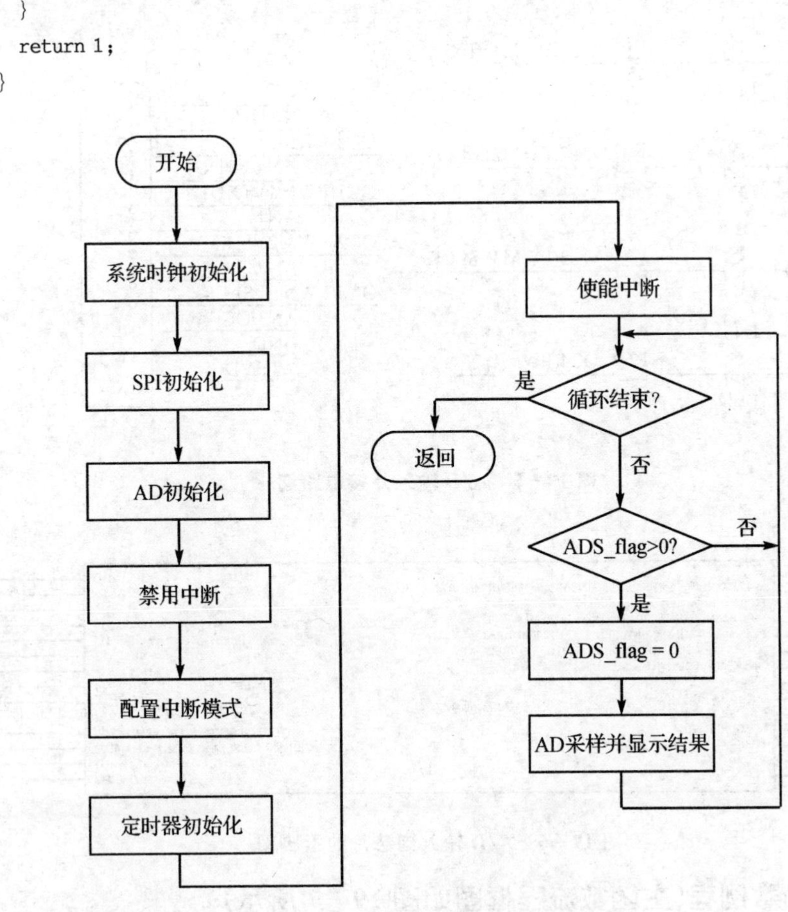

图 19-7　主函数流程框图

2. AD 采样函数例程(A/D 采样函数流程框图如图 19-8 所示)

```
UINT16 AD10Sample(void)
{
    AD1CON1bits.ASAM = 1;              // 自动采样:31 个 Tad 后自动转换
    while (! AD1CON1bits.DONE);        // 等待转换完成
    AD1CON1bits.ASAM = 0;              // 结束本次采样/转换操作
    return ADC1BUF0;                   //返回采样结果
}
```

3. 定时器中断函数例程(定时器中断函数流程框图如图 19－9 所示)

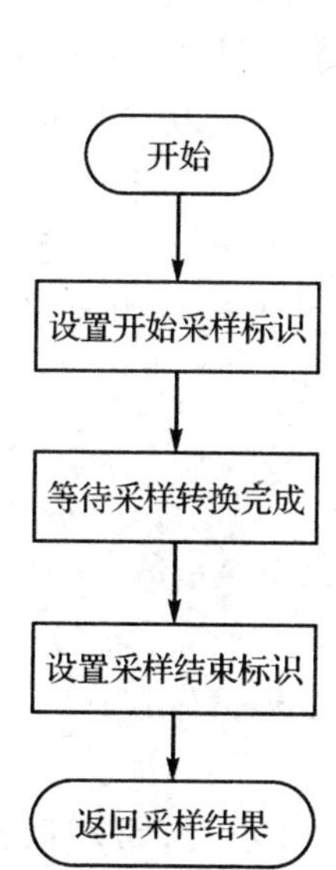

图 19－8　AD 采样函数流程框图

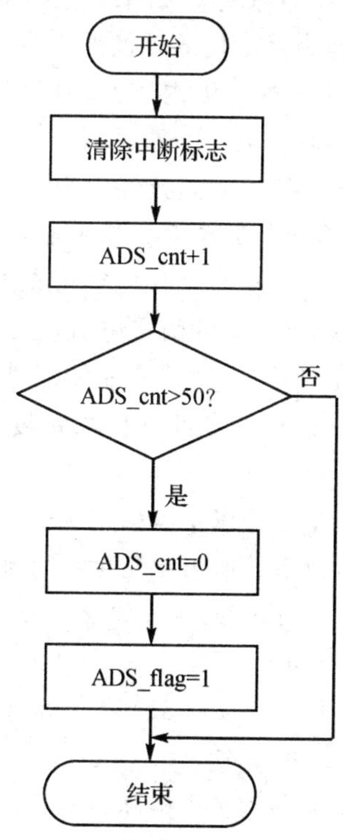

图 19－9　定时器中断函数流程框图

```
void __ISR(_TIMER_1_VECTOR, ipl2) Timer1Handler(void)
{
  // Clear the interrupt flag
  INTClearFlag(INT_T1);
  ADS_cnt++;
  if(ADS_cnt > 50) //0.05 s
  {
    ADS_cnt = 0;
    ADS_flag = 1;
  }
}
```

思考题

问 1:如何优化 ADC 的系统性能?

答 1:以下技巧有助于优化性能:

(1)确保满足了所有时序规范要求。如果关闭模块后再打开，必须等待一个最小延时后再开始采样。如果改变了输出通道，同样需要等待一个最小延时。还有 TAD，它是为每一位的转换所选择的时间。该时间值在 AD1CON3 中选择，且应在电气特性指定的范围内。如果 TAD 太短，转换终止时有可能还未对结果进行完全转换；而如果 TAD 太长，采样电容上的电压会在转换结束前衰减。

(2)模拟信号源阻抗经常很高(大于 10 kΩ)，因此从模拟信号源为采样电容充电的电流可能会影响精度。如果输入信号的变化不是太快，可以尝试在模拟输入端连接一个 0.1 μF 电容。该电容可充电到所采样的模拟电压，并为 4.4 pF 的内部保持电容提供充电所需的瞬态电流。

(3)在启动 A/D 转换前使器件进入休眠模式。在休眠模式下的转换需要选择 RC 时钟。这种技术可以提高精度，因为来自 CPU 和其他外设的数字噪声被降至最小。

问 2：是否可以推荐关于 ADC 的优秀参考资料？

答 2：以下手册可以帮助更好地理解 A/D 转换：

AnalogDevices, Inc. , andScheingold, D. H. , ed. Analog－DigitalConversion

Handbook. 3rded. , EnglewoodCliffs, NJ: PrenticeHall, 1986. ISBN0－13－032848－0.

问 3：当通道/采样和采样/中断组合超出缓冲区大小时，缓冲区会发生什么情况？

答 3：不建议这种配置。缓冲区将包含转换序列中前 16 次采样(或者 8 次，如果使用双缓冲区模式)的结果。转换序列中的其他项目会被忽略。

第20章

比较器

PIC32MX1XX/2XX模拟比较器模块包含3个能以多种方式进行配置的比较器。以下是此模块的一些主要特性：

- 提供的可选输入包括：
  - 与I/O引脚复用的模拟输入；
  - 片内参考电压(IVREF)，IVREF可以用作比较器的输入。IVREF有固定的1.2 V输出，它不会随器件电源电压而变化；
  - 比较器外部参考电压(CVREF)，CVREF可以用作比较器的输入，CVREF是外部参考电压，提供了可由用户程序选择的比较器参考电压。
- 输出可反相。
- 可选择产生中断。

图20-1给出了比较器模块的框图。

每个不同器件型号可能有一个或多个比较器模块。在引脚、控制/状态位和寄存器的名称中使用的“x”表示特定的模块。

比较器模块包含以下中断和特殊功能寄存器：

- CMxCON比较器控制寄存器，位操作只写寄存器：CMxCONCLR、CMxCONSET和CMxCONINV；
- CMSTAT比较器状态寄存器，位操作只写寄存器：CMSTATCLR、CMSTATSET和CMSTATINV；
- IFS1中断标志状态寄存器，位操作只写寄存器：IFS1CLR、IFS1SET和IFS1INV；
- IEC1中断使能控制寄存器，位操作只写寄存器：IEC1CLR、IEC1SET和IEC1INV；
- IPC7中断优先级控制寄存器，位操作只写寄存器：IPC7CLR、IPC7SET和IPC7INV。

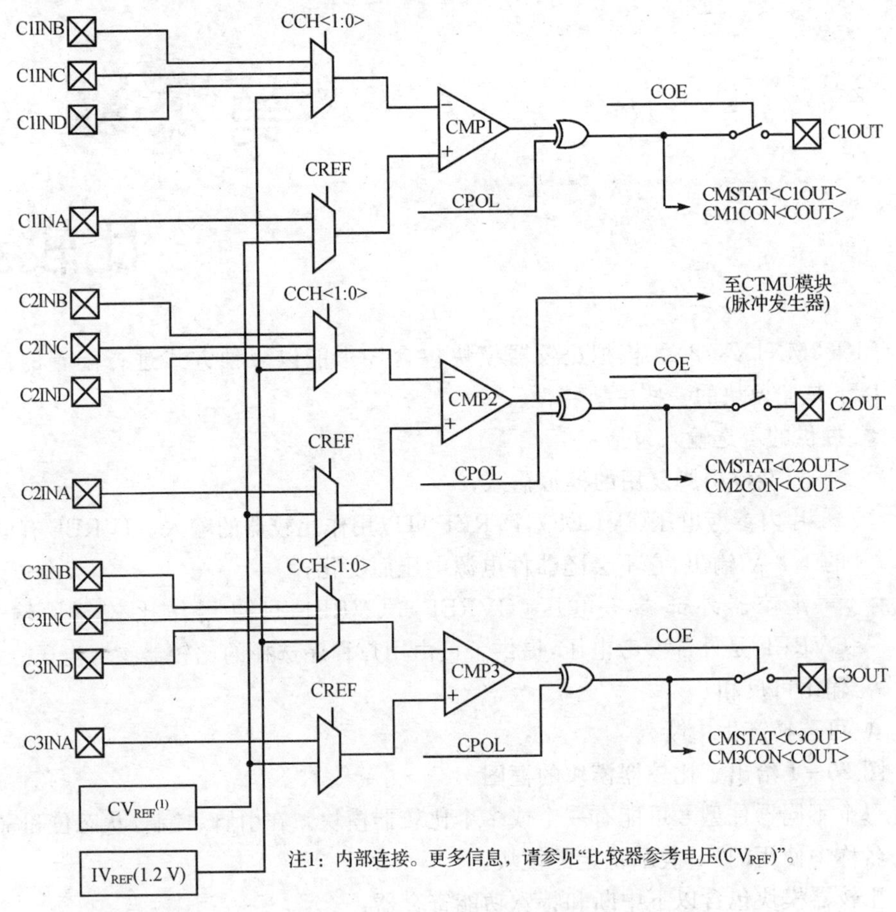

图 20-1 比较器模块框图

20.1 比较器工作原理

比较器配置：比较器模块有灵活的输入和输出配置，模块可以针对应用需求进行定制。比较器模块可以对使能、输出反相、I/O引脚输出和输入进行独立控制。每个比较器的 VIN＋引脚输入可以从输入引脚或 CVREF 中进行选择。比较器的 VIN－输入可以从 3 个输入引脚之一或 IVREF 中进行选择。此外，模块还有两个独立的比较器事件产生位。这两位可用于检测各个比较器的输出何时变为所需状态或何时改变状态。

如果比较器模式改变了，由于存在特定的模式更改延时，比较器输出电平可能会在此延时期间无效。比较器模式更改期间应禁止比较器中断，否则会产生错误的中断。

当 VIN＋上的模拟输入电压小于 VIN－上的模拟输入电压时，比较器输出为数字低电平。当 VIN＋上的模拟输入电压大于 VIN－上的模拟输入电压时，比较器输出为数字高电平。

比较器输入:根据比较器工作模式,比较器输入可以来自两个输入引脚或来自一个输入引脚与两个内部参考电压之一的组合。将 VIN－上的模拟信号与 VIN＋上的信号作比较,并根据比较结果将比较器的数字输出置为 1 或清零。

比较器响应时间:响应时间是指从比较器输入电压发生改变到输出新电平所经过的最短时间。如果内部参考电压发生改变,在使用比较器输出时,必须考虑内部参考电压的最大延时。否则,应使用比较器的最大延时。

比较器输出:比较器输出通过 CMSTAT 寄存器和 COUT 位 CM2CON＜8＞或 CM1CON＜8＞读取。该位是只读位。比较器输出还可以通过 CxOUT 位控制送到某个 I/O 引脚;但是,在信号送到该引脚时,COUT 位仍然是有效的。为了可以在 CxOUT 引脚上提供比较器输出,输出引脚相关的 TRIS 位必须配置为输出。当 COUT 信号送到引脚时,该信号是比较器的异步输出。

比较器的输出有一定的不确定性。每个比较器输出不确定区域的大小与规范中给出的输入失调电压和响应时间有关。

比较器输出位 COUT 提供在读取寄存器时锁存比较器输出的采样值。有两种常用方法可用于检测比较器输出的电平变化:

- 用户程序查询;
- 中断产生。

比较器事件检测的用户程序查询方法:用户程序查询通过定期读取 COUT 位来执行。这样可以依照统一的时间间隔来读取输出。只有在下一次读取 COUT 位时,才会检测到比较器输出的电平变化。如果输入信号的变化速率高于查询速率,则可能无法检测到输出的短暂变化。

比较器事件检测的中断产生方法:中断产生是用于检测比较器输出变化的另一种方法。比较器模块可以配置为在 COUT 位改变时产生中断。该方法对于电平变化的响应速度比用户程序查询方法要快;但是,在信号变化速度很快时,会产生同等程度的大量中断。这会导致中断负荷过大,可能由于在处理前一个中断时产生新中断而导致丢失一些中断。如果输入信号变化速度很快,则在中断服务程序中读取 COUT 位获得的结果可能会与导致中断的那个结果不一致。这是因为 COUT 位代表的是在读取该位时的比较器输出值,而不是导致中断时的比较器输出值。

更改比较器输出的极性:可使用 CPOL 位 CM1CON＜13＞来更改比较器输出的极性。

模拟输入连接的注意事项:模拟信号源的最大阻抗推荐值为 10 kΩ。要保证任何连接到模拟输入引脚的外部元件(如电容或齐纳二极管)的泄漏电流极小。如果某个引脚要由两个或多个模拟输入共用,则必须考虑所涉及的所有模块的负载效应。这种负载效应可能会降低与公共引脚连接的一个或多个模块的精度。此外,这可能也要求信号源的阻抗要小于单个模块独用某个引脚所规定的阻抗。

读 PORT 寄存器时，所有配置为模拟输入的引脚将读为 0。配置为数字输入的引脚将根据施密特触发器输入规范，对模拟输入进行相关转换。任何定义为数字输入引脚上的模拟电平可能会使输入缓冲器的电流消耗超过规定值。

20.2　比较器中断

每个可用比较器都有专用的中断位 CMPxIF 位和相关的中断使能位 CMPxIE 位。这些位决定中断和使能各个中断。每个通道的优先级还可以独立于其他通道进行设置。

当 CMPx 通道检测到预定义的匹配条件时，CMPxIF 会置为 1。CMPxIF 位是否置为 1 与相关 CMPxIE 位的状态无关。用户程序可以查询 CMPxIF 位。CMPxIE 位用于控制中断产生。如果 CMPxIE 位置为 1，则每当发生比较器中断事件时，相关的 CMPxIF 位置为 1，产生 CPU 中断。中断服务程序需要在程序完成之前清零相关的中断标志位。

每个比较器通道的优先级可以通过 CMPxIP<2：0>位独立设置。子优先级位 OCxIS<1：0>值的范围为 3～0。

产生使能的中断之后，CPU 将跳转到中断向量处，开始执行代码。中断服务程序应执行所需的操作，如重新装入占空比，清零中断标志位 CMPxIF，然后退出。

20.3　I/O 引脚控制

比较器模块会与端口输入/输出控制共用引脚，在一些情况下，还会与其他模块共用引脚。要将某个引脚配置为供比较器使用，必须满足以下条件：

- 必须禁止共用该引脚的所有其他模块。
- 比较器必须配置为使用所需引脚。
- 对应于该引脚的 TRIS 位必须为 1。
- 必须使能比较器。
- 相关的 AD1PCFG 位必须为 0。

比较器通过 CMxCON 寄存器中的 CREF、CCH<1：0>和 COE 位控制所需的引脚功能。对应于比较器模拟输入引脚的 TRIS 位必须为 1，这会禁止该引脚的数字输入缓冲器。当选择某个引脚作为模拟输出时，禁止数字输出驱动器。如果要使用比较器数字输出，则对应于 CxOUT 引脚的 TRIS 位必须为 0。

例如，如果比较器 1 要使用两个外部输入 C1IN＋和 C1IN－，并且向某个不产生中断的引脚送出反相输出，则需要执行以下配置步骤。

- 配置 TRIS 位：

  － TRIS 为输出——将 C1IN＋和 C1IN－引脚配置为数字输出，以禁止数字

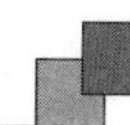

输入缓冲器。

当选择引脚作为模拟输入时，会禁止输出驱动器。

— TRIS 为输出——使能 C1OUT 信号的输出驱动器。

- 设置 CM1CON 位：

— CREF 位 CM1CON<4>为 0——选择 C1IN+作为比较器的模拟输入。

— CCH<1：0>字段 CM1CON<1：0>为 00——选择 C1IN−作为模拟输入(C2IN+和 C2IN−可供共用引脚的其他模块或通用 I/O 使用)。

— CPOL 位 CM1CON<13>为 1——选择反相输出模式。

— COE 位 CM1CON<14>为 1——在 C1OUT 引脚提供比较器输出。

— EVPOL<1：0>字段 CM1CON<7：6>为 00——禁止产生中断。

— ON 位 CM1CON<15>为 1——使能模块。

ON 位总是在设置前面一些位之后设置。

20.4　节能和调试模式下的操作

空闲模式期间的比较器操作：当比较器处于工作状态而器件处于空闲模式时，比较器仍保持工作状态并可产生中断；如果 SIDL 位 CMSTAT<13>为 1，则在空闲模式下会禁止比较器工作。

休眠模式期间的比较器操作：当比较器处于工作状态而器件为休眠模式时，比较器仍保持工作状态并可产生中断。该中断会将器件从休眠模式唤醒。每个处于工作状态的比较器都会消耗额外的电流。要最大程度降低休眠模式下的功耗，可以关闭比较器，在进入休眠模式之前，设置 ON 位 CMxCON<15>为 0。如果器件从休眠模式唤醒，CMxCON 寄存器的内容不受影响。

复位的影响：所有复位都会将 CMxCON 寄存器强制设为其复位状态，导致比较器模块关闭。但是，器件复位时与模拟输入源复用的输入引脚默认配置为模拟输入。这些引脚的 I/O 配置由 AD1PCFG 寄存器的设置决定。

20.5　比较器参考电压(CVREF)

CVREF 模块是提供可选参考电压的 16 阶梯形电阻网络。尽管它的主要目的是为模拟比较器提供参考电压，但是它也可以独立使用。图 20 - 2 给出了框图。梯形电阻经过分段可提供两种范围的参考电压值，并且还有关断功能，以便在不使用参考电压时节省功耗。可通过器件的 VDD/VSS 或外部参考电压为此模块提供参考电源。CVREF 输出供比较器使用，通常用作引脚输出。

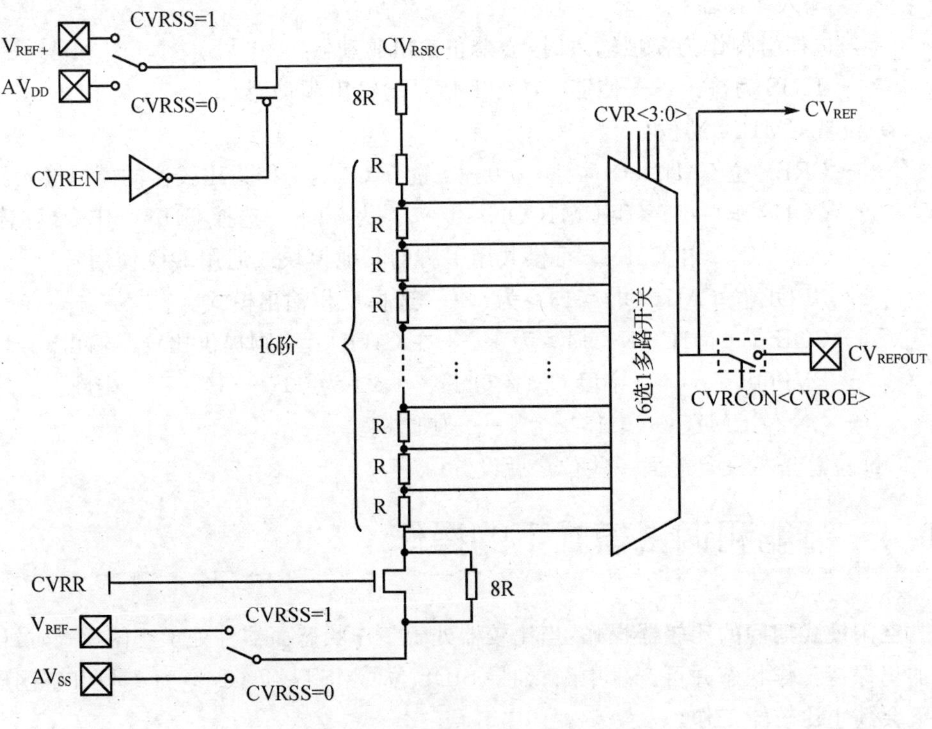

图 20-2　比较器参考电压框图

比较器参考电压有以下特性：

- 高电压范围和低电压范围选择。
- 每个范围有 16 个输出级别。
- 内部连接到比较器以节省器件引脚。
- 输出可连接到引脚。

20.6　工作原理

CVREF 输出：比较器参考电压模块包含比较器参考电压控制寄存器 CVRCON。比较器参考电压模块由 CVRCON 寄存器控制。该模块提供两种范围的输出电压，每种范围都有 16 个不同的电压值。通过 CVRR 位 CVRCON＜5＞来选择要使用的范围。这两种范围的主要区别在于其电压值之间的步长不同(其中一种范围可提供较高的分辨率，而另一种范围可提供较宽范围的输出电压)，该步长由 CVREF 值选择位 CVR＜3：0＞进行选择。

用于计算 CVREF 输出的公式如下：

如果 CVRR 位为 1：参考电压＝(CVR＜3：0＞/24)x(CVRSRC)

如果 CVRR 位为 0：参考电压＝(CVRSRC/4)＋(CVR＜3：0＞/32)x

(CVRSRC)

CVREF 电压源(CVRSRC)可以来自 VDD 或 VSS,也可以来自与 I/O 引脚复用的外部 VREF+和 VREF－引脚。电压源通过 CVRSS 位 CVRCON<4>进行选择。可将 CVROE 位 CVRCON<6>置为 1,将参考电压输出到 CVREFOUT 引脚;这将改写相关的 TRIS 位设置。

当更改 CVREF 输出时,必须考虑比较器参考电压模块的稳定时间。

CVREF 输出注意事项:由于模块结构的限制,并不能实现整个参考电压范围的满量程输出。梯形电阻网络顶部和底部的晶体管使参考电压值不能达到参考电压源的满幅值。参考电压是由参考电压源分压而来的;因此,参考电压输出随参考电压源的波动而变化。

IVREF 输出:比较器参考电压模块提供内部参考电压选择。通过带隙参考源选择位 BGSEL<1:0>可选择由内部产生的 1.2 V、0.6 V 或 0.2 V 电压。

中断:没有用于比较器参考电压模块的中断配置寄存器。该模块不会产生中断。

I/O 引脚控制:比较器参考电压模块能将电压输出到引脚。当使能该模块并且 CVROE 位 CVRCON<6>为 1 时,会禁止 CVREFOUT 引脚的输出驱动器,CVREF 电压由引脚提供。工作时,与 CVREFOUT 引脚相关的 TRIS 位必须为 1。这会禁止引脚的数字输入模式,并防止不期望的电流消耗(由于在数字输入引脚上施加模拟电压而产生)。输出缓冲器有极其有限的驱动能力。对于在外部使用 CVREF 电压的任何应用,建议使用外部缓冲放大器。可使用输出电容来降低输出噪声。输出电容的使用将增加稳定时间。

20.7　节能和调试模式下工作

休眠模式下工作:比较器参考电压模块在休眠模式下继续工作。当器件进入休眠模式或从休眠模式唤醒时,CVRCON 寄存器不受影响。如果在休眠模式下不使用 CVREF 电压,则可以在进入休眠模式之前,通过清零 ON 位 CVRCON<15>禁止模块,从而节省功耗。

空闲模式下工作:比较器参考电压模块在空闲模式下继续工作。当器件进入或退出空闲模式时,CVRCON 寄存器不受影响。不支持在空闲模式下自动禁止模块。如果在空闲模式下不使用 CVREF 电压,则可以在进入空闲模式之前,通过清零 ON 位 CVRCON<15>禁止模块,从而节省功耗。

调试模式下工作:比较器参考电压模块在器件处于调试模式时继续工作。模块不支持冻结(Freeze)模式。

复位的影响:所有复位将 CVRCON 寄存器中的所有位强制为 0 来禁止参考电压。

第21章

USB(OTG)

通用串行总线(Universal Serial Bus,USB)模块包含模拟和数字元件,使用最少量的外部元件即可实现USB2.0全速和低速嵌入式主机、全速设备或OTG操作。在主机模式下,此模块旨在用作嵌入式主机,因此并未实现UHCI或OHCI控制器。

USB模块由时钟发生器、USB电压比较器、收发器、串行接口引擎(Serial Interface Engine,SIE)、专用USB DMA控制器、弱上拉电阻和弱下拉电阻以及寄存器接口组成。PIC32 USB OTG模块的框图如图21-1所示。

时钟发生器提供USB全速和低速通信所需的48MHz时钟。电压比较器监视VBUS引脚上的电压以确定总线的状态。收发器提供USB总线和数字电路之间的模拟转换。串行接口引擎SIE是一个状态机,它与端点缓冲区交换数据,并产生用于数据传送的硬件协议。USB DMA控制器在RAM和SIE的数据缓冲区之间传送数据。集成的弱上拉电阻和弱下拉电阻省去了对外部信号传送元件的需要。寄存器接口使CPU可以配置模块并与模块进行通信。

USB模块包含以下特性:

- 作为主机和设备的USB全速支持。
- 低速主机支持。
- USB On-The-Go(OTG)支持。
- 集成信号传送电阻。
- 用于VBUS监视的集成模拟比较器。
- 集成USB收发器。
- 硬件执行的事务握手。
- 可在系统RAM中任意位置进行端点缓冲。
- 集成用于访问系统RAM和闪存的总线主控。
- USB模块工作时不需要使用PIC32 DMA模块。

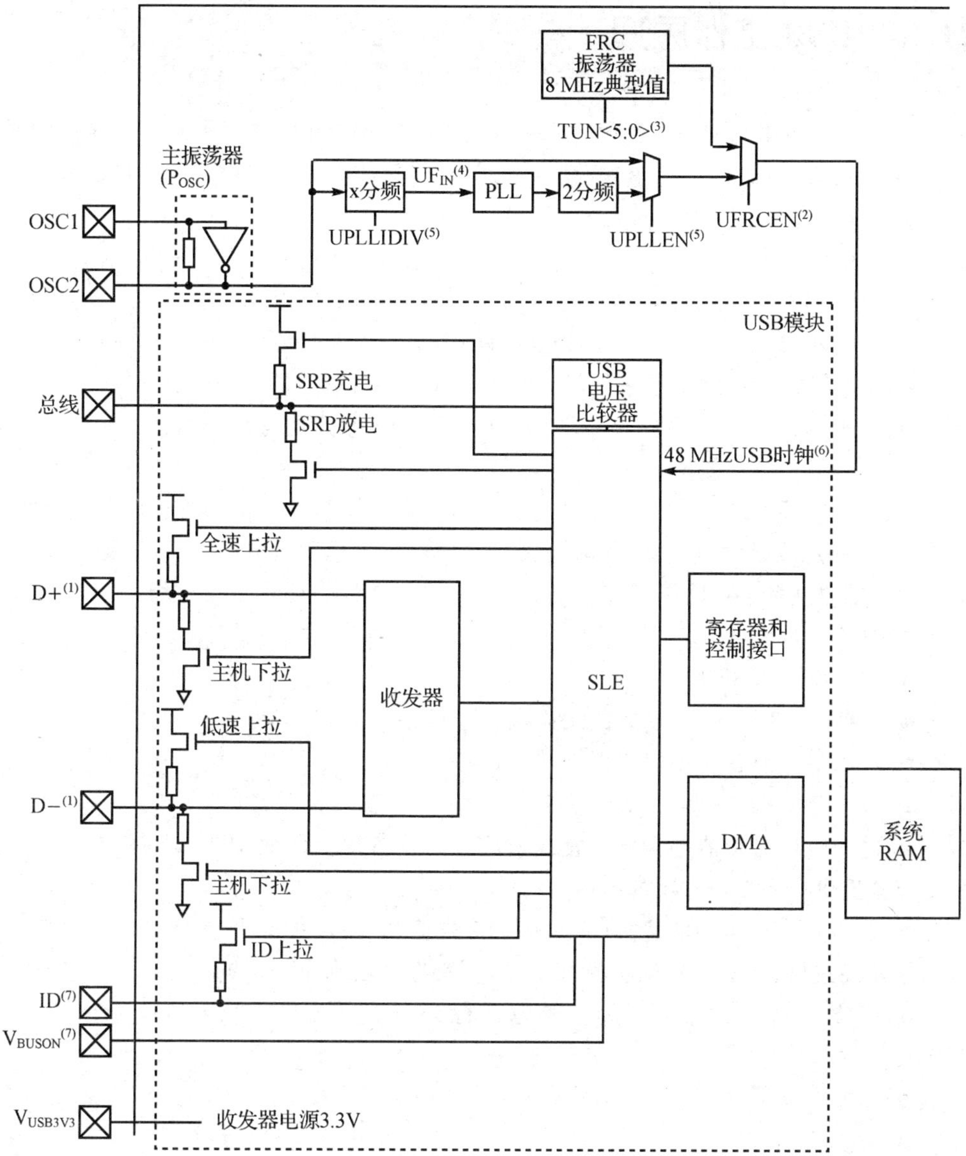

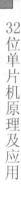

注：(1) USB未全能时,引脚可用作数字输入。

(2) 此位域包含在OSCCON寄存器中。

(3) 此位域包含在OSCTRM寄存器中。

(4) USB PLL UF_{IN} 要求：4 MHz。

(5) 此位域包含在DEVCFG2寄存器中。

(6) USB正常工作需要48 MHz时钟。

(7) USB模块禁止时,引脚可用作GPIO。

图 21－1　PIC32MX1XX/2XX 系列 USB 接口框图

21.1　USB 工作原理

USB 是异步串行接口，使用层式星型配置。USB 实现为主/从配置。在给定总线上，可以有多个(最多 127 个)从动方(设备)，但只能有一个主控方(主机)。

USB 的工作模式：

- 主机模式：
  - USB 标准主机模式——通常用于个人计算机的 USB 实现；
  - 嵌入式主机模式——通常用于单片机的 USB 实现；
- 设备模式——通常用于外设(如 U 盘、键盘或鼠标)的 USB 实现。
- OTG 双重角色模式——应用可以在主机或设备之间在线切换角色的 USB 实现。

主机模式：主机是 USB 系统中的主控方，负责识别与其连接的所有设备、启动所有传送、分配总线带宽，以及为直接与其连接的所有由总线供电的 USB 设备供电。

USB 标准主机：在 USB 标准主机模式下，以下特性和要求是相关的：

- 支持大量设备。
- 支持所有 USB 传送类型。
- 支持 USB 集线器(使能同时连接多个设备)。
- 可以更新设备驱动程序以支持新设备。
- 对于每个端口，使用 A 类插座。
- 每个端口必须能够为已配置或未配置的设备提供最低 100 mA 的电流，为已配置设备提供最高 500 mA 的电流。
- 必须支持全速和低速协议(能够支持高速协议)，PIC32 不支持该模式。

嵌入式主机：在嵌入式主机模式下，以下特性和要求是相关的：

- 仅支持特定的一些设备，称为目标外设列表(Targeted Peripheral List，TPL)。
- 只需要支持 TPL 中设备所需的传送类型。
- 可选 USB 集线器支持。
- 设备驱动程序不要求为可更新的。
- 对于每个端口，使用 A 类插座。
- 只需要支持 TLP 中的设备所需的速度。
- 每个端口必须能够为已配置或未配置的设备提供最低 100 mA 的电流，为已配置设备提供最高 500 mA 的电流

设备模式：USB 设备接收来自主机的命令和数据以及对数据请求进行响应。USB 设备执行一些外设功能，例如鼠标、I/O 或数据存储。

以下特性概括性地描述了 USB 设备模式：

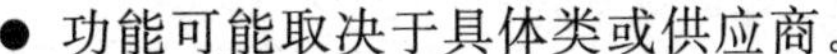

- 功能可能取决于具体类或供应商。
- 在配置之前从总线消耗 100 mA 或更低的电流。
- 在与主机成功协商之后最高可从总线消耗 500 mA 的电流。
- 能够支持低速、全速或高速协议(高速支持的实现要求全速协议进行枚举)。
- 支持实现所需的控制和数据传送。
- 可选择支持会话请求协议(Session Request Protocol,SRP)。
- 可以总线供电,也可以自供电。

OTG 双重角色模式:OTG 双重设备同时支持 USB 主机和设备功能。OTG 双重设备使用 micro-AB 插座。使得可以连接 micro-A 或 micro-B 插头。micro-A 和 micro-B 插头都有一个额外的引脚 ID,用以指示连接的插头类型。连接到插座的插头类型决定默认角色:主机或者设备。检测到 micro-A 插头时,OTG 设备将执行主机的角色。检测到 micro-B 插头时,将执行 USB 设备的角色。

当一个 OTG 设备使用 OTG 电缆直接连接(micro-A 至 micro-B)到另一个 OTG 设备时,可以使用主机协商协议(Host Negotiation Protocol,HNP)将角色在主机和设备这两者之间切换,而无需断开和重新连接电缆。为了区分两种 OTG 设备,使用了术语"A 设备"来指代连接到 micro-A 插头的设备,使用"B 设备"来指代连接到 micro-B 插头的设备。

A 设备,默认主机:在 OTG 双重角色模式下作为主机工作时,以下特性和要求可以描述 A 设备:

- 支持 TPL 上的设备。
- 需要支持 TPL 上设备所需的事务类型。
- 可选 USB 集线器支持。
- 设备驱动程序不要求为可更新的。
- 使用单个 micro-AB 插座。
- 必须支持全速协议(能够支持高速或低速协议)。
- USB 端口必须能够为已配置或未配置的设备提供最低 8 mA 的电流,为已配置设备提供最高 500 mA 的电流。
- 支持 HNP;主机可以将角色切换为设备。
- 支持至少一种 SRP。
- 当总线上电时,A 设备提供 VBUS 电源,即使角色已使用 HNP 进行了切换。

B 设备,默认设备:在 OTG 双重角色模式下作为 USB 设备工作时,以下特性和要求可以描述 B 设备:

- 功能取决于具体类或供应商。
- 在配置之前消耗 8 mA 或更低的电流。
- 由于电流要求低,通常采用自供电,但在与主机成功协商之后最高可消耗 500 mA的电流。

- 使用单个 micro－AB 插座。
- 必须支持全速协议(可选择支持低速或高速协议)。
- 支持控制传送,并且支持实现所需的数据传送。
- 同时支持两种 SRP——VBUS 脉冲驱动和数据线脉冲驱动。
- 支持 HNP。
- B 设备不提供 VBUS 电源,即使角色已使用 HNP 进行了切换。

通过使用多个 USB 插座,可以实现不支持全部 OTG 功能的双重角色设备,但如果需要使这些设备保持 USB 兼容,可能存在一些特殊的要求。

协议:USB 通信要求使用特定的协议。

总线传送:USB 总线上的通信在进行传送的主机和设备之间发生。每种传送类型都有独立的功能。嵌入式或 OTG 主机可以仅实现它将使用的控制和数据传送。

以下是总线上可能出现的 4 种传送类型:

- 控制传送用于在枚举期间识别设备,以及在程序运行期间对设备进行控制,确保一定百分比的 USB 带宽。数据使用循环冗余校验 CRC 进行校验,并会校验目标是否接收到数据。
- 中断传送是预定的数据传送,此时主机为设备配置所需的传送分配时隙。该时隙分配导致定时对设备进行查询。数据使用 CRC 进行校验,并会应答目标是否接收到数据。
- 同步传送是预定的数据传送,此时主机为设备配置所需的分配时隙。不对数据接收进行应答,但设备使用 CRC 对数据完整性进行校验。该传送类型通常用于音频和视频。
- 批量传送用于在不确保事务时间的情况下传送大量数据。用于该传送类型的时间从尚未分配给其他 3 种传送类型的时间中分配。数据使用 CRC 进行校验,并会应答是否接收到数据。

OTG 设备支持主机和设备模式下的全速工作,支持主机模式下的低速工作。

带宽分配:控制传送(或事务)带宽至少占据给定帧中可用带宽的 10%。剩余部分可分配给中断和同步传送。批量传送带宽从未分配给控制、中断或同步传送的带宽中分配。批量传送带宽不属于保证带宽。但在实际中,它们使用的带宽会最高,因为帧带宽极少会完全分配掉。

端点和 USB 描述符:在总线上传送的所有数据都通过端点发送或接收。USB 支持设备最多有 16 个端点。每个端点可以有发送(TX)或接收(RX)功能。每个端点使用一种事务类型。端点 0 是默认的控制传送端点。

物理总线接口:

总线速度选择:USB 规范定义了高速工作速度为 480 Mb/s,全速工作速度为 12 Mb/s,低速工作速度为 1.5 Mb/s。数据线弱上拉电阻用于识别设备是全速工作还是低速工作。对于全速工作,D＋线被弱上拉;对于低速工作,D－线被弱上拉。

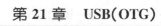

VBUS 控制：VBUS 是由主机或集线器提供的 5 V USB 电源，提供总线供电设备的运行，是否需要 VBUS 控制取决于应用的角色。如果必须使能或禁止 VBUS 电源，则控制必须由软件管理。

以下描述了 VBUS 操作：

- 标准主机通常总是提供总线供电。
- 主机可以关闭 VBUS 来节省电能。
- USB 设备从不为总线供电——VBUS 脉冲驱动可作为 SRP 的一部分进行支持。
- OTG A 设备会为总线供电，通常关闭 VBUS 来节省电能。
- OTG B 设备可以通过以脉冲形式驱动 VBUS 来完成 SRP 信号。

器件不提供 VBUS 电源。

总线速度：USB 模块支持以下速度：

- 作为主机和设备全速工作。
- 作为主机低速工作。

端点和描述符：所有 USB 端点都实现为 RAM 中的缓冲区。CPU 和 USB 模块有对这些缓冲区的访问权。为了在 USB 模块和 CPU 之间对这些缓冲区的访问权进行仲裁，使用了一个信号标志系统。每个端点均可配置为用于发送或接收，并且每个端点有一个奇编号缓冲区和一个偶编号缓冲区，从而每个端点最多可有 4 个缓冲区。

缓冲区描述符表 BDT 用于将缓冲区定位到 RAM 中的任意位置，以及提供状态标志位和控制位。BDT 包含每个端点数据缓冲区的地址，以及关于每个缓冲区的信息。每个 BDT 条目称为缓冲区描述符(Buffer Descriptor，BD)，长度为 8 B。每个端点使用 4 个描述符条目。所有端点(从端点 0 到所使用的最高编号端点)都必须有 4 个描述符条目。即使不使用端点的所有缓冲区，每个端点也需要 4 个描述符条目。

USB 模块使用 BDT 指针寄存器来计算缓冲区在存储器中的位置。BDT 的基址保存在寄存器 U1BDTP1～U1BDTP3 中。所需缓冲区的地址通过使用端点编号、类型 RX/TX 和 ODD/EVEN 位在 BDT 中计算出距离基址的偏移量而获得。BDT 表中检索到的条目保存的地址就是所需数据缓冲区的地址。

U1BDTP1～U1BDTP3 寄存器的内容提供 32 位地址的高 23 位；因此，BTD 必须对齐到 512 B 边界。该地址必须是物理(非虚拟)存储器地址。

16 个端点中的每个端点都有两个描述符对：两个用于要发送的数据包，两个用于接收到的数据包。每个描述符对管理两个缓冲区：一个偶编号缓冲区和一个奇编号缓冲区；最多需要 64 个描述符 16×2×2。

每个方向有偶编号和奇编号缓冲区使 CPU 可以访问一个缓冲区中的数据，同时 USB 模块对另一个缓冲区收发数据。USB 模块会交替使用缓冲区，当缓冲区的事务完成时，会自动将缓冲区描述符中的 UOWN 位清零。交替使用缓冲区使 CPU 数据访问可以与数据传送同时进行，最大程度提高数据吞吐量，这种技术称为乒乓缓冲。

端点控制:每个端点都由端点控制寄存器 U1EPn 控制,该寄存器用于配置端点的传送方向、握手和停止属性。端点控制寄存器还使能支持控制传送。

主机端点:在主机模式下,端点 0 另外有一些位用于自动重试和集线器支持。主机通过单个端点(端点 0)执行所有事务。所有其他端点都应禁止,其他端点缓冲区都不使用。

设备端点:端点 0 必须实现,以便对 USB 设备进行枚举和控制。设备通常会另外实现一些端点来传送数据。

缓冲区管理:缓冲区由 CPU 和 USB 模块共用,并在系统存储器中实现。因此,使用了简单的信号机制来确定 BD 和存储器中相关缓冲区的当前所有权。这种信号机制通过每个 BD 中的 UOWN 位实现。

该缓冲区的事务完成时,USB 模块会自动将 UOWN 位清零。UOWN 位清零时,描述符归 CPU 所有——可以根据需要修改描述符和缓冲区。

用户程序必须配置用于下一个事务的 BDT 条目,然后将 UOWN 位置为 1,以将控制权返回给 USB 模块。只有在 U1EPn 寄存器使能对应端点之后,BD 才有效。BDT 在数据存储器中实现,BD 不会在 USB 模块复位时被修改。通过 U1EPn 使能端点之前,需要先初始化 BD。至少,使能之前必须将 UOWN 位清零。在主机模式下,写入 U1TOK 寄存器(触发传送)之前不需要进行 BDT 初始化。

缓冲区描述符格式:缓冲区描述符以以下格式使用:控制、状态。

缓冲区描述符配置:每个 BDT 条目中的 UOWN、DTS 和 BSTALL 位用于控制相关缓冲区和端点的数据传送。

将 DTS 位置为 1 使能 USB 模块执行数据翻转同步。在使能 DTS 时,如果到达的数据包有错误的 DTS,则忽略,缓冲区将保持不变,并以 NAK(否定应答)响应该数据包。

将 BSTALL 位置为 1 时,如果 SIE 接收到的令牌使用该位置的 BD,那么 USB 会发出 STALL 握手——相关的 EPSTALL 位置为 1,并产生 STALLIF 中断。当 BSTALL 位置为 1 时,USB 模块不使用该 BD(UOWN 位保持为 1,其余 BD 值不变)。如果 SETUP 令牌被发送到已停止的端点,模块会自动清零相关的 BSTALL 位。

字节计数表示要发送或接收的字节总数。有效的字节计数范围为 0～1 023。对于所有端点传送,字节计数由 USB 模块使用在传送完成后发送或接收的实际字节数更新。如果接收到的字节数超出软件写入的对应字节计数值,则溢出位将置为 1,并且数据被截断,以适应在 BTD 中给定的缓冲区大小。

硬件接口:

电源要求:USB 实现的电源要求因应用类型而异,下面对其进行了概述。

- 设备:作为设备工作时,需要为器件和 USB 收发器供电。

● 嵌入式主机：作为主机工作时，需要为器件和 USB 收发器供电，并为 USBVBUS 提供 5 V 标称电源。电源必须能够提供 100 mA 或最高 500 mA 的电流，这取决于 TPL 中设备的要求。应用决定 VBUS 电源是否可以由器件上应用禁止或从总线断开。

● OTG 双重角色：作为 OTG 双重角色工作时，需要为器件和 USB 收发器供电，并为 USBVBUS 提供可开关的 5 V 标称电源。当用作 A 设备时，必须向 VBUS 供电。电源必须能够提供 8 mA、100 mA 或最高 500 mA 的电流，这取决于 TPL 中设备的要求。当用作 B 设备时，不得向 VBUS 供电。VBUS 脉冲驱动可以由 USB 模块或由支持该功能的电源执行。

VBUS 稳压器接口：VBUSON 输出可用于控制片外 5 V VBUS 稳压器。VBUSON 引脚由 VBUSON 位 U1OTGCON<3>控制。

模块初始化：正确初始化 OTGUSB 模块必须执行的步骤如下：

(1) 使能 USB 硬件：为了使用 USB 外设，用户程序必须将 USBPWR 位 U1PWRC<0>置为 1，这可以在启动引导序列中完成。

USBPWR 用于启动以下操作：

● 启动 USB 时钟。

● 使能激活 USB 中断。

● 选择 I/O 引脚为 USB 所有。

● 使能 USB 收发器。

● 使能 USB 比较器。

当 USBPWR 清零时，USB 模块和内部寄存器将复位。因此，每次使能 USB 模块时，必须按照以下小节中的介绍，执行相关的初始化过程。否则，对于发送到 USB 模块的所有配置数据包，硬件都会以 NAK 进行响应，直到模块得到配置为止。

如果 USB 模块先前处于活动状态，并且被快速禁止并重新使能，则模块有可能仍然在完成先前的总线活动。这种情况下，软件应等待 USBBUSY 位 U1PWRC<3>位清零，然后再尝试配置并使能模块，并不是所有器件上都提供该功能。

(2) 初始化 BDT：在使能给定端点之前，必须初始化该端点的所有描述符和方向。在复位后，所有端点都处于禁止状态，并且对于发送和接收方向都使用偶编号缓冲区启动传送。

写发送描述符时，UOWN 位必须清零。所有其他发送描述符设置可以在将 UOWN 位置为 1 之前的任意时间执行。

接收描述符必须完全初始化，才能接收数据。这意味着必须保留存储空间，用于保存接收到的数据包数据。指向该存储空间(物理地址)的指针和所保留的空间大小(以字节为单位)必须写入描述符。接收描述符 UOWN 位应初始化为 1。DTS 和 STALL 位也应进行相关的配置。

如果接收到事务，而描述符的 UOWN 位为 0，则 USB 模块将向主机返回 NAK

握手。通常,这会导致主机重试事务。

USB 使能/模式位:USB 工作模式由 OTGEN 位 U1OTGCON＜2＞、HOSTEN 位 U1CON＜3＞和 USBEN/SOFEN 位 U1CON＜0＞使能位控制。

- OTGEN:OTGEN 位为 1,用于选择器件是否用作 OTG 部件。

OTG 设备在硬件中使用软件管理支持 SRP 和 HNP,并能直接控制数据线弱上拉电阻和弱下拉电阻。

- HOSTEN:用于控制部件的角色是 USB 主机(HOSTEN 位为 1)还是 USB 设备(HOSTEN 位为 0)。在 OTG 应用中,该角色可以在线更改。

- USBEN/SOFEN:当 USB 模块未配置为主机时,通过使能 D+弱上拉电阻控制与 USB 的连接。

如果 USB 模块配置为主机,则 SOFEN 控制主机在 USB 链路上是否活动,且每隔 1 ms 发送 SOF 令牌。在通过这些位使能 USB 之前,应当正确初始化其他 USB 模块控制寄存器。

设备模式的操作:USB 上的所有通信都由主机发起。因此,在设备模式下,当 USBEN 位置为 1 时,使能 USB,端点 0 必须准备好接收控制传送。其他端点、描述符和缓冲区的初始化可以延时到主机为设备选择配置之后。

对于发送 IN 事务,即主机从器件读取数据,在主机开始发送 USB 信号之前,所读取的数据必须就绪。否则,如果 UOWN 为 0,USB 模块将发送 NAK 握手信号。

21.2　主机模式的操作

在主机模式下,只使用端点 0,应禁止所有其他端点。由于是主机启动所有传送,所以 BD 不需要立即初始化。但是,在启动传送之前,必须先配置 BD——这通过写 U1TOK 寄存器来完成。

下一节将说明如何执行常见的主机模式任务。在主机模式下,USB 传送由主机用户程序显式调用。主机用户程序负责启动所有控制传送的设置、数据和状态阶段。硬件会根据 CRC 自动产生应答(ACK 或 NAK)。主机用户程序还负责数据包调度,从而使它们不会违反 USB 协议。所有传送都是通过端点 0 控制寄存器 U1EP0 和 BD 执行的。

配置 SOF 门限值:模块会对可以在当前 USB 全速帧中发送的位数进行递减计数。在 1 ms 的帧时间中可以发送 12 000 个位,所以在每个帧开始时,计数器装入值"12 000"。对于帧中的每个位时间,计数器会递减一次。当计数器达到 0 时,将会发送下一帧的 SOF 数据包。

SOF 门限值寄存器 U1SOF 用于确保不会在太接近帧结束的时间点启动任何新令牌。这可以防止与下一帧的 SOF 数据包产生冲突。当计数器达到 U1SOF 寄存器的门限值时,U1SOF 寄存器中的值以字节为单位,只有在发送 SOF 之后,才会启动新的令牌。因而，在需要发送 SOF 令牌时，USB 模块会尝试确保 USB 链路为空闲。

这意味着在 U1SOF 寄存器中设定的值必须保留足够的时间，以确保可以在最坏情况下完成事务。通常，事务的最坏情况是 IN 令牌之后跟随一个来自目标的最大容量数据包，后面跟随来自主机的响应。如果主机面对的是通过全速集线器桥接的低速设备，则事务中还会包含特殊的 PRE 令牌数据包。

USB 速度、收发器和弱上拉电阻只应在模块设置阶段配置。模块使能时，建议不要改变这些设置。

USB 链路状态：以下几节介绍了 3 种可能的链路状态：

● 复位：作为主机时，用户程序需要驱动复位信号。可将 USBRST 位 U1CON<4>置为 1 完成该操作。根据 USB 规范，主机驱动复位信号的时间必须至少为 50 ms。复位之后，在随后的 10 ms 内，主机不得启动任何下游通信。

作为设备时，在检测到复位信号持续 2.5 μs 之后，USB 模块将发出 URSTIF 位 U1IR<0>中断。用户程序必须在此时执行所有复位初始化处理。这包括将地址寄存器置为 0x00 和使能端点 0。只有复位信号消失，然后再次检测到复位信号持续 2.5 μs之后，才会再次设置 URSTIF 中断。

● 空闲和暂停：USB 的空闲状态是持续的 J 状态。当 USB 空闲时间达到 3 ms 时，设备应进入暂停状态。在活动期间，USB 主机每隔 1 ms 发送一个 SOF 令牌，防止设备进入暂停状态。

一旦 USB 链路处于暂停状态，在启动任何总线活动之前，USB 主机或设备必须先驱动恢复信号。USB 链路也可能断开。

作为 USB 主机时，当用户程序将 SOFEN 位清零之后，用户程序应认为链路处于暂停状态。作为 USB 设备时，在检测到总线持续空闲时间达到 3 ms 时，硬件将设置 IDLEIF 位 U1IR<4>中断。当 IDLEIF 中断位置为 1 时，用户程序应认为链路处于暂停状态。

当检测到暂停条件时，用户程序可能希望将 USUSPEND 位 U1PWRC<1>置为 1 来使 USB 硬件进入暂停模式。硬件暂停模式会对 USB 模块的 48 MHz 时钟进行门控，并将 USB 收发器置于低功耗模式。

此外，在链路暂停时，用户程序可将器件置于休眠模式。

● 驱动恢复信号：如果用户程序希望将 USB 从暂停状态唤醒，可将 RESUME 位 U1CON<2>置为 1 完成该操作。这会导致硬件产生相关的恢复信号（如果在主机模式下，则还包括以低速 EOP 作为结束信号）。

除非空闲状态持续至少 5 ms，否则 USB 设备不应驱动恢复信号。USB 主机还必须已使能远程唤醒功能。

对于 USB 设备，用户程序将 RESUME 置为 1 的时间必须为 1～15 ms；对于 USB 主机，应大于 20 ms，然后将其清零来使能远程唤醒。

写 RESUME 将会自动清除硬件暂停(低功耗)状态。

如果部件作为 USB 主机,在驱动其恢复信号之后,应至少通过用户程序将 SOFEN 位置为 1。否则,USB 链路将在无活动时间达到 3 ms 之后恢复为暂停状态。此外,在驱动恢复信号之后的 10 ms 内,用户程序不得启动任何下游通信。

接收恢复信号:当 USB 电路在 USB 总线上检测到恢复信号的时间持续 2.5 μs 时,硬件将设置 RESUMEIF 位 U1IR＜5＞中断。

接收到恢复信号的设备必须做好准备,开始接收正常的 USB 活动。接收到恢复信号的主机必须立即开始驱动自己的恢复信号。在 USB 链路上接收到任何活动时,特殊硬件暂停(低功耗)状态将自动清除。

当器件处于休眠模式时,如果在 USB 链路上接收到任何活动(可能由于恢复信号或链路断开),将导致产生 ACTVIF 位 U1OTGIR＜4＞中断,这将导致从休眠中唤醒。

SRP 支持:非 OTG 应用不需要 SRP 支持。SRP 只能在全速时启动。

在不使用 USB 链路时,OTGA 设备或嵌入式主机可以关闭 VBUS 电源。用户程序可通过清零 VBUSON 位 U1OTGCON＜3＞完成该操作。VBUS 电源关闭时,说明 A 设备已结束 USB 会话。

A 设备关闭 VBUS 电源时,B 设备必须断开弱上拉电阻。

任何时候 OTGA 设备或嵌入式主机都可以对 VBUS 重新供电,以启动新的会话。OTGB 设备也可以请求 OTGA 设备对 VBUS 重新供电,以启动新的会话,这就是 SRP 的目的。

请求新会话前,B 设备必须先检查确定上个会话已结束。为此,B 设备必须做如下检查:

(1)VBUS 电源低于会话结束电压,通过 SESENDIF 位 U1OTGIR＜2＞中断通知 B 设备,B 设备也可通过电阻将 VBUS 电源放电。

(2)D＋和 D－都已处于低电平至少 2 ms,可以使用 LSTATEIF 位 U1OTGIR＜5＞和 1 ms 定时器来识别该操作,也可将 VBUSDIS 位 U1OTGCON＜0＞置为 1 完成该操作。

满足上述两个条件后,B 设备可以开始请求新会话。然后 B 设备继续以脉冲形式驱动 D＋数据线。用户程序应将 DPPULUP 位 U1OTGCON＜7＞置为 1 完成该操作。数据线应保持高电平 5～10 ms。

进行数据线脉冲驱动之后,B 设备应通过脉冲形式驱动 VBUS 电源来完成 SRP 信号。该操作应通过在用户程序中将 VBUSCHG 位 U1OTGCON＜1＞置为 1 来完成。

A 设备检测到 SRP 信号,通过 ATTACHIF 位 U1IR＜6＞中断或 SESVDIF 位 U1OTGIR＜3＞中断时,A 设备必须将 VBUSON 位 U1OTGCON＜3＞置为 1 恢复 VBUS 供电。

B设备执行VBUS电源脉冲驱动时不会监视VBUS电源的状态。如果B设备确实检测到VBUS电源已恢复，通过SESVDIF位U1OTGIR＜3＞中断，B设备必须通过弱上拉D＋重新连接到USB链路。A设备必须通过使能VBUS和驱动复位信号完成SRP。

HNP：使用micro－AB插座的OTG应用必须支持HNP。HNP使能OTGB设备临时作为USB主机。A设备必须首先使能B设备中的HNP。HNP只能在全速时启动。由A设备使能HNP后，B设备只需表示断开连接即可请求在USB链接处于暂停状态的任意时刻成为主机。用户程序可通过清零DPPULUP位U1OTGCON＜7＞完成该操作。A设备检测到断开连接条件，通过URSTIF位U1IR＜0＞中断时，A设备可以使能B设备作为主机接管。A设备是通过发出作为全速设备连接信号完成该操作的。用户程序可以通过禁止主机操作HOSTEN位为0并作为设备连接USB_EN为1来完成该操作。如果A设备恢复信号响应，则A设备保持为主机。

B设备通过ATTACHIF位U1IR＜6＞检测到连接条件时，B设备变为主机。B设备在使用总线前驱动复位信号。当B设备完成其作为主机的角色时，它会停止所有总线活动并开启它的D＋弱上拉电阻，方法是禁止主机操作(HOSTEN为0)并重新作为设备连接(USB_EN为1)。

A设备检测到暂停条件(空闲3 ms)时，A设备将断开其D＋弱上拉电阻。此外，A设备也可以关闭VBUS电源来结束会话。否则，A设备会继续在整个过程中提供VBUS。

A设备检测到连接条件(通过ATTACHIF位)时，A设备会恢复主机操作，并驱动复位信号。

时钟要求：为了正确执行USB操作，USB模块必须使用48 MHz时钟作为时钟。该时钟用于产生USB传送时序；它是SIE的时钟。控制寄存器的时钟速度与CPU相同。

USB模块时钟来自主振荡器POSC，用于USB操作。模块提供了USBPLL和输入预分频器，用于基于一系列输入频率产生48 MHz时钟。USBPLL使CPU和USB模块可以使用POSC作为时钟，在不同的频率下工作。为了防止发生缓冲区溢出和时序问题，CPU内核的最低时钟频率必须为16 MHz。

USB模块也可以使用片上快速RC振荡器(FRC)作为时钟。使用该时钟时，USB模块将无法满足USB时序要求。FRC时钟用于在低功耗模式下工作时，使USB模块可以检测USB唤醒，并向中断控制器报告该情况。在开始USB发送之前，USB模块必须使用主振荡器运行。

21.3　USB 中断

USB 模块使用中断来向 CPU 告知 USB 事件，例如状态变化、接收到数据和缓冲区为空等事件。用户程序必须能够及时响应这些中断。

中断控制：USB 模块中的每个中断都有一个中断标志位和一个对应的中断使能位。此外，UERRIF 位 U1IR<1>是所有已使能错误标志位的"或"运算结果，它是只读位。UERRIF 位可用于在中断服务程序 ISR 中检查 USB 模块的事件。

USB 模块中断请求产生：USB 模块可以基于多种事件产生中断请求。为了将这些中断传给 CPU，USB 中断进行了组合，使所有使能的 USB 中断都导致对中断控制器产生一个通用 USB 中断。然后，USB ISR 必须确定是哪个或哪些 USB 事件导致了 CPU 中断，并进行相关处理。

USB 模块的中断寄存器分为两层。第一层的位包含了全部 USB 状态中断，位于 U1OTGIR 和 U1IR 寄存器中。U1OTGIR 和 U1IR 寄存器中的位分别通过 U1OTGIE 和 U1IE 寄存器中的对应位使能。此外，USB 错误条件位（UERRIF）会传递 U1EIR 寄存器中通过 U1EIE 寄存器位使能的任何中断条件。

中断时序：传送中断在传送结束时产生。用户程序无法通过任何机制手动将中断位置为 1。

中断使能寄存器（U1IE、U1EIE 和 U1OTGIE）中的值只会影响中断条件向 CPU 中断控制器的传递。即使未使能某个中断，还是可以查询中断标志位并进行相关处理。

中断服务：一旦 USB 模块将某个中断位置为 1（在 U1IR、U1EIR 或 U1OTGIR 中），必须由用户程序向相关位写入 1 来清除中断。在 ISR 结束之前，必须清零 USB 中断 USBIF 位 IFS1<25>。

21.4　调试和节能模式下的操作

休眠模式下的操作：建议只在禁止 USB 模块和 USB 模块处于暂停状态两种情况下使用休眠模式。在总线活动时将 USB 模块置于休眠模式会导致违反 USB 协议。当器件进入休眠模式时，为 USB 模块提供的时钟依然维持。对 CPU 时钟的影响取决于 USB 和 CPU 的时钟配置。

● 如果 CPU 和 USB 使用的是主振荡器 POSC 源，则在进入休眠模式时，CPU 会从时钟断开，而振荡器保持使能状态，用于 USB 模块。

● 如果 CPU 使用的是不同的时钟，则在进入休眠模式时，禁止该时钟，USB 时钟保持使能。

要进一步降低功耗，可将 USB 模块置于暂停模式。该操作可以在将 CPU 置为休眠模式之前使用 USUSPEND 位 U1PWRC<1>完成，也可以在 CPU 进入休眠模式时使用 UASUSPND 位 U1CNFG1<0>自动完成。UASUSPND 功能并非在所有器件上都可用。

● 如果 CPU 和 USB 使用的是主振荡器 POSC 源，则在 CPU 进入休眠模式时，禁止振荡器。

● 如果 CPU 不与 USB 模块共用 POSC，在 USB 模块进入暂停模式时，禁止 POSC。在 CPU 进入休眠模式时，禁止 CPU 时钟。

总线活动与进入休眠模式同时发生：用户程序无法预测总线活动，因此即使用户程序已经确定 USB 链路处于可安全进入休眠模式的状态，仍然可能会发生总线活动，这可能会将 USB 置为不安全的链路状态。USLPGRD 位 U1PWRC<4>和 UACTPND 位 U1PWRC<7>可用于防止这种情况。在进入敏感代码区域之前，用户程序可以将 GUARD 位置为 1，从而如果检测到活动或存在待处理的通知，硬件将阻止器件进入休眠模式(通过产生唤醒事件)。在尝试进入休眠模式之前，应通过查询 UACTPND 来确保没有待处理的中断。

空闲模式下的操作：当器件进入空闲模式时，USB 模块的行为由 PSIDL 位决定。

如果 PSIDL 位清零，在处于空闲模式时，会断开到 CPU 的时钟，但会保持到 USB 模块的时钟。因此，USB 模块可以在 CPU 处于空闲模式时继续工作。在产生使能的 USB 中断时，它们会使 CPU 退出空闲模式。

当 PSIDL 位置为 1 时，到 CPU 的时钟和到 USB 模块的时钟都会断开。在该模式下，USB 模块不会继续正常工作，并且功耗会降低。任何 USB 活动都可以用于产生中断，使 CPU 退出空闲模式。要进一步节省功耗，可以在进入空闲模式之前，将 CPU 时钟和 USB 时钟切换为 FRC。这会导致 POSC 模块掉电。当 POSC 模块重新使能时，将会应用启动延时。只有在总线空闲时，才应使用该工作模式。

调试模式下的操作：

眼图：为了协助进行 USB 硬件调试和测试，模块中包含了眼图测试发生器。该图在 UTEYE 位 U1CNFG1<7>置为 1 时由模块产生。USB 模块必须使能，USBPWR 位 PWRC<0>为 1，USB 48 MHz 时钟必须使能 SUSPEND 位 1PWRC<1>为 0，并且模块不处于冻结模式。一旦 UTEYE 位置为 1，模块将开始发送 J－K－J－K 位序列。当使能了眼图测试模式时，该位序列将无限重复。模块连接到实际 USB 系统时，不应将 UTEYE 位置为 1。该模式用于电路板检验，并帮助进行 USB 认证测试。

复位的影响：所有形式的复位都会强制 USB 模块寄存器为默认状态。复位后，USB 模块既不能确保 BDT 的状态，也不能确保 RAM 中包含的数据包数据缓冲区的状态。

器件复位 MCLR：器件复位将强制所有 USB 模块寄存器为其复位状态，关闭 USB 模块。

上电复位 POR：POR 复位将强制所有 USB 模块寄存器为其复位状态，关闭

USB 模块。

看门狗定时器复位 WDT：WDT 复位将强制所有 USB 模块寄存器为其复位状态，关闭 USB 模块。

21.5　USB 电路连接图和编程示例

当实际应用 USB 接口时，必须使用频率准确稳定的主振荡器，将 8 MHz 的晶体振荡器连接到芯片的 OSC1 和 OSC2 引脚上，如图 21－2 所示。

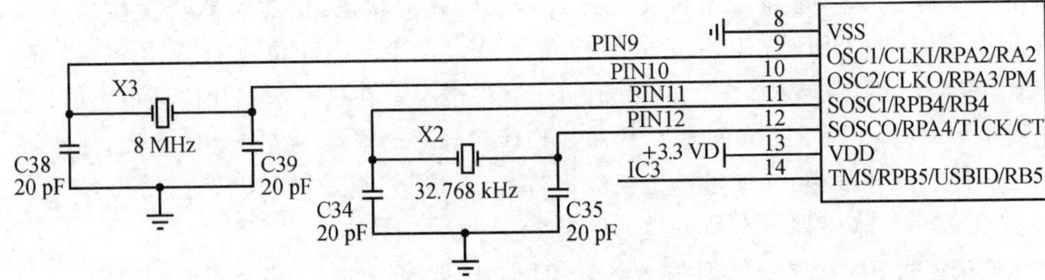

图 21－2　USB 的晶体振荡器电路

本节描述了在微芯 PIC32MX220F032B 型芯片上的 USB_HID 程序示例。该例程实现了该单片机通过 USB_HID 方式与计算机通信，示例包括单片机和 PC 两部分程序。

示例功能描述：PC 与单片机之间通过 USB 通信，在 PC 端程序面板上勾选或取消“Light”复选框，来点亮便携式开发板上的 LED1 指示灯；在便携式开发板上按下或弹起按键 1，则 PC 端程序面板上的“Button”复选框用勾选或取消的方式指示按键状态。

适用范围：本节所描述的代码适用于 PIC32MX220F032B 型芯片(28 引脚 SOIC 封装)，对于其他型号或封装的芯片，未经测试，不确定其可用性。

USB 引脚和 USB 插头电路如图 21－3 所示。

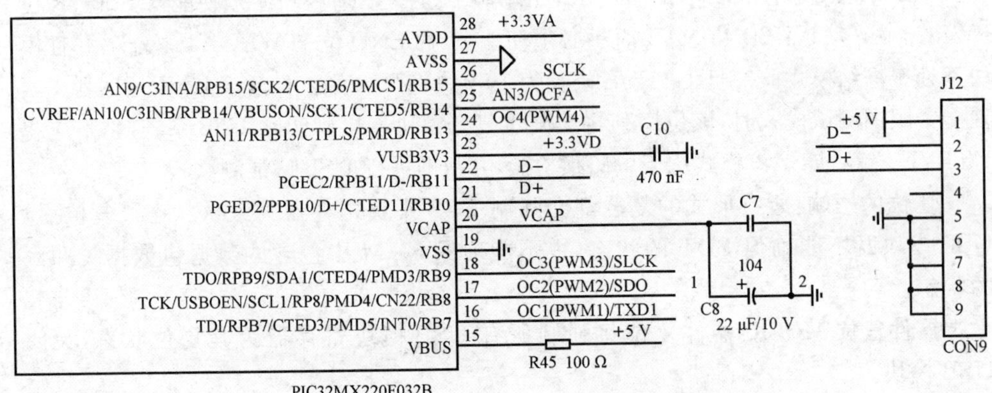

图 21－3　USB 引脚和 USB 插头电路图

本示例中用到了 2 个指示灯和 1 个按键。其中 LED1(D10)用来指示 PC 端软件面板的"Light"状态，LED4(D4)在运行过程中以 1Hz 左右的频率闪烁，指示程序正在运行；按键 K1 的状态会在 PC 端软件面板上实时显示。USB 硬件配置表如表 21－1所列。

表 21－1　USB 硬件配置表

序号	功能符号	引脚号	复用端口选择指定功能所用代码	说明
1	D+	21	由 USB 模块指定	USB 数据+
2	D−	22	由 USB 模块指定	USB 数据−
3	RB7	16	PORTSetPinsDigitalOut(IOPORT_B, BIT_7)	Light 指示
4	RB13	24	PORTSetPinsDigitalOut(IOPORT_B, BIT_13)	程序工作状态指示灯
5	RA0	2	ANSELAbits. ANSA0 ＝ 0	按键 1(K1)输入

指示灯及按钮输入的电路如图 21－4 所示。

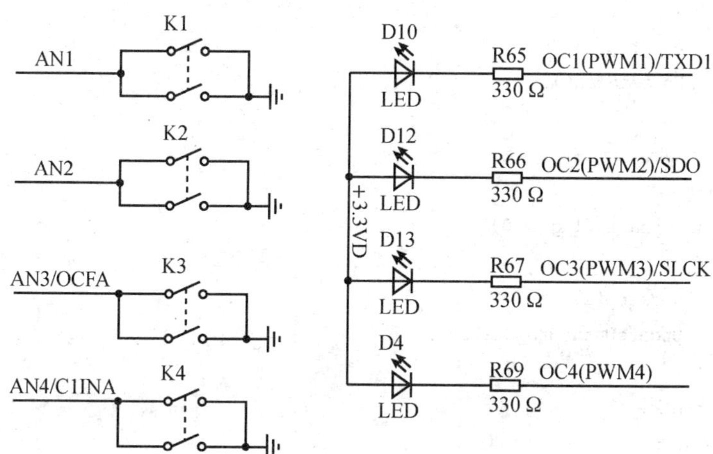

图 21－4　指示灯及按键输入电路图

1. 主函数例程(主函数流程框图如 21－5 所示)

```
int main(void)
{
  UINT pbClk;
  int task = 0;
  // Setup configuration
  pbClk  =  SYSTEMConfig(SYS_FREQ, SYS_CFG_WAIT_STATES | SYS_CFG_PCACHE);
  InitLED();
  INTDisableInterrupts();
  INTConfigureSystem(INT_SYSTEM_CONFIG_MULT_VECTOR);
```

```
BtnInit();
Timer1Init();
TRANS_LAYER_Init(pbClk);
INTEnableInterrupts();
// Enter firmware upgrade mode if there is a trigger or if the application is not valid
while (1)
{
  switch(task)
  {
    case 0:
      TRANS_LAYER_Task();
      FRAMEWORK_FrameWorkTask();
      BlinkLED();
      break;
    case 1:
      if(btn_flag > 0)
      {
        btn_flag = 0;
        ButtonScan();
      }
      break;
    case 2:
      if(update_flag > 0)
      {
        update_flag = 0;
        UpdateData(Btn_Status);
      }
      break;
    default:
      break;
    }
    task + + ;
    if(task > 2) task = 0;
  }
  return 0;
}
```

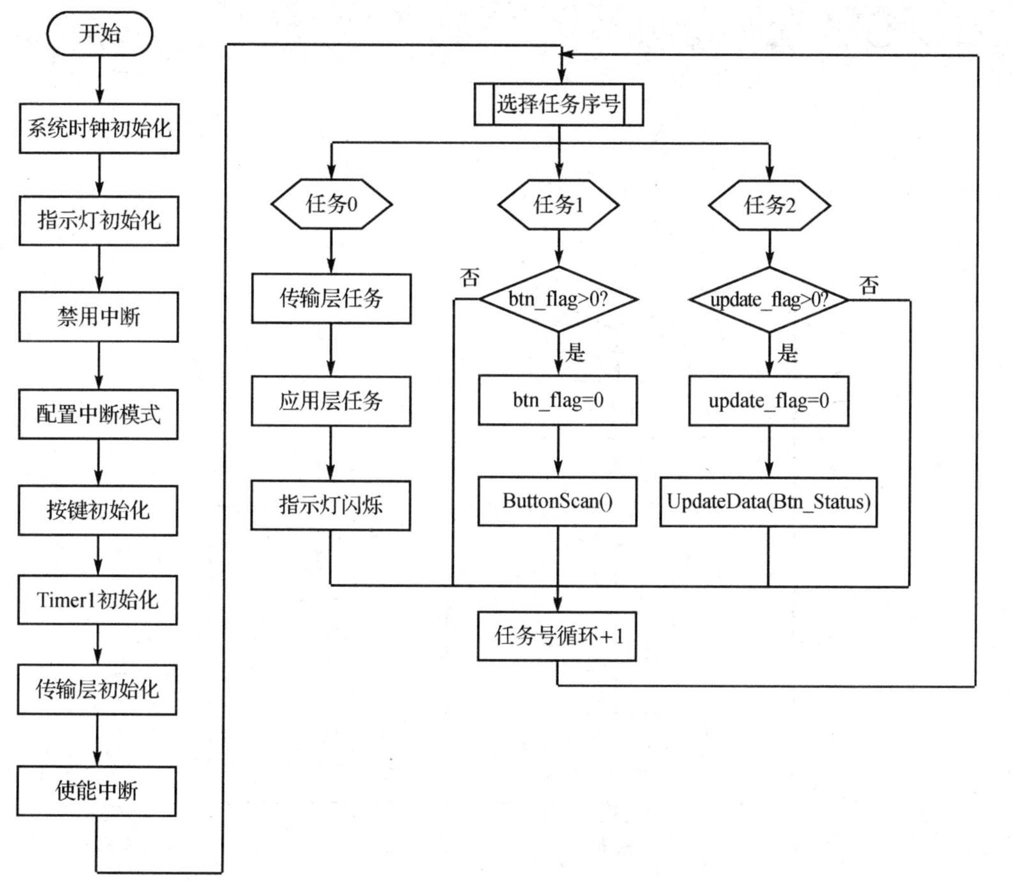

图 21－5　主函数流程框图

2. 按键扫描函数例程(按键扫描函数流程框图如 21－6 所示)

```
void ButtonScan(void)
{
  static int btn1 = 0;
  if(PORTAbits.RA0 = = 0)
  {
    btn1 + +;
    if(btn1 = = BTN_DELAY) //Button1 是否按下
    {
      ButtonPress(1,TRUE);
    }
  }
  else if(btn1 > 0)
  {
```

```
    btn1 = 0;
    ButtonPress(1,FALSE);
  }
}
```

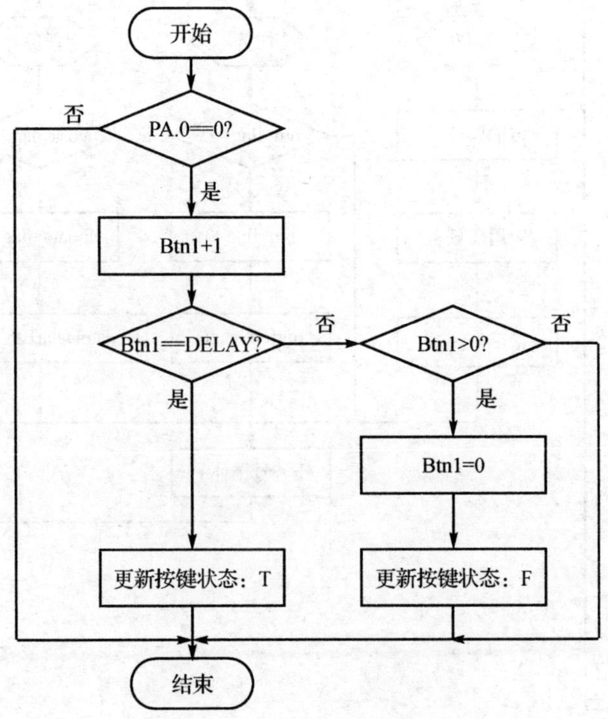

图 21 - 6 按键扫描函数流程框图

3. 灯 Light 状态更新函数例程(灯 Light 函数流程框图如 21 - 7 所示)

```
void Light(int light,BOOL on)
{
  if(on)
    PORTClearBits(IOPORT_B,BIT_7);
  else
    PORTSetBits(IOPORT_B,BIT_7);
}
```

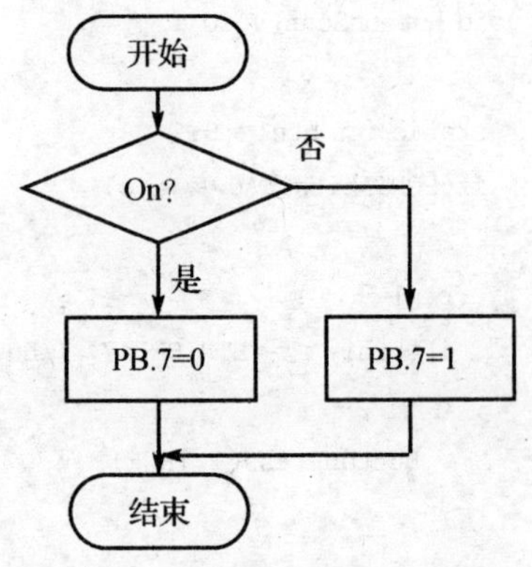

图 21 - 7 灯 Light 更新函数流程框图

第22章

充电时间测量单元

充电时间测量单元 CTMU 是一种灵活的模拟模块,它有一个可配置的电流源和一个围绕它而构造的数字配置电路。CTMU 可用于脉冲源之间的时间差测量,以及异步脉冲生成。CTMU 可与其他片上模拟模块一起,用于高分辨率时间测量、测量电容、电容的相对变化,或生成有特定延时的输出脉冲。CTMU 是连接电容式传感器的理想方案。

该模块有以下特性:

- 最多 32 路通道,可用于电容或时间测量输入。
- 片上精确电流源。
- 16 个边沿输入触发源。
- 边沿或电平敏感输入选择。
- 每个边沿的极性控制。
- 边沿顺序控制。
- 边沿响应控制。
- 高精度时间测量。
- 与系统时钟异步的外部或内部信号的延时。
- 集成的温度检测二极管。
- 自动采样期间的电流源控制。
- 4 个电流源范围。
- 时间测量分辨率为 1 ns。

CTMU 与模数转换器 ADC 配合工作,根据可用的 ADC 通道数,最多可提供 32 路通道用于时间或电荷测量。如果配置为产生延时,那么 CTMU 连接到其中一个模拟比较器。电平敏感输入边沿有 4 种可供选择:两个外部输入、Timer1 或输出比较模块 1。图 22 - 1 给出了 CTMU 的框图。

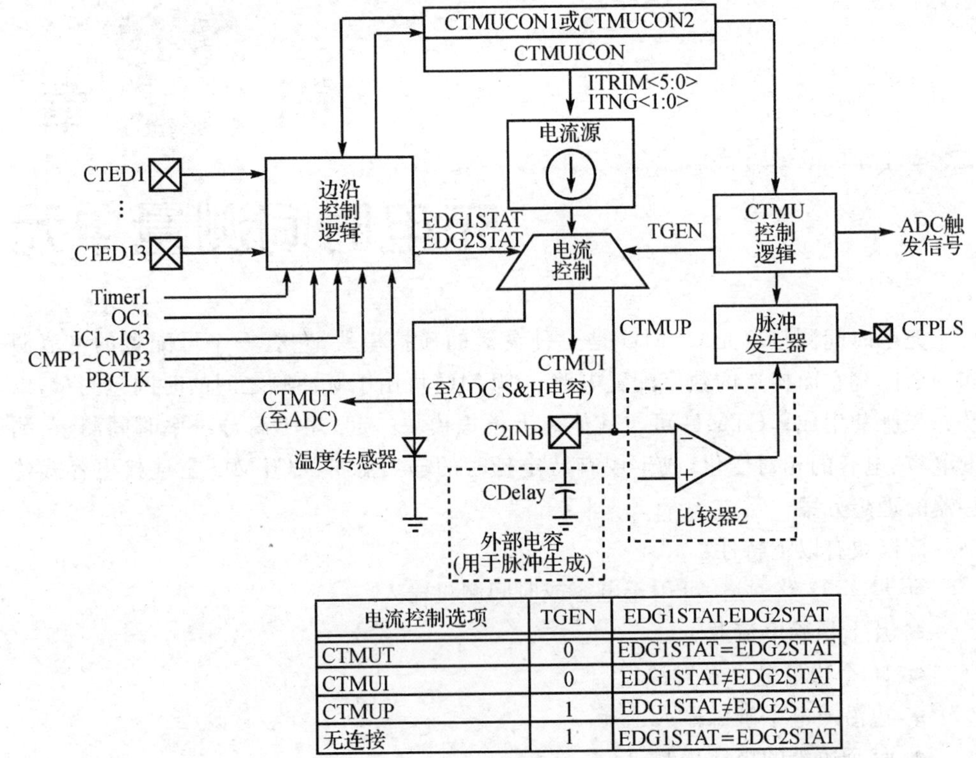

电流控制选项	TGEN	EDG1STAT,EDG2STAT
CTMUT	0	EDG1STAT=EDG2STAT
CTMUI	0	EDG1STAT≠EDG2STAT
CTMUP	1	EDG1STAT≠EDG2STAT
无连接	1	EDG1STAT=EDG2STAT

图 22-1　CTMU 框图

CTMU CON 寄存器用于配置 CTMU 模块边沿选择、边沿极性选择、边沿顺序、ADC 触发、模拟电路电容放电和使能，以及选择电流源范围和电流源微调。

22.1　CTMU 工作原理

CTMU 的工作方式是使用恒流源对电路进行充电。电路的类型取决于要进行测量的类型。在进行电容测量的情况下，电流和向电路施加电流的时间都是固定的。这样，只要通过 ADC 测得电压就可以测得电路的电容。在进行时间测量的情况下，电流和电路的电容都是固定的，充电时间是不同的。这种情况下，由 ADC 读取的电压可以代表从电流源开始对电路进行充电到停止充电经过的时间。

如果 CTMU 用于产生延时，那么电容和电流源是固定的，向比较器电路提供的电压也是固定的。信号的延时由充电到电压达到比较器门限电压所需的时间决定。

电流源：CTMU 模块的核心是精密的电流源，旨在提供用于测量的恒定基准。用户程序可以从 4 个范围或总共两个数量级的值中选择电流值，并可以按±2%的增量(标称值)对输出进行微调。

边沿选择和控制：模块的两路输入通道中发生的边沿事件控制 CTMU 测量。

每路边沿可以配置为接收来自16个边沿输入引脚之一的输入脉冲。可以使用EDG1POL位CTMUCON＜30＞和EDG2POL位CTMUCON＜22＞配置每路通道的事件极性。

边沿状态：CTMUCON寄存器还包含两个状态EDG1STAT位CTMUCON＜24＞和EDG2STAT位CTMUCON＜25＞，它们的主要功能是显示在相关的通道中是否发生了边沿响应。当在通道中检测到边沿响应时，CTMU会自动将相关位置为1。输入通道的电平敏感或边沿敏感特性意味着，如果通道的配置发生改变，那么状态位会立即置为1，并且与通道的当前状态保持一致。

CTMU模块使用边沿状态位来控制到外部模拟模块（如ADC）的电流源输出。

除了可以由CTMU硬件置为1之外，边沿状态位也可以由用户程序置为1。也就是说用户程序可以手动使能或禁止电流源。

中断：每当电流源先使能，然后禁止时，CTMU就会将其中断标志位CTMUIF置为1。

22.2　CTMU模块初始化

以下过程用于初始化CTMU模块：

（1）使用IRNG＜1:0＞位CTMUCON＜1:0＞选择电流源范围。

（2）使用ITRIM＜5:0＞位CTMUCON＜7:2＞微调电流源。

（3）通过设置EDG1SEL位CTMUCON＜29:26＞和EDG2SEL位CTMUCON＜21:18＞配置边沿1和边沿2的边沿输入源。

（4）使用EDG1POL位和EDG2POL位配置边沿输入的输入极性。默认配置是使用下降沿极性（从高至低跳变）。

（5）使用EDGSEQEN位CTMUCON＜10＞使能边沿顺序。默认为禁止边沿顺序。

（6）使用TGEN位CTMUCON＜12＞选择工作模式（测量或产生延时）。默认为禁止产生延时模式。

（7）使用CTTRIG位CTMUCON＜8＞将模块配置为在发生第二个边沿事件时自动触发模数转换。默认为禁止转换触发。

（8）将IDISSEN位CTMUCON＜9＞置为1，对所连接电路放电。在等待足够时间，让电路完成放电之后，清零IDISSEN位。

（9）通过清零ON位CTMUCON＜15＞禁止该模块。

（10）清零边沿状态字段EDG2STAT＜3:0＞和EDG1STAT＜3:0＞。

（11）将EDGEN位CTMUCON＜11＞置为1使能两个边沿输入。

（12）将ON位CTMUCON＜15＞置为1使能该模块。

根据要执行的测量或脉冲生成的类型，可能还需要再初始化和配置一个或更多

其他模块,与CTMU模块配合使用:

● 边沿生成:除了外部边沿输入引脚之外,其他模块(如ICx、OCx和Timer1)也可以用作CTMU的边沿输入。

● 电容或时间测量:CTMU模块使用ADC来测量连接到一路模拟输入通道电容两端的电压。

● 脉冲生成:在生成独立于系统时钟的输出脉冲时,CTMU模块使用比较器2和相关的比较器参考电压。

22.3 校准CTMU模块

要精确测量电容和时间,以及产生精确延时,需要对CTMU进行校准。如果应用只需要测量电容或时间的相对变化,则通常不需要校准。此类应用的示例包括电容触摸开关,在这种应用中,触摸电路具有基本电容,所增加的人体电容会改变电路的总电容。

如果需要测量实际的电容或时间,则必须进行两项硬件校准:电流源需要进行校准,使其提供精确的电流;要测量的电路也需要进行校准,以测量或抵消要测量电容之外的所有其他电容。

电流源校准:CTMU模块的电流源有4种电流范围,其中每种范围都可以在其标称值±62%的范围内进行调节。因此,要进行精确测量,可以通过在特殊的模拟通道上放置一个高精度电阻 R_{CAL},测量并调整该电流源。电流源测量使用以下步骤执行:

(1)初始化ADC。

(2)将模块配置为脉冲生成(TGEN位为1)模式初始化CTMU。

(3)将EDG1STAT位置为1使能电流源。

(4)产生稳定时间延时。

(5)执行模数转换。

(6)使用 $I=V/R_{CAL}$ 计算电流源电流;其中,R_{CAL} 是高精度电阻,V 通过模数转换来测量。

CTMU电流源可以使用CTMUCON寄存器中的微调位进行微调,通过迭代过程来获取所需的精确电流。也可以使用未经调整的标称值。可以由用户程序存储调整后的电流值,用于所有后续的电容或时间测量。

CTMU电荷泵的校准只有在特殊引脚连接到与CTMU相关的比较器模块时才能进行。使用其他ANx引脚均会对测量ADC前的模拟多路开关增加约2.5 kΩ的串联电阻值。只有在最小电流设置的情况下才能忽略此影响。对于较大电流设置而言,额外串联电阻值带来的不确定性将会影响校准电阻从而破坏整个电阻值的准确性。

要计算 R_{CAL} 的值，必须选择标称电流，然后就可以计算电阻。例如，如果 ADC 参考电压为 3.3 V，那么使用满量程的 70%(即 2.31 V)作为由 ADC 读取的所需近似电压。如果 CTMU 电流源的范围选择为 0.55 μA，则所需的电阻值使用 R_{CAL}=2.31 V/0.55 μA 计算，得到值为 4.2 MΩ。类似地，如果电流源选择为 5.5 μA，R_{CAL} 将为 420 000 Ω；如果电流源置为 55 μA，则为 42 000 Ω。

选择 70%的满量程电压值，以确保 ADC 处于充分高于基底噪声的范围。如果选择了某个需要结合使用 CTMUCON 寄存器的微调位的精确电流，则必须要对 R_{CAL} 的电阻值进行相关调整。可能需要调整 R_{CAL}，以符合可用的电阻值。考虑使用 CTMU 进行测量的电路所需的精度，R_{CAL} 应选择可用的最高精度。建议最小精度为 0.1%的容差。

CTMU 电流校准的一种典型方法是通过手动触发 ADC，这么做是为了逐步演示整个过程。也可以将 CTTRIG 位 CTMUCON<8>置为 1 来自动触发转换。

电容校准：内部 ADC 采样电容和电路板走线与焊盘的杂散电容虽然容值较小，但仍会影响电容测量的精度。在确保排除期望测量电容的情况下，可以对杂散电容进行测量。杂散电容测量使用以下步骤执行：

(1)初始化 ADC 和 CTMU。

(2)将 EDG1STAT 位置为 1。

(3)等待固定延时 t。

(4)清零 EDG1STAT 位。

(5)执行模数转换。

(6)使用公式计算杂散电容和模数转换采样电容。

$$C_{OFFSET}=C_{STRAY}+C_{AD}=\frac{(I \cdot t)}{V}$$

其中：I 从电流源测量步骤获知；

t 是固定延时；

V 通过执行模数转换来测量。

可以存储该测量值，用于时间测量时的计算，或在电容测量时减去该值。要进行校准，需要大致了解 $C_{STRAY}+C_{AD}$ 的电容值，C_{AD} 约为 4 pF。

可能需要使用一个迭代过程来调整时间 t，该时间是对电路充电，以从 ADC 获得合理电压读数的时间。t 值可以将 C_{OFFSET} 置为理论值，然后求解 t 来确定。例如，如果 C_{STRAY} 的理论计算值为 11 pF，V 预期为 VDD 的 70%(即 2.31 V)，那么 t 将由下式计算出为 63 μs。

公式：

$$t=(4\ \text{pF}+11\ \text{pF})\times\frac{2.31\ \text{V}}{0.55\ \mu\text{A}}=63\ \mu\text{s}$$

当系统工作在 40 MHz 时，63 μs 的充电延时意味着 2 520 条指令(2 520=

40 MHz×63 μs)。如果 CTMU 电荷泵设定为基本电流的 100 倍(55 μA),则充电时间除以 100,也就等于 25.2 条指令。这在代码中执行 25 条 NOP 指令便可轻松实现。

22.4　使用 CTMU 测量电容

使用 CTMU 测量电容有两种相对独立的方法:第一种是绝对方法,该方法需要测量实际电容值;第二种是相对方法,该方法不需要实际电容,只需要电容的变化量。

绝对电容测量:为了使 CTMU 能够正常工作,必须对 ADC 进行正确配置。如有必要,确保 ADC 指向一个未用引脚。对于绝对电容测量,应遵循前述电流和电容校准步骤。然后,电容测量使用以下步骤执行:

(1)初始化 ADC。

(2)初始化 CTMU。

(3)将 EDG1STAT 位置为 1。

(4)等待固定延时 T。

(5)清零 EDG1STAT 位。

(6)执行模数转换。

(7)计算总电容 $C_{TOTAL}=(I*T)/V$;其中,I 从电流源测量步骤"电流源校准"获知,T 是固定延时,V 通过执行模数转换来测量。

(8)将 C_{TOTAL} 减去杂散电容和模数转换采样电容,C_{OFFSET} 来自"电容校准",就能得出被测电容的值。

相对电荷测量:为了使 CTMU 能够正常工作,必须对 ADC 进行正确配置。如有必要,确保 ADC 指向一个未用引脚。

有些应用可能并不需要精确的电容测量。例如,在检测电容式开关是否有效按压时,只需要检测电容的相对变化。在此类应用中,当开关打开(未被触摸)时,总电容是电路板走线和 ADC 等的组合电容。此时 ADC 将会测量到较大的电压。当开关关闭(被触摸)时,由于以上所列电容中增加了人体的电容,总电容增大,ADC 将测量到较小的电压。

使用 CTMU 检测电容变化可以使用以下步骤实现:

(1)初始化 ADC 和 CTMU。

(2)将 EDG1STAT 位置为 1。

(3)等待固定延时。

(4)清零 EDG1STAT 位。

(5)执行模数转换。

通过执行模数转换测量的电压可以反映为相对电容。在这种情况下,不需要对电流源或电路电容测量进行校准。

22.5 使用 CTMU 模块测量时间

通过电流和电容校准步骤测量比率(C/I)之后，可以使用以下步骤精确测量时间：

(1)初始化 ADC 和 CTMU。

(2)将 EDG1STAT 位置为 1。

(3)将 EDG2STAT 位置为 1。

(4)执行模数转换。

(5)根据 $T=(C/I)*V$ 计算边沿之间的时间；其中，I 在电流校准步骤“电流源校准”中计算，C 在电容校准步骤“电容校准”中计算，V 通过执行模数转换来测量。

假定所测量的时间足够小，电容 C_{OFFSET} 可以向 ADC 提供有效的电压。要进行最小的时间测量，始终将 ADC 通道选择寄存器(AD1CHS)置为悬空的 ADC 输入通道。这可以最大程度地减少杂散电容，保持总电路电容接近于 ADC 自身的电容(4～5 pF)。要测量较长的时间间隔，可以将一个外部电容连接到 ADC 通道，并在进行时间测量时选择该通道。

22.6 使用 CTMU 测量湿度

CTMU 模块有一种独特功能，即它可以根据外部电容值产生独立于系统时钟的输出脉冲。这通过使用内部比较器参考电压模块、比较器 2 输入引脚和外部电容实现。脉冲输出到 CTPLS 引脚上。要使能该模式，需将 TGEN 位置为 1。

C_{DELAY} 由用户程序选择，用于确定 CTPLS 上的输出脉冲宽度。脉冲宽度根据 $T=(C_{DELAY}/I)*V$ 计算；其中，I 从电流源测量步骤获知，V 是内部参考电压(CVREF)。

该功能的使用示例是连接基于可变电容的传感器，如湿度传感器。当湿度发生变化时，CTPLS 上的脉宽输出也会变化。CTPLS 输出引脚可以连接到输入捕捉引脚，通过测量变化的脉冲宽度来确定应用环境的湿度。

22.7 使用 CTMU 测量片上温度

CTMU 模块用于测量器件的内部温度，通过一个内部二极管实现。当 EDG1STAT 不等于 EDG2STAT，且 TGEN 位为 0 时，会引导电流流过温度检测二极管。ADC 模块的输入检测二极管两端电压。

当温度上升时，二极管两端的电压将下降大约 300 mV(对应于 150 ℃的温度范围)。选择较高的电流驱动能力可以使电压值再上升 100 mV 左右。

休眠模式:当器件进入休眠模式时,CTMU模块电流源将始终禁止。如果调用休眠模式时,CTMU正在执行依赖于电流源的操作,则操作可能不会正确终止。电容和时间测量可能会返回错误值。

空闲模式:CTMU在空闲模式下的行为由CTMUSIDL位CTMUCON<13>决定。如果CTMUSIDL位清零,在空闲模式下,模块将继续工作。如果CTMUSIDL位置为1,则在器件进入空闲模式时,禁止模块的电流源。如果调用空闲模式时,模块正在执行操作,这种情况下,结果将类似于休眠模式下的结果。

在复位时,CTMU的所有寄存器都会清零。这使CTMU模块处于禁止状态,它的电流源被关闭,所有配置选项恢复为它们的默认设置。在任意复位之后,模块都需要重新初始化。

如果发生复位时,CTMU正在进行测量,测量结果将丢失。正在测量的电路可能会存在部分充电的情况,在随后CTMU尝试进行测量之前,应正确放电。电路放电方法是在ADC连接到相关通道的同时,先将IDISSEN位CTMUCON<9>置为1,然后再将其清零。

第23章 节能模式

器件有9种低功耗模式(分为两类)使能用户程序在功耗和器件性能之间寻求平衡。在下面所述的所有模式中,器件可以通过用户程序选择所需的节能模式。

在CPU运行模式下,CPU保持运行,而外设可以选择开启或关闭。

- FRCRUN运行模式:CPU时钟来自FRC时钟。
- LPRCRUN运行模式:CPU时钟来自LPRC时钟。
- SOSCRUN运行模式:CPU时钟来自SOSC时钟。
- 外设总线分频模式:外设所用时钟的频率为CPU时钟SYSCLK的可编程分频。

在CPU暂停模式下,CPU会暂停。根据所处模式,外设可以继续工作,也可以暂停。

- POSC空闲模式:系统时钟来自POSC。系统时钟继续工作。外设继续工作,但可以选择单独禁止。
- FRC空闲模式:系统时钟来自FRC。外设继续工作,但可以选择单独禁止。
- SOSC空闲模式:系统时钟来自SOSC。外设继续工作,但可以选择单独禁止。
- LPRC空闲模式:系统时钟来自LPRC。外设继续工作,但可以选择单独禁止。这是时钟运行时器件的最低功耗模式。
- 休眠模式:暂停CPU、系统时钟以及工作在系统时钟下的任何外设。使用特定时钟的某些外设可在休眠模式下继续工作。这是器件的最低功耗模式。

节能模式控制寄存器包含以下特殊功能寄存器:

- 振荡器控制寄存器OSCCON,位操作只写寄存器:OSCCONCLR、OSCCONSET和OSCCONINV。
- 看门狗定时器控制寄存器WDTCON,位操作只写寄存器:WDTCONCLR、WDTCONSET和WDTCONINV。
- 复位控制寄存器RCON,位操作只写寄存器:RCONCLR、RCONSET和RCONINV。

23.1　节能模式下的操作

区分特定模块中使用的功耗模式和器件使用的功耗模式；例如，比较器的休眠模式和 CPU 的休眠模式。指示所期望功耗模式的类型，模块功耗模式使用大写字母加小写字母(Sleep，Idle，Debug)来表示，器件功耗模式使用全大写字母(SLEEP，IDLE，DEBUG)来表示。

器件有 9 种低功耗模式。所有节能模式的目的都是通过降低器件时钟频率来降低功耗。要实现该目的，可以选择多种低频时钟。此外，还可以暂停或禁止外设和 CPU 时钟，以进一步降低功耗。

休眠模式：休眠模式是器件节能工作模式中的最低功耗模式。CPU 和大部分外设暂停。选定外设可以在休眠模式下继续工作并可用于将器件从休眠模式唤醒。

休眠模式有以下特性：

● CPU 暂停。

● 系统时钟通常是关闭的。

● 针对所选的振荡器存在不同的唤醒延时。

● 休眠模式期间，故障保护时钟监视器 FSCM 不工作。

● 如果使能了 BOR 电路，那么在休眠模式期间，该电路继续工作。

● 如果使能了 WDT，它在进入休眠模式之前不会自动清零。

● 某些外设可在休眠模式下继续工作。这些外设包括检测输入信号电平变化的 I/O 引脚、WDT、RTCC、ADC、UART 以及使用外部时钟输入或内部 LPRC 振荡器的外设。

● I/O 引脚将继续按照器件未处于休眠模式下的方式拉或灌电流。

● USB 模块可改写 POSC 或 FRC 的禁止状态。

● 为了进一步降低功耗，可在进入休眠模式之前由用户程序单独禁止模块。

发生以下任一事件时，CPU 将退出休眠模式或从休眠模式“唤醒”：

● 在休眠模式下继续工作的已使能中断的任何中断。中断优先级必须大于当前 CPU 优先级。

● 任何形式的器件复位。

● WDT 超时。

如果中断优先级小于或等于当前优先级，CPU 将保持暂停，但 PBCLK 将开始运行且器件将进入空闲模式。该模块没有 FRZ 模式。

休眠模式下的振荡器关闭：器件在休眠模式下禁止时钟的条件为：振荡器类型、使用时钟的外设，以及(选定时钟的)时钟使能位。

● 如果 CPU 时钟为 POSC，则在休眠模式下会关闭。

● 如果 CPU 时钟为 FRC，则在休眠模式下会关闭。

● 如果 CPU 时钟为 SOSC，则 SOSCEN 位未置为 1 时会关闭。

● 如果 CPU 时钟为 LPRC，并且在休眠模式下工作的外设(例如 WDT)不使用该时钟，则会关闭。

从休眠模式唤醒时的时钟选择：CPU 将恢复代码执行并使用与在进入休眠模式时有效的相同时钟。如果在器件退出休眠模式时使用晶振或 PLL 作为时钟，则器件会受启动延时影响。

从休眠模式唤醒的延时：从休眠模式唤醒时相关的振荡器起振和故障保护时钟监视器延时时间见参考文献中的技术手册。

使用晶振或 PLL 从休眠模式唤醒：如果系统时钟来自晶振或 PLL，则在系统时钟可供器件使用之前将应用一段振荡器起振定时器 OST 或 PLL 锁定延时。作为该规则的一个特例，如果系统时钟是 POSC 振荡器且在休眠模式下运行，则不应用振荡器延时。

虽然应用了各种延时，但晶振(和 PLL)还是可能在 TOST 或 TLOCK 延时结束时并未启动和运行。为了正确工作，用户必须设计外部振荡器电路，以便可以在延时周期内产生可靠的振荡。

故障保护时钟监视器 FSCM 延时和休眠模式：在器件处于休眠模式时，FSCM 不工作。如果使能了 FSCM，则它会在器件从休眠模式唤醒时继续开始工作。此时会有一段 TFSCM 延时，让振荡器可以在 FSCM 继续开始监视之前稳定下来。

如果以下条件为真，则会在从休眠模式唤醒时有一段 TFSCM 延时：

● 振荡器在处于休眠模式时关闭。

● 系统时钟来自晶振或 PLL。

在大多数情况下，在器件恢复执行指令之前，TFSCM 延时为 OST 超时和 PLL 进入稳定状态提供足够时间。如果使能了 FSCM，它将在 TFSCM 延时结束后开始监视系统时钟。

振荡器慢速起振：在振荡器慢速起振时，OST 和 PLL 锁定时间可能在 FSCM 发生超时之前还未结束。

如果使能了 FSCM，器件将检测到此条件并将其作为一个时钟故障，然后产生时钟故障陷阱。器件将切换到 FRC 振荡器，用户程序可以在时钟故障中断服务程序中重新使能晶振。

如果未使能 FSCM，器件在时钟稳定之前不会开始执行代码。从用户程序角度来看，器件将处于休眠模式直到振荡器时钟起振。

休眠模式下振荡器的 USB 外设控制：USB 模块工作时，在器件进入休眠模式时该模块会阻止器件禁止其时钟。虽然振荡器保持工作，但 CPU 和外设将保持暂停。

外设总线分频方法：器件上的大部分外设都使用 PBCLK 作为时钟。外设总线的时钟与 SYSCLK 成比例关系，以最大程度降低外设功耗。PBCLK 分频比由 PBDIV<1：0>位控制，使能的 SYSCLK 与 PBCLK 的比值为 1：1、1：2、1：4 和 1：

8。当分频比改变时，所有使用 PBCLK 的外设都会受影响。由于诸如 USB、中断控制器、DMA、总线矩阵和预取高速缓存之类的外设都是直接从 SYSCLK 获得时钟，因此，它们不受 PBCLK 分频比变化的影响。

改变 PBCLK 分频比会影响：

● CPU 到外设的访问延时。CPU 必须等待下一个 PBCLK 边沿才能完成读操作。在 1∶8 模式下，这会产生 1～7 个 SYSCLK 延时。

● 外设的功耗。功耗与外设工作时钟的频率成正比。分频比越大，外设的功耗越低。

要使功耗最低，应选择适当的 PB 分频比，使外设在满足系统性能的前提下以最低频率运行。当选择 PBCLK 分频比时，应考虑外设时钟要求(如波特率精度)。例如，根据 SYSCLK 的值，UART 外设可能在某个 PBCLK 分频比无法达到所有波特率值。

在线外设总线分频方法：PBCLK 可以通过用户程序进行在线分频，以便在器件处于低活动量模式时节省额外的功耗。对 PBCLK 进行分频时，需要考虑以下问题：

● 通过 PBCLK 提供时钟的所有外设将同时以相同比率进行分频。即使在低功耗模式下也需要维持恒定波特率或脉冲周期的外设，需要考虑这一点。

● 如果 PBCLK 改变时，有任何通信正通过外设总线上的某个外设，则可能会由于发送或接收期间频率改变而导致数据或协议错误。

如果用户程序希望在线调节 PBCLK 分频比，建议使用以下步骤：

● 禁止波特率会受影响的所有通信外设。在禁止外设之前，应小心确保当前没有任何通信正在进行，因为它可能导致协议错误。

● 根据需要更新外设的波特率发生器 BRG 设置，以便在新的 PBCLK 频率下工作。

● 将外设总线比率更改为所需值。

● 使能波特率受影响的所有通信外设。

修改外设波特率的方式是写入相关的外设特殊功能寄存器 SFR。要最大程度减小响应延时，应在 PBCLK 以最高频率运行的模式下修改外设。

空闲模式：在空闲模式下，CPU 暂停，但系统时钟 SYSCLK 仍然使能。这使能外设在 CPU 暂停时继续工作。外设可单独配置为在进入空闲模式时暂停，方法是将其相关的 SIDL 位置为 1。由于 CPU 振荡器保持活动状态，所以退出空闲模式时的延时非常小。

有 4 种空闲工作模式：POSCIDLE、FRCIDLE、SOSCIDLE 和 LPRCIDLE。

● POSC 空闲模式：SYSCLK 来自 POSC。CPU 暂停，但 SYSCLK 继续工作，外设继续工作，但可以选择单独禁止。如果使用了 PLL，则还可以降低倍频比值 PLLMULT＜2∶0＞字段 OSCCON＜18∶16＞，以降低外设的功耗。

● FRC 空闲模式：SYSCLK 来自 FRC。CPU 暂停。外设继续工作，但可以选择单独禁止。如果使用了PLL，则还可以降低倍频比值PLLMULT<2：0>字段，以降低外设的功耗。FRC时钟可以通过后分频器RCDIV<2：0>字段进一步进行分频。

- SOSC空闲模式：SYSCLK来自SOSC。CPU暂停。外设继续工作，但可以选择单独禁止。
- LPRC空闲模式：SYSCLK来自LPRC。CPU暂停。外设继续工作，但可以选择单独禁止。

更改PBCLK分频比要求重新计算外设的时序。例如，假设UART配置为9 600波特，PB时钟比为1：1，POSC为8 MHz。当使用1：2的PB时钟分频比时，波特率时钟的输入频率进行二分频；因此，波特率降为原先值的1/2。由于计算中的数字截断误差（例如波特率分频比），实际波特率可能会与期望的波特率有微小差别。因此，外设所需的任何时序计算都应使用新的PB时钟频率执行，而不是根据PB分频比按比例修改先前的值。

在已禁止切换并使用晶振或PLL的时钟时，将会应用振荡器起振和PLL锁定延时。例如，以便节省功耗，假设时钟在进入休眠模式之前从POSC切换为LPRC。退出空闲模式时，将不会应用振荡器起振延时。但是，在切换回POSC时，将会应用相关的PLL或振荡器起振/锁定延时。

在SLPEN位OSCCON<4>清零，并且执行WAIT指令时，器件会进入空闲模式。

发生以下事件时，CPU将从空闲模式唤醒或退出：

- 已使能中断的任何中断事件。中断事件的优先级必须大于CPU的当前优先级。如果中断事件的优先级小于或等于CPU的当前优先级，CPU将保持暂停，器件将继续处于空闲模式。
- 任何器件复位。
- WDT超时中断。

23.2　中　断

有两个中断可以将器件从节能模式唤醒，节能模式下的外设中断和通过WDT产生的不可屏蔽中断NMI。

在发生外设中断时从休眠或空闲模式唤醒：任何可通过IECx寄存器中的相关IE位单独使能中断且在当前节能模式下工作的中断都能将CPU从休眠或空闲模式唤醒。在器件唤醒时，根据中断优先级，将产生两个事件之一：

- 如果分配给中断的优先级小于或等于当前CPU优先级，CPU将保持暂停，器件将进入或继续处于空闲模式。
- 如果分配给中断的优先级大于当前CPU优先级，将唤醒器件，CPU将跳转到相关的中断向量处。在 ISR 完成时，CPU 将开始执行 WAIT 之后的下一条指令。

空闲 IDLE 状态位 RCON<2>在从空闲模式唤醒时置为 1。休眠 SLEEP 状态位 RCON<3>在从休眠模式唤醒时置为 1。中断优先级清零的外设无法唤醒器件。

在看门狗超时时从休眠或空闲模式唤醒：当 WDT 在休眠或空闲模式下发生看门狗超时时，会产生不可屏蔽中断 NMI。不可屏蔽中断 NMI 会导致 CPU 代码执行跳转到器件复位向量处。虽然 CPU 会执行复位向量，但是它不是器件复位，因此外设和大多数 CPU 寄存器都不会改变状态。

要检测由于 WDT 计时结束导致的节能模式唤醒，则必须测试 WDTO 位 RCON<4>、休眠 SLEEP 状态位 RCON<3>和空闲 IDLE 状态位 RCON<2>。如果 WDTO 位为 1，则说明事件是由于 WDT 超时而发生的。然后，可以通过测试休眠 SLEEP 状态位和空闲 IDLE 状态位，确定 WDT 事件是在休眠还是空闲模式下发生的。

要在休眠模式期间使用 WDT 超时作为唤醒中断，则必须在确定事件为 WDT 唤醒之后，在启动代码中使用从中断返回(ERET)指令。这会导致代码从将器件置为节能模式的 WAIT 指令之后的指令处继续执行。.

如果外设中断和 WDT 事件同时发生，或者在接近的时间内发生，则可能会由于器件被外设中断唤醒而不会发生不可屏蔽中断 NMI。为了避免在这种情况下发生意外的 WDT 复位，在器件唤醒时会自动清零 WDT。

在 CPU 继续执行代码之前，将会应用所有适用的振荡器起振延时。

在节能指令执行期间的中断：在 WAIT 指令执行期间产生的任何外设中断都将延时到进入休眠或空闲模式后才产生。然后，器件将从休眠或空闲模式唤醒。

在调试器工作时，用户程序无法更改时钟模式。但是仍然会发生由于故障保护时钟监视器 FSCM 而产生的时钟更改。

没有器件引脚与节能模式相关。

复位：复位之后的器件行为由所发生复位的类型决定。对于与节能模式相关的行为，复位可以归类为两组：上电复位 POR 和所有其他复位。

在休眠或空闲模式期间的非 POR 复位：CPU 将唤醒，代码将在器件复位向量处开始执行，并且会有所有适用的振荡器延时。空闲状态位 RCON<2>或休眠状态位 RCON<3>将置为 1，指示器件在复位之前处于节能模式。

在休眠或空闲模式期间的 POR 复位：CPU 将唤醒，代码将在器件复位向量处开始执行。并且会有所有适用的振荡器延时。空闲状态位 RCON<2>或休眠状态位 RCON<3>将强制清零。POR 事件之前的节能状态会丢失。

23.3　节能特性

PIC32 器件共提供了两大类 9 种方法和模式的节能，用户程序在功耗和器件性能之间寻求平衡,节能由用户程序控制。

CPU 运行时的节能:当 CPU 运行时,可通过降低 CPU 时钟频率、降低 PBCLK 和单独禁止各个模块来控制功耗。CPU 时钟的几种低功耗运行模式有:CPU 时钟来自 FRC 时钟的 FRC 运行模式;CPU 时钟来自 LPRC 时钟 LPRC 运行模式;CPU 时钟来自 SOSC 时钟 SOSC 运行模式。将 CPU 时钟 SYSCLK 分频为外设时钟供外设总线的分频模式,以降低外设总线工作频率实现节能。

CPU 暂停方法节能:器件支持两种节能模式:休眠模式和空闲模式。这两种模式都可以暂停 CPU 时钟,这两种模式可在所有时钟模式下工作。

休眠模式是器件节能工作模式中的最低功耗模式,在休眠模式下,暂停了 CPU 和大部分外设的时钟。选定外设可以在休眠模式下继续工作并可将器件从休眠模式唤醒。

休眠模式有以下特性:

- CPU 暂停。
- 系统时钟通常关闭。
- 有一个基于振荡器选择的唤醒延时。
- 休眠模式期间,故障保护时钟监视器 FSCM 不工作。
- 休眠模式期间,BOR 电路继续工作。
- 如果使能了 WDT,它在进入休眠模式之前不会自动清零。
- 有些外设在休眠模式下以有限功能继续工作。这些外设包括检测输入电平变化引脚、WDT、ADC、UART 以及使用外部时钟输入或内部 LPRC 振荡器(例如 RTCC,Timer1 以及输入捕捉)。
- I/O 引脚将继续按照器件未处于休眠模式下的方式上拉电流或下拉电流。
- USB 模块可改写 Posc 或 FRC 的禁止状态。
- 为了进一步降低功耗,可在进入休眠模式之前由用户程序单独禁止某些模块。

发生以下任一事件时,CPU 将从休眠模式退出或“唤醒”:

- 在休眠模式下继续工作的已使能中断的任何中断。此中断优先级必须高于当前的 CPU 优先级。如果中断优先级低于或等于当前优先级,CPU 将保持暂停,但是 PBCLK 将开始运行且器件将进入空闲模式。
- 任何形式的器件复位。
- WDT 超时。

空闲模式:在空闲模式下,CPU 暂停,但是系统时钟 SYSCLK 仍然使能。这使外设在 CPU 暂停时继续工作。外设可单独配置为在进入空闲模式时暂停,方法是将其相关的 SIDL 位置为 1。CPU 振荡器保持活动状态,所以退出空闲模式时的时间延时非常小。

POSC 空闲模式:系统时钟来自 POSC。外设继续工作,也可以单独禁止。

FRC空闲模式：系统时钟来自FRC。外设继续工作，也可以单独禁止。

SOSC空闲模式：系统时钟来自SOSC。外设继续工作，也可以单独禁止。

LPRC空闲模式：系统时钟来自LPRC。外设继续工作，也可以单独禁止。这是时钟运行时器件为最低功耗模式。

在切换已禁止且使用晶振或PLL的时钟时，将应用振荡器起振和PLL锁定延时。例如，为了节能在进入休眠模式之前将时钟从POSC切换到LPRC。在退出空闲模式时将不应用振荡器起振延时。但是，切换回POSC时，需要相关的PLL或振荡器起振/锁定延时。

当SLPEN位清零并执行WAIT指令后，器件进入空闲模式。

发生以下事件时，CPU将从空闲模式下唤醒或退出：

- 已使能中断的任何中断事件。中断事件的优先级必须高于当前的CPU优先级。如果中断事件的优先级低于或等于当前的CPU优先级，那么CPU保持暂停，器件将继续处于空闲模式；
- 任何形式的器件复位；
- WDT超时。

外设总线分频方法节能：器件上的大部分外设都使用PBCLK作为时钟。外设总线时钟与SYSCLK成比例关系，以降低外设的功耗。PBCLK分频比由PBDIV<1：0>位控制，使能的SYSCLK与PBCLK的比值为1：1、1：2、1：4和1：8。当分频比变化时，所有使用PBCLK的外设都会受到影响。但是USB、中断控制器、DMA和总线矩阵之类的外设都是直接从SYSCLK获得时钟。因此，不会受PBCLK分频比变化的影响。

改变PBCLK分频比会影响CPU到外设的访问延时，CPU必须等待下一个PB-CLK边沿才能完成读操作。在1：8模式下，这可以产生1～7个SYSCLK延时；会影响外设的功耗，功耗与外设工作时钟的频率成正比。分频比越大，外设的工作时钟越低功耗越低。要使功耗最低，应选择适当的PB分频比，使外设在满足系统性能的前提下以最低频率运行。

更改PBCLK分频比要求重新计算外设时序。选择PBCLK分频比时，应考虑外设对时钟的要求。由于计算时进行了数字截取，因此实际的波特率可能与预期波特率存在百分级的误差，可能在某个PBCLK分频比处无法满足所有波特率值的精度。

外设模块禁止节能：外设模块禁止寄存器（Peripheral Module Disable，PMD）可以停止提供外设模块的所有时钟，以禁止该模块工作。某个外设与PMD的相关位对应，设置该位为禁止时，外设将处于最低功耗状态。在该状态下，将禁止与外设相关的控制和状态寄存器，写入这些寄存器无效，且读取的值也无效。

控制配置更改：由于可在运行时禁止外设，因此需要对外设禁止加以某些限制防止意外的更改配置。PIC32器件有以下两种用于阻止更改外设使能和禁止的功能：控制寄存器锁定序列和配置位选择锁定。

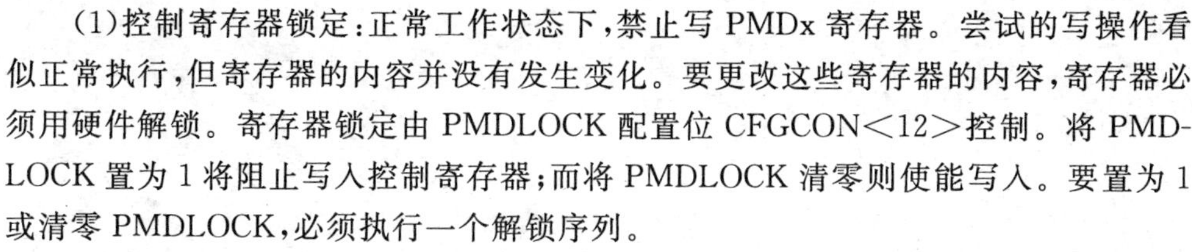

(1)控制寄存器锁定:正常工作状态下,禁止写 PMDx 寄存器。尝试的写操作看似正常执行,但寄存器的内容并没有发生变化。要更改这些寄存器的内容,寄存器必须用硬件解锁。寄存器锁定由 PMDLOCK 配置位 CFGCON＜12＞控制。将 PMDLOCK 置为 1 将阻止写入控制寄存器;而将 PMDLOCK 清零则使能写入。要置为 1 或清零 PMDLOCK,必须执行一个解锁序列。

(2)配置位选择锁定:作为又一层保护,可配置器件以阻止对 PMDx 寄存器执行多次写。PMDL1WAY 配置位 DEVCFG3＜28＞会阻止 PMDLOCK 位在置为 1 后再清零。若 PMDLOCK 保持为 1 状态,寄存器解锁过程将不会执行,且不能写入外设引脚选择控制寄存器。清零该位并重新使能 PMD 功能的唯一方法是执行器件复位。

思考题

问 1:用户程序在进入休眠或空闲模式之前应该做什么?

答 1:确保将器件唤醒的 IEC 位置为 1。此外,确保特定中断有唤醒器件的能力。当器件处于休眠模式时,某些中断不工作。如果要使器件进入空闲模式,确保正确设置每个器件外设的"空闲模式停止"(stop－in－idle)位。这些位用于决定外设在空闲模式下是否继续工作。在进入休眠模式之前清零 WDT。如果处于窗口模式下,则只能在窗口周期内清零 WDT,以防止器件复位。

问 2:如何确定是哪个外设将器件从休眠或空闲模式唤醒?

答 2:大部分外设都有唯一的中断向量。如果需要,用户可以通过查询每个已使能中断的 IF 位来确定唤醒。

第24章

硬件设计注意事项

24.1 振荡器设计

1. 晶振和陶瓷谐振器

在 HS 和 XT 模式下，晶振或陶瓷谐振器连接到 OSC1 和 OSC2 引脚，以产生振荡，如图 24－1 所示。

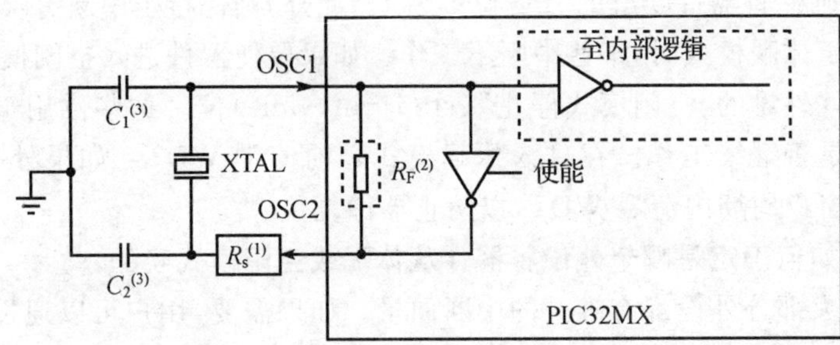

注　(1) 对于AT条形切割的晶体，可能需要串联一个是电阻R_s。
(2) 内部反馈电阻R_F的阻值范围通常为2~10 MΩ。
(3) 请参见24.2节“确定振荡器元件的最佳值”。

图 24－1　晶振或陶瓷谐振器工作原理(XT、XTPLL、HS 或 HSPLL 振荡器模式)

振荡器要求使用平行切割的晶体。使用顺序切割的晶体，可能会使振荡器产生的频率超出晶振制造商所给的规范。

通常，用户程序应选择具有最低增益但仍满足规范的振荡器选项。这样可以产生较小的电流(I_{DD})。每种振荡器模式的频率范围是建议的频率截止范围，但也可以选择不同的增益模式，但要先执行全面的验证(电压、温度和元件差异，例如电阻、电容和内部振荡器电路)。

2. 振荡器/谐振器起振

当器件电压从 V_{SS} 上升时，振荡器将开始振荡。振荡器开始振荡所需的时间取决于许多因素，包括：

- 晶振/谐振器频率。

- 所使用的电容值。
- 串联电阻的阻值和类型。
- 器件 V_{DD}上升时间。
- 系统温度。
- 为器件选择的振荡器模式(选择的内部振荡器反相器增益)。
- 晶振品质因数。
- 振荡器电路布线。
- 系统噪声。

图 24－2 给出了典型的晶振或谐振器的起振过程。振荡器并不是瞬间即达到稳定振荡状态。

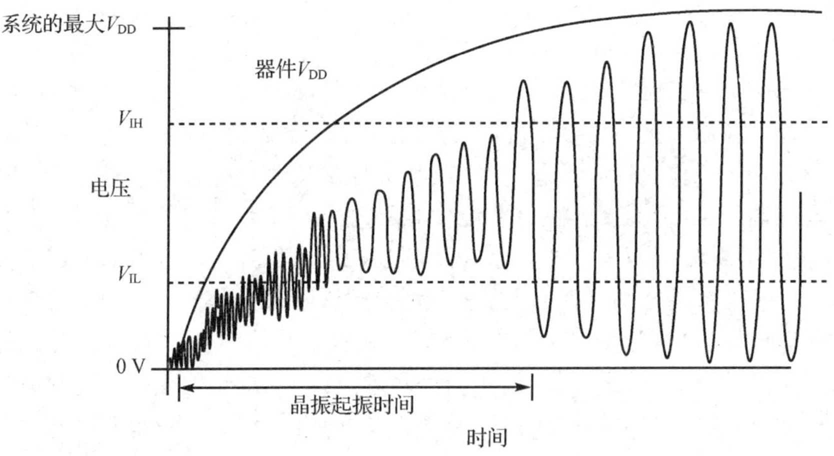

图 24－2　振荡器/谐振器起振特性示例

24.2　振荡器电路参数调节

器件有很宽的工作范围(频率、电压和温度),可以使用各种不同品质和制造商的外部元件(晶振和电容等),因此需要验证以确保选择的元件可以满足应用的需求。这些外部元件的选择和排列有许多需要考虑的因素。

根据实际应用情况,这些因素可包括:放大器增益、所需的频率、晶振的谐振频率、工作温度、电源电压范围、起振时间、稳定性、晶振寿命、功耗、电路的简化、标准元件的使用、元件数量。

确定振荡器元件的最佳值

选择元件的最佳方法是运用相关知识进行大量的试验评估和测试。晶振通常只需根据它们的并联谐振频率进行选择;但是,其他一些参数对于设计也很重要,例如温度或频率容差。

内部振荡器电路是并联振荡器电路，所以需要选择并联谐振晶振。负载电容通常规定在 22～33 pF 范围内。负载电容处于该范围内时，晶振的振荡频率最接近所需频率。为了获得其他方面的好处，可能还需要更改这些值。

时钟模式主要根据晶振的所需频率进行选择。XT 和 HS 振荡器模式之间的主要区别在于振荡器电路内部反相器的增益不同，从而使频率范围也不同。通常，用户程序应选择具有最低增益但仍满足规定的振荡器选项。这样可以产生较小的电流。每种振荡器模式的频率范围是建议的频率截止范围，也可以选择不同的增益模式，但要先行全面的验证(电压、温度和元件差异，例如电阻、电容和内部振荡器电路)。C_1 和 C_2 也首先应根据晶振制造商建议的负载电容和器件数据手册中提供的几个表进行选择。器件数据手册中给出的值只能作为初始参考值，因为晶振制造商、供电电压、PCB 布线和其他已提及的因素可能会导致电路不同于工厂特性测定过程中使用的电路。

理想情况下，所选择的电容应使电路可以在电路需工作的最高温度和最低 V_{DD} 条件下振荡。高温和低 V_{DD} 对环路增益都有一定限度的影响，所以如果电路可以在这些极值条件下工作，设计人员就可确定电路能在其他温度和供电电压组合下正常工作。在最高增益(最高 V_{DD} 和最低温度)下，输出正弦波应不会削波；在最低增益(最低 V_{DD} 和最高温度)下，正弦输出振幅应足够高，可以满足时钟输入的幅值要求。

改善起振的一种方法是使 C_2 电容值大于 C_1。这会使晶振在上电时产生更大的相移，从而加速振荡器起振。这两个电容除了辅助晶振产生适当的频率响应之外，增加它们的电容值还能降低环路增益。可以通过选择 C_2 来影响电路的整体增益。如果晶振过驱动，使用较高的 C_2 可以降低增益。如果电容值过高，电容会通过晶振存储和释放过多的电流，所以 C_1 和 C_2 的电容不应过大。遗憾的是，测量晶振的功耗很困难，但是如果偏离建议值不是太多，则可以不考虑这一点。

如果在选择了满足要求的所有其他外部元件之后，晶振仍然过驱动，则可以在电路中增加一个串联电阻 R_s。这可以通过使用示波器检查 OSC2 引脚确定。将探针连接到 OSC1 引脚会使引脚负载过大，对性能产生负面影响。示波器探针会将其自身的电容加到电路中，所以在设计中必须要考虑这一点(即，如果电路在 C_2 为 22 pF 时工作状态最佳，而示波器探针电容为 10 pF，则实际的电容为 33 pF)。输出信号不应削波或限幅。过驱动晶振还会导致电路的谐振频率跳变至高次谐波，甚至损坏晶振。

OSC2 信号应为平滑的正弦波，可以轻松地跨越时钟输入引脚输入信号的最小值和最大值。有一个简单的方法可对其进行验证，即在器件需工作的最低温度和最高 V_{DD} 条件下再次测试电路，然后检查输出。此时，时钟输出振幅应最大。如果正弦波被削波，或者正弦波在接近 V_{DD} 和 V_{SS} 时失真，升高负载电容会导致过多的电流流过晶振，或者导致电容值过于偏离制造商的规定值。要调节晶振电流，可以在晶振反相器输出引脚和 C_2 之间添加一个微调电阻，并对它进行调节，直到输出平滑正弦波

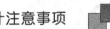

为止。在低温和高 V_{DD} 的极值条件下，晶振将流过最大的驱动电流。

应在这些限制条件下对微调电阻进行调节，以防止过驱动。然后，加入最接近调整后电阻值的标准值 R_s 来代替微调电阻。如果 R_s 阻值过大（超过 20 kΩ），输入与输出的隔离度将过大，使时钟更容易受噪声影响。如果确定需要这么大的阻值来防止晶振过驱动，可以尝试升高 C_2 来进行补偿，或者尝试改变振荡器工作模式。尽量使用约为 10 kΩ 或以下的 R_s 电阻值，并且负载电容不要过于偏离制造商的规定值。

24.3 电源引脚处理

32 位单片机在进行开发之前必须对器件的少数几个引脚进行连接：所有 V_{DD} 和 V_{SS} 引脚，所有 AV_{DD} 和 AV_{SS} 引脚（无论是否使用 ADC 模块）。

使用去耦电容时考虑以下情况：

- 电容的值和类型：建议值为 0.1 μF、10～20 V。此电容应为低等效串联电阻（低 ESR）电容且谐振频率在 20 MHz 或更高范围内，建议使用陶瓷电容。
- 印制电路板上的位置：去耦电容应尽可能靠近引脚放置。建议将电容放在电路板上器件所在的一侧。如果空间有限，可使用过孔将电容放到 PCB 的另一侧上；但是，需要确保从引脚到电容的走线长度在 6 ms 以内。
- 处理高频噪声：如果电路板上存在高达几十兆赫兹的高频噪声，在上述去耦电容旁并联一个陶瓷类型的辅助电容。该辅助电容值在 0.001～0.01 μF 范围内。将这个辅助电容挨着主去耦电容放置。在高速电路设计中，应考虑尽可能在靠近电源和地引脚的位置放置一个容差 10 倍的电容对。例如，一个 0.1 μF 的电容与一个 0.001 μF 的电容并联。
- 性能最大化：从电源电路开始布置电路板的走线时，首先布置电源线并把线返回到去耦电容，然后再走线到器件引脚。这可确保去耦电容在电源链中处于第一位置。保持电容和电源引脚之间的走线长度尽可能短也同样重要，因为这可以减少 PCB 走线间的互感。

如果未使用 USB 模块，VUSB3V3 引脚必须连接到 VDD，如图 24-3 所示。

需要在电源引脚（例如 V_{DD}、V_{SS}、AV_{DD} 和 AV_{SS}）上使用去耦电容。建议使用大容量电容提高电源的稳定性。大容量电容的典型值范围为 4.7～47 μF。此电容应尽可能靠近器件放置。

需要在 VCAP 引脚上放置一个低 ESR（1 Ω）电容，用于稳定片上稳压器输出。VCAP 引脚不得连接到 VDD，而是必须通过使用一个 CEFC 电容（额定电压至少为 6 V）接地。此电容类型可以是陶瓷电容或钽电容。

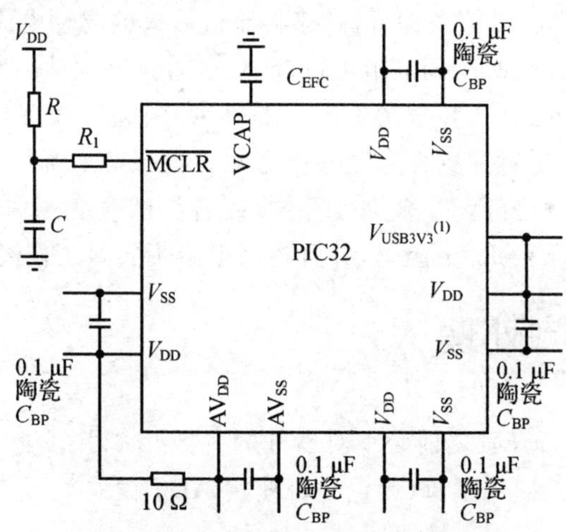

注 1. 如果未使用USB模块，该引脚必须连接到V_{DD}。

图 24－3　建议的最少连接方式

24.4　主复位(MCLR)引脚的处理

MCLR 引脚提供了两个特殊的器件功能：器件复位、器件编程和调试。将 MCLR 引脚拉为低电平可导致器件复位。图 24－4 给出了典型的 MCLR 电路。在器件编程和调试期间，必须考虑该引脚的电阻值和电容值的影响。器件编程器和调试器可以驱动 MCLR 引脚。因此，不会对 VIH 和 VIL 快速信号跳变造成不良影响。为此需要根据应用和 PCB 要求调整 R 和 C 的具体值。如图 24－4 所示，建议在编程和调试操作期间将电容 C 与 MCLR 引脚隔离。将图 24－4 中的电阻、电容元件应放置在距 MCLR 引脚 6 mm 的范围内。

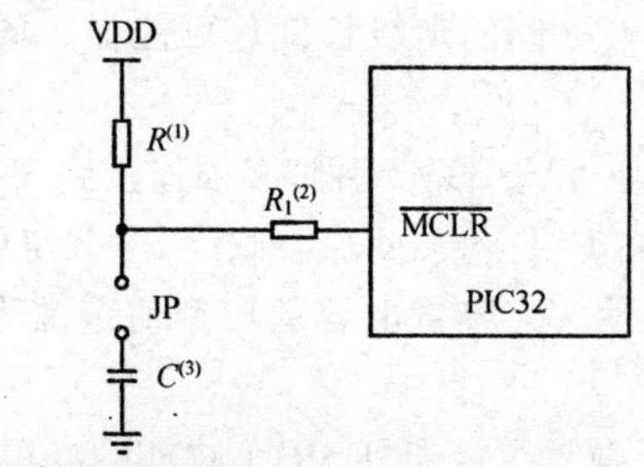

注1. 建议$R \leq 10\ k\Omega$。

2. $R_1 \leq 470\ \Omega$会抑制由于静电(ESD)或过应力(EOS)导致MCLR引脚损坏时，从外部电容C流向MCLR的电流。

3. 可调速电容的大小以防止由瞬态毛刺导致的意外复位或延长POR期间的器件复位周期。

图 24－4　ICSP 引脚的处理

PGECx/PGEDx 引脚用于在线串行编程 ICSP 和调试目的，引脚的处理要求与 JTAG 引脚的处理一样。

JTAG 引脚的处理：TMS、TDO、TDI 和 TCK 引脚用于 JTAG 标准进行测试和调试。建议保持器件上的 JTAG 连接器和 JTAG 引脚之间的走线长度尽可能短。如果预期 JTAG 连接器会发生 ESD 事件，建议使用一个串联电阻，且电阻值在几十欧姆范围内，不要超过 100 Ω。

建议不要在 TMS、TDO、TDI 和 TCK 引脚连接弱上拉电阻、串联二极管和电容，因为它们会干扰编程器/调试器与器件之间的通信。如果应用需要这些分立元件，应在编程和调试期间将它们从电路中去除。

24.5　外部振荡器引脚的处理

许多 MCU 可以至少有两个振荡器：一个高频主振荡器和一个低频辅助振荡器。振荡器电路应放在电路板上器件所在的最近一侧。而且，振荡器电路应靠近相关振荡器引脚放置，它们之间的距离不要超过 12 ms。负载电容应在电路板的同一侧挨着振荡器放置。应在振荡器电路周围使用接地敷铜将其与周围电路隔离。

接地敷铜应直接就近连接到 MCU 地。不要在接地敷铜内部使用信号线或电源线。而且，如果使用双面电路板，避免在放置晶振的电路板背面走线。图 24-5 给出了建议的电路板布局方式。

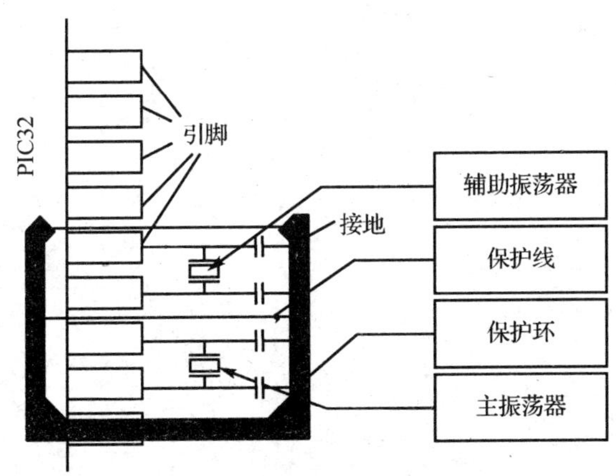

图 24-5　建议的振荡器电路的 PCB 布线

ICSP 操作期间模拟和数字引脚的处理：如果选择 MPLAB ICD2、ICD3 或 REAL ICE 为调试器，将 ADPCFG 寄存器中的所有位置为 1 来自动初始化所有模数输入引脚(ANx)为“数字”引脚。用户程序不得清零此寄存器中已被 MPLABICD2、ICD3 或 REALICE 初始化的模数引脚对应位；否则，将导致调试器和器件之间发生通信错误。

如果在调试期间应用需要使用某些模数引脚作为模拟输入引脚，那么用户程序必须在ADC模块的初始化期间清零ADPCFG寄存器中的相关位。

禁止未使用的I/O引脚悬空为输入。应将它们配置为输出并驱动为低电平状态。或者，通过一个1～10 kΩ的电阻将引脚连接到V_{SS}，并将其配置为输入以保证为输入状态。

符号约定

本书使用的符号约定和缩写见下表。

符号和术语约定

约　定	说　明
置为 1	将位/寄存器的值强制设为 1
清零	将位/寄存器的值强制设为 0
复位	1. 将寄存器/位强制设为其默认状态。 2. 一种状态，在发生器件复位后，器件将其自身置为该状态。一些位将被强制为 0(如中断使能位)，而其他位将被强制置为 1(如 I/O 数据方向位)
:(冒号)	指定寄存器/位/引脚的范围或连接。连接顺序(从左到右)通常指定位置关系(从 MSb 到 LSb，从高位到低位)。例如，TMR3:TMR2 表示连接两个 16 位寄存器，构成一个 32 位定时器值，TMR3 的值代表该值的高半位字
<>	指定特定寄存器或由名称类似的位组成的字段中的一个位单元或单元范围。例如，PTCON<2:0>指定寄存器 PTCON 的低 3 位
MSb 和 LSb	最高有效位和最低有效位
MSB 和 LSB	最高有效字节和最低有效字节(一个字节为 8 位宽)
mshw 和 lshw	高半位字和低半位字(一个半位字为 16 位宽)
msw 和 lsw	最高有效字和最低有效字(一个字为 32 位宽)
0xnn	以十六进制指定数字 nn。该约定在代码示例中使用，等价于在文本中使用的表示法“nnh”。例如，0x13 等价于 13h

参考文献

[1]“PIC32MX220F032B 具有音频和图形接口、USB 及高级模拟功能的 32 位单片机”(DS61168d_cn)

[2]《PIC32MX 闪存编程规范》(DS61145g_cn)

[3]“简介”(DS61127c_cn)

[4]“MCU”(DS61113c_cn)

[5]“存储器构成”(DS61115F_cn)

[6]“预取高速缓存模块”(DS61119d_cn)

[7]“闪存编程”(DS61121e_cn)

[8]“振荡器”(DS61112f_cn)

[9]“复位”(DS61118e_cn)

[10]“中断”(DS61108e_cn)

[11]“看门狗定时器和上电延时定时器”(DS61114d_cn)

[12]“节能模式”(DS61130e_cn)

[13]“IO 端口”(DS61120d_cn)

[14]“并行主端口(PMP)”(DS61128e_cn)

[15]“定时器”(DS61105e_cn)

[16]“输入捕捉”(DS61122e_cn)

[17]“输出比较”(DS61111d_cn)

[18]“10 位 AD 转换器”(DS61104d_cn)

[19]“比较器”(DS61110d_cn)

[20]“比较器参考电压”(DS61109e_cn)

[21]“UART”(DS61107e_cn)

[22]“串行外设接口(SPI)”(DS61106g_cn)

[23]“I2C”(DS61116d_cn)

[24]“USB On-The-Go (OTG)”(DS61126e_cn)

[25]“实时时钟和日历”(DS61125d_cn)

[26]“带外设引脚选择的 IO 端口”(DS70190c_cn)

[27]“DMA 控制器”(DS61117e_cn)

[28]“配置”(DS61124e_cn)

[29]“编程和诊断”(DS61129e_cn)

[30]“控制器局域网(CAN)”(DS61154a_cn)

[31]“以太网控制器”(DS61155a_cn)

[32]“充电时间测量单元 (CTMU)”(DS61167b_cn)

[33]“运放比较器”(DS61178a_cn)

注　此处文献可根据括号内的 DS 号码去微芯的官网查找。